これからスタート！
電気磁気学
要点と演習

伊藤國雄・植月唯夫 著

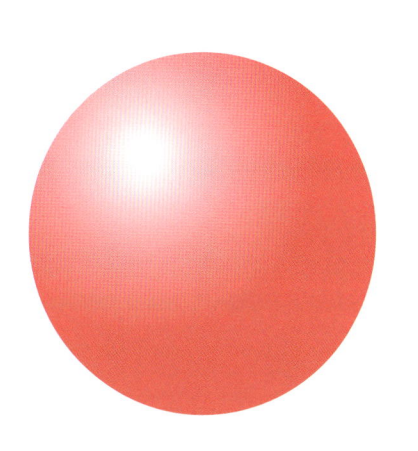

電気書院

は じ め に

　本書は電気磁気学の基礎を学ぼうとする人のために書かれたものです．電気磁気学に関する教科書は世の中にあまたありますが，従来の教科書はマクスウェルの方程式や積分に関するある程度の知識がないと理解しにくいのがほとんどでした．そのため電気磁気学は多くの学生から敬遠される科目の1つでした．このような従来の背景に鑑みて，本書は高等学校の一般の数学や物理の知識があれば十分に理解でき，かつ基礎力が身に付くことを心がけて編集しました．

　本書の特徴としては，まず基本的かつ重要なポイントを「要点」として分かりやすくまとめ，その「要点」ごとに「演習」の問題を付けてあることです．この「演習」は「要点」の理解度を確かめると同時に，その問題を解くことにより応用力が付くように配慮してあります．次に各「演習」には詳しい「解答」が直後に付けてあり，すぐに自分の解いた答と照合することができます．さらに各「要点」，「演習」，「解答」において，特に重要なポイントや公式は赤色で示されており，理解度を高められるようにしています．このステップを各「要点」ごとに積み重ねていくことにより，自然と電気磁気学の基礎力が身に付くように配慮してあります．

　第1章は主として電気学に関する章，第2章は主として磁気学に関する章ですが完全に区別できるものではなく，各章にまたがる内容は重複説明をしたり掲載箇所を明示したりしてあります．また第3章には応用力を高められる問題を掲載しました．

　なお本書の第1章は植月が，第2章，第3章は伊藤が執筆しました．また本書刊行について原稿から出版まで色々とお世話になった電気書院の田中建三郎部長および南ひとみさんに感謝申し上げます．

平成18年3月

著者しるす

〈第1版第3刷の増刷にあたって〉

　今回の増刷では，主に第2章の磁気，特に要点35, 36を中心に内容を変更しました．

　従来，古典的な電気磁気学は，電場と磁場の類似性によって現象を説明するのが一般的で，その結果，電荷に対する磁荷という概念が用いられてきました．しかし実際には、単電荷（＋電荷、－電荷）は実在するものの、単磁荷（N極、S極）は存在しないことなどの矛盾点を包含していました．

　最近，電気磁気学は量子力学との関連が重視され，磁気モーメントという概念が，従来の静電場との類似性を加味した定義ではない（量子力学の分野で従来使われていた）概念で説明されるのが一般的になってきました．つまり，単位が従来の「Wb・m」から「A・m^2」に定義変更されているものがほとんどになりました．これらを踏まえて，今回変更を加えました．

平成26年1月

著者しるす

目　次

はじめに

●第1章　電気　1

要点1　電荷　2
要点2　ベクトル　4
要点3　電界　8
要点4　仕事と電位（電位差）　11
要点5　電気力線　15
要点6　平等電界　17
要点7　ガウスの定理　20
要点8　導体　28
要点9　静電容量　33
要点10　静電容量に蓄えられるエネルギーとそこに働く力　38
要点11　電気影像法　46
要点12　電気双極子　52
要点13　誘電体　55
要点14　電束、電束密度　61
要点15　2種類の誘電体内の境界面におけるDとE　63
要点16　拡張されたガウスの定理　72
要点17　誘電体が存在する場合の静電容量　77
要点18　誘電体中の電荷に働く力　84
要点19　誘電体内に蓄えられるエネルギーとそこに働く力　87

●第2章　磁気　97

要点1　磁界とアンペアの右ネジの法則　98
要点2　磁界と磁束密度　100
要点3　ビオ・サバール（Biot − Savart）の法則（1）　101
要点4　ビオ・サバール（Biot − Savart）の法則（2）　102
要点5　ビオ・サバール（Biot − Savart）の法則（3）　105

要点6	ビオ・サバール（Biot–Savart）の法則（4）	108
要点7	アンペアの周回積分の法則（1）	110
要点8	アンペアの周回積分の法則（2）	112
要点9	電磁力（1）	114
要点10	電磁力（2）	115
要点11	電磁力（3）	117
要点12	電磁力（4）	119
要点13	電磁力（5）	120
要点14	電磁力（6）	122
要点15	電磁誘導（1）	123
要点16	電磁誘導（2）	125
要点17	電磁誘導（3）	127
要点18	電磁誘導（4）	128
要点19	電磁誘導（5）	129
要点20	インダクタンス（1）	130
要点21	インダクタンス（2）	131
要点22	インダクタンス（3）	133
要点23	インダクタンス（4）	135
要点24	インダクタンス（5）	138
要点25	インダクタンス（6）	139
要点26	インダクタンス（7）	140
要点27	インダクタンス（8）	141
要点28	インダクタンス（9）	142
要点29	インダクタンス（10）	144
要点30	インダクタンス（11）	146
要点31	インダクタンス（12）	147
要点32	磁界に蓄えられるエネルギー（電磁エネルギー）（1）	149
要点33	磁界に蓄えられるエネルギー（電磁エネルギー）（2）	150
要点34	磁界に蓄えられるエネルギー（電磁エネルギー）（3）	153

要点 35	磁性体（1）	155
要点 36	磁性体（2）	156
要点 37	強磁性体の磁化（1）	158
要点 38	強磁性体の磁化（2）	160
要点 39	強磁性体の磁化エネルギー（1）	161
要点 40	強磁性体の磁化エネルギー（2）	163
要点 41	磁気回路（1）	165
要点 42	磁気回路（2）	167
要点 43	磁気回路（3）	169
要点 44	磁気回路（4）	172
要点 45	磁束についてのガウスの定理と応用	174
要点 46	棒状磁性体（1）	177
要点 47	棒状磁性体（2）	179
要点 48	永久磁石（1）	181
要点 49	永久磁石（2）	182
要点 50	永久磁石（3）	184

● **第3章　発展問題**　　185

第1章
電　気

要点1　電　荷

物質は原子から成り立っており，原子は中心に正電気をもつ原子核，外側に軌道を回る負電気をもつ電子から成り立っている（図1.1.1参照）．原子核は正電気をもつ陽子と電気をもっていない中性子から成る．

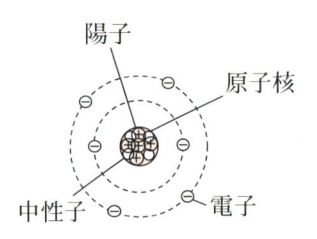

図 1.1.1　原子のモデル

原子は電気的には正負が同じ数だけ存在するので中性であるが，何らかの原因で外側の電子が飛び出す（あるいは外部から電子が入り込む）と，それは正電気（あるいは負電気）を帯びる．このようにして物質が正あるいは負の電気を帯びることを帯電といい，電気を帯びた物質を帯電体という．また帯電した電気を電荷といい，電荷のもつ電気の量を電気量といい，単位はクーロン（Coulomnb，[C]）で表す．帯電していない物質は，正と負の電気を等量ずつ含んでおり，外部に対して電気的な特性を示さない．

電気をもった物質で最も小さいものは電子である．電子は 1.602×10^{-19} [C] の負電荷をもち，重さが 9.109×10^{-31} [kg] である．原子核中の陽子は 1.602×10^{-19} [C] の正電荷をもち，重さが 1.673×10^{-27} [kg] であり，電子の約1840倍である．

帯電体と帯電体の間には電気的な力が働く．これを静電力といい，クーロンによって実験的に静電力の性質が確かめられた．この性質を静電力に関するクーロンの法則という（図1.1.2参照）．

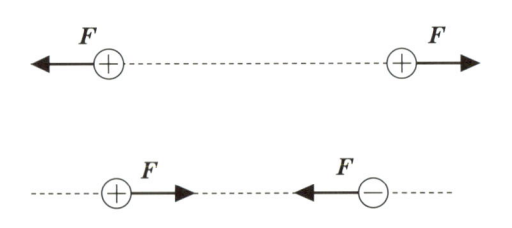

図 1.1.2　クーロンの法則（電荷と電荷に働く力）

静電力に関するクーロンの法則

① 同種の電荷の間には互いに反発力が働き,異種の電荷の間には吸引力が働く.
② 2つの電荷に働く力は,それらの電荷量の積に比例する.
③ 2つの電荷に働く力は,それらの間の距離の2乗に反比例する.
④ 2つの電荷に働く力の向きは,それらを結んだ直線に沿っている.

距離 r〔m〕離れた2つの電荷 Q_A〔C〕,Q_B〔C〕に働く力 F を表す式を以下に示す.

$$F = K \frac{Q_A Q_B}{r^2} \text{〔N〕} \tag{1.1.1}$$

この比例定数 K は,真空中においては $K = \dfrac{1}{4\pi\varepsilon_0} = 9\times10^9$〔N·m²/C²〕である.

この式中にある ε_0 は真空の誘電率といい,$\varepsilon_0 = 8.854\times10^{-12}$〔F/m〕である.

演習問題 1

[1] 2個の電子が真空中で 3〔m〕離れて置かれている.電子に働く力の大きさと向きを求めよ.

[2] 3×10^{-9}〔C〕と -1×10^{-9}〔C〕の2つの点電荷が真空中で 1〔m〕離れて置かれている.この点電荷に働く力の大きさと向きを求めよ.

解答 1

[1] 大きさ $F = K\dfrac{Q_A Q_B}{r^2} = 9\times10^9 \times \dfrac{(1.6\times10^{-19})^2}{3^2} = 2.56\times10^{-29}$〔N〕

向きは同符号(どちらも負)より,反発する方向.

[2] 大きさ $F = K\dfrac{Q_A Q_B}{r^2} = 9\times10^9 \times \dfrac{3\times10^{-9}\times 1\times10^{-9}}{1^2} = 2.70\times10^{-8}$〔N〕

向きは異符号(正と負)より,吸引する方向.

覚えよう! 要点1における重要関係式

① 距離 r〔m〕離れた2つの電荷 Q_1〔C〕,Q_2〔C〕に働く力

$$F = \frac{1}{4\pi\varepsilon_0}\frac{Q_1 Q_2}{r^2} \text{〔N〕} \tag{1.1.1}$$

$Q_1 Q_2 < 0$:引力,$Q_1 Q_2 > 0$:反発力

要点2 ベクトル

クーロンの法則で述べたように，2つの帯電体には静電力が働き，この力は大きさと向きをもっている．この力のように大きさと向きをもつものをベクトルといい，大きさだけをもつものをスカラーという．記号としてベクトル量は太字（たとえば，$\boldsymbol{A}$）で表し，スカラー量は細字（たとえば，A）で表すこととする．ベクトルは始点から終点に向かう矢印で表す（図1.2.1参照）．矢印の方向がベクトルの向き，始点から終点までの距離がベクトルの大きさ（これはスカラー量）を示す．ベクトル$\boldsymbol{A}$の大きさを絶対値記号を用いて表すと，A = |$\boldsymbol{A}$|となる．

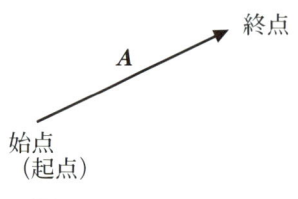

図1.2.1　ベクトル

ベクトルの和・差

ベクトル$\boldsymbol{A}$とベクトル$\boldsymbol{B}$の和，$\boldsymbol{A}+\boldsymbol{B}$は図1.2.2に示すように，2つのベクトル$\boldsymbol{A}$，$\boldsymbol{B}$の始点をあわせて，その2つのベクトルを二辺とする平行四辺形をつくる．そして始点からその平行四辺形上の点Pへのベクトルが$\boldsymbol{A}+\boldsymbol{B}$である．2つのベクトルの間の角度を$\theta$とすると，以下の関係が成り立つ．

$$|\boldsymbol{A}+\boldsymbol{B}| = \sqrt{|\boldsymbol{A}|^2 + |\boldsymbol{B}|^2 + 2|\boldsymbol{A}||\boldsymbol{B}|\cos\theta} \tag{1.2.1}$$

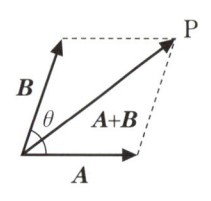

図1.2.2　ベクトルの和

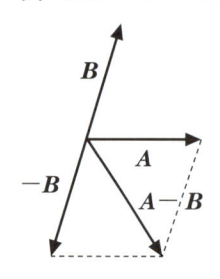

ベクトルの差$\boldsymbol{A}-\boldsymbol{B}$は図1.2.3に示すように，ベクトル$-\boldsymbol{B}$をつくり，$\boldsymbol{A}+(-\boldsymbol{B})$を行えばよい．

図1.2.3　ベクトルの差

ベクトルの掛算

ベクトルの掛算には2種類ある．それは内積（スカラー積，dot vector）と外積（ベクトル積，cross vector）であり，それぞれ以下のように表現する．

内積（スカラー積，dot vector）

これは図1.2.4に示すように，ベクトル$\boldsymbol{A}$のベクトル$\boldsymbol{B}$方向成分の大きさLとベクトル$\boldsymbol{B}$の大きさを掛けた値を意味しており，スカラー量である．これはスカラー量であり，以下に示すように，交換法則が成り立つ．

$$\boldsymbol{A}\cdot\boldsymbol{B} = |\boldsymbol{A}||\boldsymbol{B}|\cos\theta, \quad \boldsymbol{A}\cdot\boldsymbol{B} = \boldsymbol{B}\cdot\boldsymbol{A} \tag{1.2.2}$$

図1.2.4　ベクトルの内積

外積（ベクトル積，cross vector）

これは図1.2.5に示すように，ベクトル$\boldsymbol{A}$，$\boldsymbol{B}$でできる平行四辺形の面積の大きさをもち，ベクトル$\boldsymbol{A}$からベクトル$\boldsymbol{B}$に向か

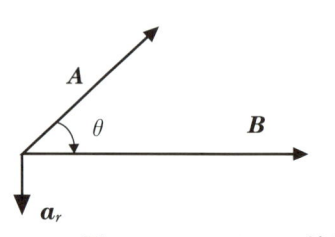

図1.2.5　ベクトルの外積

って右ねじの方向をもつベクトル量である．次式の a_r は大きさが "1" で，ベクトル A からベクトル B に向かって右ねじの方向のベクトルである．これはベクトル量であることより，以下に示すように，交換法則が成り立たない．

$$A \times B = |A||B|\sin\theta a_r, \quad A \times B = -B \times A \tag{1.2.3}$$

ベクトルの成分

図 1.2.6 に示すように，ベクトル A の始点を直交座標の原点に重ねると終点の座標は (A_x, A_y, A_z) である．このとき，$A(A_x, A_y, A_z)$ と表記し，A_x, A_y, A_z をそれぞれベクトル A の x 成分，y 成分，z 成分という．ここで，x 方向，y 方向，z 方向の大きさが "1" のベクトルをそれぞれ，a_x, a_y, a_z とおくと，ベクトル A は以下のようになる．

$$A = A_x a_x + A_y a_y + A_z a_z \tag{1.2.4}$$

この大きさが "1" のベクトル a_x, a_y, a_z を基本ベクトル（あるいは単位ベクトル）という．

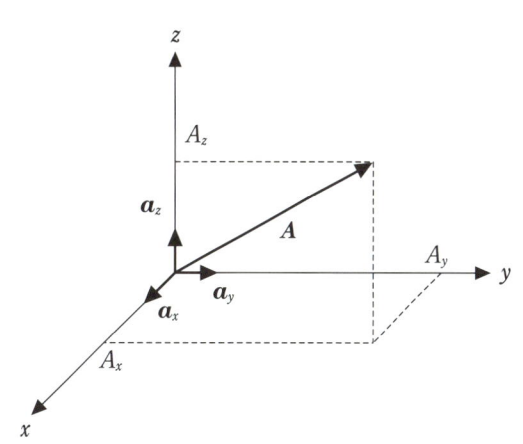

図 1.2.6 ベクトルの成分と基本ベクトル

基本ベクトルの性質

このベクトルの和・差に関しては上述の一般ベクトルと同じであるが，積に関してはそれぞれが直交していることより，以下の性質をもつ．

内積（スカラー積，dot vector）について，

$$a_x \cdot a_y = |a_x||a_y|\cos 90° = 0, \quad a_x \cdot a_x = |a_x||a_x|\cos 0° = 1 \tag{1.2.5}$$

同様に考えて，

$$a_y \cdot a_z = a_z \cdot a_x = 0, \quad a_y \cdot a_y = a_z \cdot a_z = 1 \tag{1.2.6}$$

もちろん，これは交換法則が成り立つ．

外積（ベクトル積，cross vector）について，

$$a_x \times a_y = a_z, \quad a_y \times a_z = a_x, \quad a_z \times a_x = a_y \tag{1.2.7}$$

これは交換法則が成り立たないため，

$$a_y \times a_x = -a_z, \quad a_z \times a_y = -a_x, \quad a_x \times a_z = -a_y \tag{1.2.8}$$

基本ベクトルを用いたベクトル計算

2つのベクトル $A(A_x, A_y, A_z)$，ベクトル $B(B_x, B_y, B_z)$ を，基本ベクトルを用いて計算する．

$$A = A_x a_x + A_y a_y + A_z a_z, \quad B = B_x a_x + B_y a_y + B_z a_z$$

$$A + B = (A_x + B_x)a_x + (A_y + B_y)a_y + (A_z + B_z)a_z \tag{1.2.9}$$

$$A - B = (A_x - B_x)a_x + (A_y - B_y)a_y + (A_z - B_z)a_z \tag{1.2.10}$$

$$\begin{aligned}
A \cdot B &= (A_x a_x + A_y a_y + A_z a_z) \cdot (B_x a_x + B_y a_y + B_z a_z) \\
&= A_x B_x a_x \cdot a_x + A_x B_y a_x \cdot a_y + A_x B_z a_x \cdot a_z \\
&\quad + A_y B_x a_y \cdot a_x + A_y B_y a_y \cdot a_y + A_y B_z a_y \cdot a_z \\
&\quad + A_z B_x a_z \cdot a_x + A_z B_y a_z \cdot a_y + A_z B_z a_z \cdot a_z \\
&= A_x B_x + A_y B_y + A_z B_z
\end{aligned} \tag{1.2.11}$$

$$A \times B = \begin{vmatrix} a_x & a_y & a_z \\ A_x & A_y & A_z \\ B_x & B_y & B_z \end{vmatrix} \tag{1.2.12}$$

$$= (A_y B_z - B_y A_z)a_x - (A_x B_z - B_x A_z)a_y + (A_x B_y - B_x A_y)a_z$$

演習問題2

[1] ベクトル $A = 3a_x + 2a_y - a_z$ がある．このベクトルの大きさを求めよ．

[2] 2つのベクトル $A = 3a_x + 2a_y - a_z$，$B = -2a_x + 3a_y + a_z$ がある．この2つのベクトルの和と差を求めよ．

[3] 2つのベクトル $A = 3a_x + 2a_y - a_z$，$B = -2a_x + 3a_y + a_z$ がある．この2つのベクトルの内積を求めよ．

[4] 2つのベクトル $A = 3a_x + 2a_y - a_z$，$B = -2a_x + 3a_y + a_z$ がある．この2つのベクトルの外積を求めよ．

[5] 2つのベクトル A，B の間の角度60°であり，$|A| = 3$，$|B| = 4$ である．この2つのベクトルの内積を求めよ．

[6] 2つのベクトル A，B の間の角度60°であり，$|A| = 3$，$|B| = 4$ である．この2つのベクトルの外積の大きさを求めよ．

[7] 2つのベクトル A，B の間の角度60°であり，$|A| = 3$，$|B| = 4$ である．この2つのベクトルの和 $(A + B)$ の大きさを求めよ．

[8] 2つのベクトル A，B の間の角度60°であり，$|A| = 3$，$|B| = 4$ である．この2つのベクトルの差 $(A - B)$ の大きさを求めよ．

解答2

[1] $|\boldsymbol{A}| = \sqrt{3^2 + 2^2 + (-1)^2} = \sqrt{14}$

[2] $\boldsymbol{A} + \boldsymbol{B} = (3-2)\boldsymbol{a}_x + (2+3)\boldsymbol{a}_y + (-1+1)\boldsymbol{a}_z = \boldsymbol{a}_x + 5\boldsymbol{a}_y$

$\boldsymbol{A} - \boldsymbol{B} = (3+2)\boldsymbol{a}_x + (2-3)\boldsymbol{a}_y + (-1-1)\boldsymbol{a}_z = 5\boldsymbol{a}_x - 5\boldsymbol{a}_y - 2\boldsymbol{a}_z$

[3] $\boldsymbol{A} \cdot \boldsymbol{B} = 3 \times (-2) + 2 \times 3 + (-1) \times 1 = -1$

[4] $\boldsymbol{A} \times \boldsymbol{B} = \begin{vmatrix} \boldsymbol{a}_x & \boldsymbol{a}_y & \boldsymbol{a}_z \\ 3 & 2 & -1 \\ -2 & 3 & 1 \end{vmatrix} = 5\boldsymbol{a}_x - \boldsymbol{a}_y + 13\boldsymbol{a}_z$

[5] $\boldsymbol{A} \cdot \boldsymbol{B} = |\boldsymbol{A}||\boldsymbol{B}|\cos 60° = 3 \times 4 \times \dfrac{1}{2} = 6$

[6] $|\boldsymbol{A} \times \boldsymbol{B}| = |\boldsymbol{A}||\boldsymbol{B}|\sin 60° = 3 \times 4 \times \dfrac{\sqrt{3}}{2} = 6\sqrt{3}$

[7] $|\boldsymbol{A} + \boldsymbol{B}| = \sqrt{3^2 + 4^2 + 2 \times 3 \times 4 \cos 60°} = \sqrt{37}$

[8] $|\boldsymbol{A} - \boldsymbol{B}| = \sqrt{3^2 + 4^2 + 2 \times 3 \times 4 \cos(180° - 60°)} = \sqrt{13}$

覚えよう！　要点2における重要関係式

① $\boldsymbol{a}_x, \boldsymbol{a}_y, \boldsymbol{a}_z$：単位ベクトル

内積 $\begin{cases} \boldsymbol{a}_i \cdot \boldsymbol{a}_j = 0 \, (i \neq j) \\ \boldsymbol{a}_i \cdot \boldsymbol{a}_j = 1 \, (i = j) \end{cases}$　　(1.2.5)　(1.2.3)

外積 $\begin{cases} \mathrm{a}_x \times \mathrm{a}_y = \mathrm{a}_z, \quad \mathrm{a}_y \times \mathrm{a}_x = -\mathrm{a}_z \\ \mathrm{a}_y \times \mathrm{a}_z = \mathrm{a}_x, \quad \mathrm{a}_z \times \mathrm{a}_y = -\mathrm{a}_x \\ \mathrm{a}_z \times \mathrm{a}_x = \mathrm{a}_y, \quad \mathrm{a}_x \times \mathrm{a}_z = -\mathrm{a}_y \end{cases}$　　輪環の法則

② 内積　$\boldsymbol{A} \cdot \boldsymbol{B} = |\boldsymbol{A}||\boldsymbol{B}|\cos\theta = A_x B_x + A_y B_y + A_z B_z$　　(1.2.2), (1.2.11)

③ 外積　$\boldsymbol{A} \times \boldsymbol{B} = |\boldsymbol{A}||\boldsymbol{B}|\sin\theta \, \boldsymbol{a}_r = \begin{vmatrix} \boldsymbol{a}_x & \boldsymbol{a}_y & \boldsymbol{a}_z \\ A_x & A_y & A_z \\ B_x & B_y & B_z \end{vmatrix}$　　(1.2.5), (1.2.12)

$\boldsymbol{a}_r$：右ねじをAからBへ回したときに，そのねじが進む方向

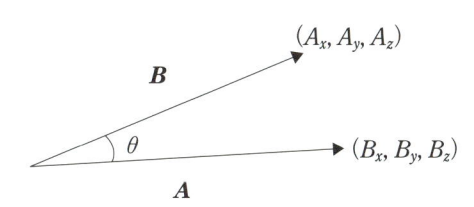

要点3　電界

クーロンの法則で述べたように，帯電体の近くに別の帯電体を置くと，それは力を受ける．この力を静電力という．この静電力の働く場所を電界（electric field）あるいは電場という．すなわち，帯電体の周辺には電界が生じている．特に電荷が静止している場合の電界を静電界という．電界の単位はニュートン毎クーロン〔N/C〕である．この電界の状態を大きさと方向で表したものを電界の強さ（electric field strength）といい，以下に示す方向と大きさで表される．

その電界中に単位正電荷（+1C）を置いたとき，それに作用する力の方向をその点の電界の方向とし，これに作用する力の大きさをその点の電界の大きさとする．

電界の強さはベクトル量であり $\boldsymbol{E}$ で表し，電界の大きさはスカラー量であり E で表す．

電荷 Q_A〔C〕から r〔m〕離れた点の電界の大きさ E を表す式を以下に示す．

$$E = K\frac{Q_A}{r^2} = \frac{1}{4\pi\varepsilon_0}\frac{Q_A}{r^2} \ \text{〔N/C〕} \tag{1.3.1}$$

この式を用いて，電荷 Q_A〔C〕から r〔m〕離れた点にある Q_B〔C〕に働く力 F を表すと以下のようになる．

$$\boldsymbol{F} = Q_B\boldsymbol{E} \ \text{〔N〕} \tag{1.3.2}$$

このように，クーロンの法則はお互いに作用しあう力として式 (1.1.1) の形でも表せるが，その電荷が置かれている場所の電界の強さとの関係として式 (1.3.2) の形で表すこともできる（図 **1.3.1** 参照）．

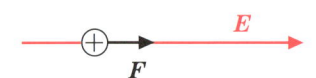

図 1.3.1　クーロンの法則
（電界により電荷に作用する力）

演習問題3

[1] 空中で電子から 1〔m〕離れた場所での電界の向きと大きさを求めよ．

[2] 真空中に2つの点電荷 $Q_1 = 3\times10^{-9}$〔C〕と $Q_2 = -2\times10^{-9}$〔C〕が 3〔m〕離れて置かれている．この2つの電荷のちょうど真中に $Q = 1\times10^{-9}$〔C〕の電荷を置いたとき，この電荷に働く力の向きと大きさを求めよ．

[3] 真空中に2つの点電荷 $Q_1 = 3\times10^{-9}$〔C〕，$Q_2 = -2\times10^{-9}$〔C〕が 3〔m〕離れて置かれている．電界がゼロになる点を求めよ．

[4] 真空中の1辺 3〔m〕の正三角形の2つの頂点 A, B に，$Q_1 = 1\times10^{-9}$〔C〕，$Q_2 = -1\times10^{-9}$〔C〕の点電荷が置かれている．残った頂点 C での電界の向きと大きさを求めよ（図 **1.3.2** 参照）．

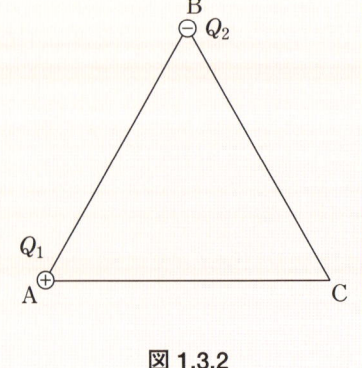

図 1.3.2

[5] 真空中の1辺3〔m〕の正三角形の3つの頂点すべてに $Q = 1 \times 10^{-9}$〔C〕の点電荷を置いた．この正三角形の重心に $q = 3 \times 10^{-9}$〔C〕の点電荷を置いたとき，この点電荷に働く力の向きと大きさを求めよ．

[6] 真空中のある点に点電荷 $Q = 3 \times 10^{-9}$〔C〕を置いたところ，その電荷は 1×10^{-3}〔N〕の力を受けた．その点の電界の大きさを求めよ．

[7] 真空中に2つの点電荷 $Q_1 = 3 \times 10^{-9}$〔C〕と $Q_2 = 2 \times 10^{-9}$〔C〕を置いたとき，それらに 6×10^{-9}〔N〕の力が働いた．2つの点電荷の距離を求めよ．

解答 3

[1] 電界の大きさ　$E = 9 \times 10^9 \times \dfrac{1.6 \times 10^{-19}}{1^2} = 1.44 \times 10^{-9}$〔N/C〕

電界の向きは，電子は負電荷であるので，電子に向かう方向．

[2] Q_1 によって Q が受ける力を F_1，Q_2 によって Q が受ける力を F_2 とすると，その力の向きは図1.3.3に示すように同じ方向になる．

$$F_1 = 9 \times 10^9 \times \dfrac{3 \times 10^{-9} \times 1 \times 10^{-9}}{1.5^2} = 1.2 \times 10^{-8}$$〔N〕

$$F_2 = 9 \times 10^9 \times \dfrac{2 \times 10^{-9} \times 1 \times 10^{-9}}{1.5^2} = 8 \times 10^{-9}$$〔N〕

ゆえに力の大きさ　$F = F_1 + F_2 = 2.0 \times 10^{-8}$〔N〕

力の方向は，図1.3.3に示すように Q_2 の方向である．

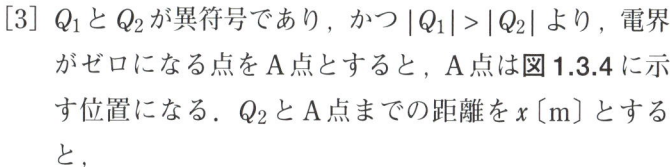

[3] Q_1 と Q_2 が異符号であり，かつ $|Q_1| > |Q_2|$ より，電界がゼロになる点をA点とすると，A点は図1.3.4に示す位置になる．Q_2 とA点までの距離を x〔m〕とすると，

$$9 \times 10^9 \times \dfrac{3 \times 10^{-9}}{(3+x)^2} = 9 \times 10^9 \times \dfrac{2 \times 10^{-9}}{x^2}$$

が成り立つ．したがって，$3x^2 = 2(3+x)^2$ が成り立つ．

$x > 0$ であるから，$x = 6 + 3\sqrt{6} = 13.35$〔m〕

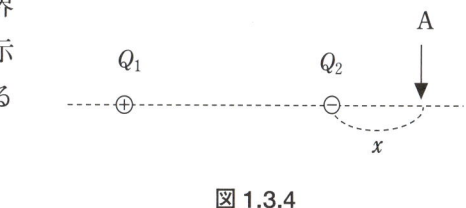

[4] A点の電荷 Q_1 によってC点にできる電界を E_A，B点の Q_2 によってできる電界を E_B とすると，その向きは図1.3.5に示すようになる．そしてその大きさ E_A，E_B は，

$$E_A = 9 \times 10^9 \times \dfrac{1 \times 10^{-9}}{3^2} = 1$$

$$E_B = 9 \times 10^9 \times \dfrac{1 \times 10^{-9}}{3^2} = 1$$

したがって，図1.3.5中の θ は，$\theta = 60$ 度となり，合成電界の大きさは，

$$|E_A + E_B| = 1$$

となる．向きは図中に示す $\theta = 60$ 度である．

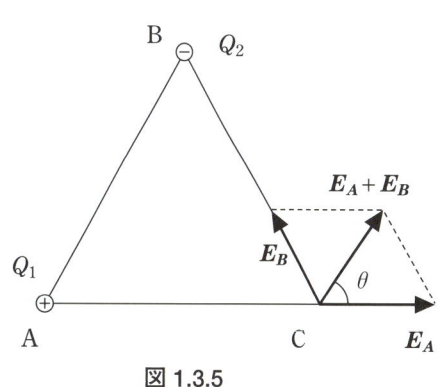

[5] A点，B点，C点に存在する電荷と重心に存在する電荷の間に働く力を，それぞれ F_A，F_B，F_C とすると，それぞれの向きは**図1.3.6**に示すようになる．

ここで，各点から重心までの距離 r は，

$$r = 3\sin 60 \times \frac{2}{3} = 3 \times \frac{\sqrt{3}}{2} \times \frac{2}{3} = \sqrt{3} \ [\text{m}]$$

したがって，力の大きさはすべて等しくなり，

$$F_A = F_B = F_C = 9 \times 10^9 \times \frac{1 \times 10^{-9} \times 3 \times 10^{-9}}{\sqrt{3}^2} = 9 \times 10^{-9} \ [\text{N}]$$

また図**1.3.6**よりわかるように，F_A，F_B，F_C の3つのベクトルの角度 θ は，

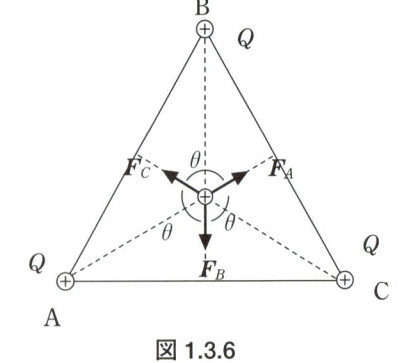

$\theta = 120$ 度

図1.3.6

したがって，3つのベクトルは，それぞれの始点と終点を結ぶと正三角形になる．

∴ $F_A + F_B + F_C = 0$

となり，重心に置かれた電荷に力は働かない．

[6] $F = QE$ が成り立っている．

$$\therefore E = \frac{F}{Q} = \frac{1 \times 10^{-3}}{3 \times 10^{-9}} = 3.33 \times 10^5 \ [\text{N/C}]$$

[7] $F = 9 \times 10^9 \times \frac{Q_1 \times Q_2}{r^2}$ より，$r = \sqrt{9 \times 10^9 \times \frac{Q_1 \times Q_2}{F}} = \sqrt{9 \times 10^9 \times \frac{3 \times 10^{-9} \times 2 \times 10^{-9}}{6 \times 10^{-9}}} = 3 \ [\text{m}]$

覚えよう！　要点3・4における重要関係式

① Q 〔C〕から距離 r 〔m〕離れた場所の電界の大きさ

$$E = \frac{1}{4\pi\varepsilon_0} \frac{Q}{r^2} \ [\text{N/C}] \text{ or } [\text{V/m}] \tag{1.3.1}$$

② 大きさ E の電界中の Q 〔C〕に作用する力　　$F = QE$ 〔N〕 (1.3.2)

③ 電位差 V_{12} の2点間を Q 〔C〕の電荷を移動させるに必要な仕事　$W = QV_{12}$ 〔J〕 (1.4.1)

④ 2点間（$r = r_2 \sim r_1$）の電位差　$V_{12} = \int_{r_2}^{r_1} -E dr$ 〔V〕 (1.4.2)

⑤ 電界がわかっている時の点（$r = r_1$）での電位　$V = \int_{\infty}^{r_1} -E dr$ 〔V〕 (1.4.4)

⑥ 電圧がわかっている時の点（$r = r_1$）での電界　$E = -\left.\frac{dV}{dr}\right|_{r = r_1}$ 〔V/m〕 (1.4.5)

要点4　仕事と電位（電位差）

電界中に存在する正電荷を電界に逆らって（電界と逆向きに）動かすには仕事をしなければならない．これは物体を重力に逆らって移動させるのと同じ状況である．電荷に相当するのが質量であり，電界（電界の強さ）に相当するのが重力場（重力加速度）である．両者の間で異なっている点は，重力加速度は一定であるが，電界の強さは場所によって変化する（もちろん条件によっては変化しないこともある[1]）ことである．

電荷 Q [C] に働いている力を F とする．F に逆らって（つまり電界と逆方向に）微小距離 Δr [m] 動かしたときの仕事を ΔW [J] とすると，

$$\Delta W = -F\Delta r \quad \text{[J]}$$

(1.3.2) 式より，

$$\Delta W = -QE\Delta r \quad \text{[J]}$$

これより電荷 Q [C] を電界に逆らって点Bから点Aに動かすのに必要な仕事 W [J] は次式で表される（図1.4.1 参照）．

$$W = \int_B^A (-QE)dr = Q\int_B^A (-E)dr = QV_{AB} \quad \text{[J]} \tag{1.4.1}$$

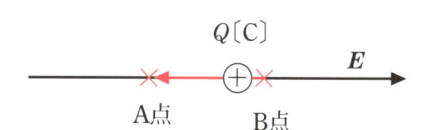

図1.4.1　電界に逆らってする仕事

この式中の V_{AB} を AB 間の電位差といい，以下の式で定義され，単位はボルト [V] である．

$$V_{AB} = \int_B^A (-E)dr \quad \text{[V]} \tag{1.4.2}$$

電位差は，「電界中の2点間を電界に逆らって正単位電荷（+1C）を動かすのに必要な仕事である」と定義される．したがって，単位については，[V] = [J/C] が成り立つ．

さて，式 (1.4.2) に示された電位差 V_{AB} は次式のように変形できる．

$$V_{AB} = V_A - V_B = \int_\infty^A (-E)dr - \int_\infty^B (-E)dr \quad \text{[V]} \tag{1.4.3}$$

V_A はA点における電位，V_B はB点における電位と呼ばれる．

この電位は「無限遠（∞）から各点（ここではA点，およびB点）まで正単位電荷（+1C）を電界に逆らって動かすのに必要な仕事である」と定義される．電荷 Q [C] から r [m] 離れた点での電位は次式で示される．

$$V_r = \int_\infty^r \left(-\frac{1}{4\pi\varepsilon_0} \times \frac{Q}{r^2}\right)dr = \frac{1}{4\pi\varepsilon_0} \times \frac{Q}{r} = 9\times 10^9 \times \frac{Q}{r} \quad \text{[V]} \tag{1.4.4}$$

この電位が等しい点を連ねてできる面を等電位面という．これは地図で考えると等高線に相当する．ここで非常に大切なことは，電位（電位差）はその動かす経路には依存せず，移動前と移動後の場所にのみ依存するということである．図1.4.2 に示すように点Aから点Bを通って点Aまで一周すると，その仕事はゼロである．

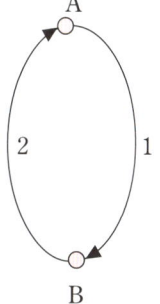

図1.4.2　保存的な場の考え方

---

[1] 平等電界と呼ばれる電界では何処でも一定である（要点6参照）．

$$\int_1 (-E)dr + \int_2 (-E)dr = \int_A^B (-E)dr + \int_B^A (-E)dr = \oint (-E)dr = 0$$

このような性質を**保存的**であるという．

電位と電界の関係を一般式で表すと以下のようになる．

$$V_r = \int_\infty^r (-E_r)dr \quad \text{or} \quad E_r = -\frac{d}{dr}V_r \qquad (1.4.5)$$

この場合，電界の単位は**ボルト毎メートル**〔V/m〕となる[2]．

電位の傾きは $\frac{d}{dr}V_r$ であり，これは電界の大きさと等しく符号が逆になる．

真空中の点電荷 Q〔C〕から距離 r〔m〕の位置での電位と電界の大きさを図1.4.3にグラフで示す．

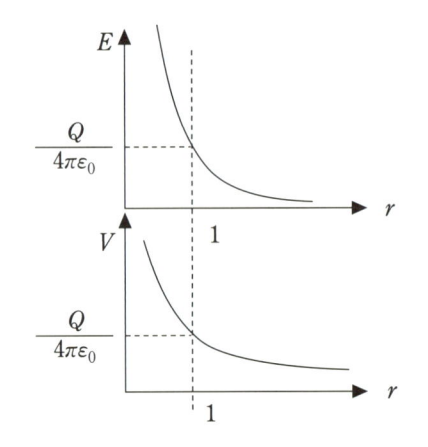

図 1.4.3　電界、電位と点電荷からの位置の関係

演習問題 4

[1] 真空中に置かれた点電荷 $Q = 3 \times 10^{-9}$〔C〕から 3〔m〕離れた点の電位を求めよ．

[2] 真空中に 2 つの点電荷 $Q_1 = 3 \times 10^{-9}$〔C〕と $Q_2 = -2 \times 10^{-9}$〔C〕が 3〔m〕離れて置かれている．この 2 つの電荷の中心の位置 A での電位を求めよ．

[3] 真空中に 2 つの点電荷 $Q_1 = 3 \times 10^{-9}$〔C〕，$Q_2 = -2 \times 10^{-9}$〔C〕が 3〔m〕離れて置かれている．電界がゼロになる点での電位を求めよ．

[4] 真空中の 1 辺 3〔m〕の正三角形の 2 つの頂点 A，B に，$Q_1 = 1 \times 10^{-9}$〔C〕，$Q_2 = -1 \times 10^{-9}$〔C〕の点電荷が置かれている．残った頂点 C の電位を求めよ（図1.4.4 参照）．

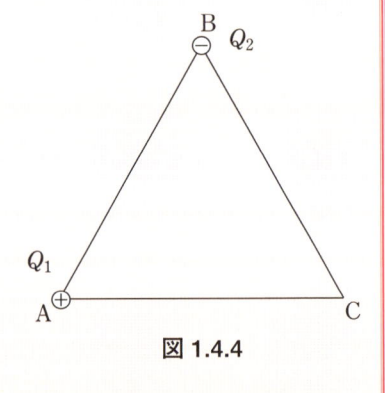

[5] 真空中の 1 辺 3〔m〕の正三角形の 3 つの頂点すべてに $Q = 1 \times 10^{-9}$〔C〕の点電荷を置いた．この正三角形の重心の電位を求めよ．

[6] 真空中のある点に点電荷 $Q = 3 \times 10^{-9}$〔C〕から 10〔m〕離れた場所から 3〔m〕の場所まで，$q = 1 \times 10^{-3}$〔C〕の電荷を動かすのに必要な仕事を求めよ．

[7] 電位分布が図1.4.5で示されるような場合の電界分布を図示せよ．

[8] 真空中に置かれた点電荷 $Q = 1 \times 10^{-9}$〔C〕から 3〔m〕離れた点の電位と電位の傾きを求めよ．

[9] 真空中に置かれた点電荷 $Q = 1 \times 10^{-9}$〔C〕から 3〔m〕離れた点と 5〔m〕離れた点と間の電位差を求めよ．

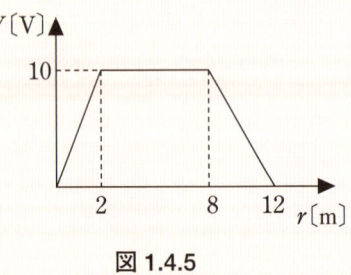

図 1.4.4

図 1.4.5

---

[2] 電界の単位は要点 3 で説明したように〔N/C〕を用いる場合と，ここで説明したように〔V/m〕を使用する場合がある．一般には〔V/m〕を使う場合が多い．

解答4

[1] 点電荷から3〔m〕離れた点での電位は，式（1.4.2）より，

$$V = 9 \times 10^9 \times \frac{3 \times 10^{-9}}{3} = 9 \ \text{〔V〕}$$

[2] 点電荷Q_1からA点までの距離は1.5〔m〕であるから，Q_1によるA点での電位V_1は，

$$V_1 = 9 \times 10^9 \times \frac{3 \times 10^{-9}}{1.5} = 18 \ \text{〔V〕}$$

点電荷Q_2からA点までの距離は1.5〔m〕であるから，Q_2によるA点での電位V_2は，

$$V_2 = 9 \times 10^9 \times \frac{-2 \times 10^{-9}}{1.5} = -12 \ \text{〔V〕}$$

したがって，求める電位Vは，

$$V = V_1 + V_2 = 18 - 12 = 6 \ \text{〔V〕}$$

[3] 前節問題[3−3]より，電界がゼロになる点をA点とすると，点電荷Q_2からA点までの距離は13.35〔m〕である．したがって，Q_1からA点までの距離は16.35〔m〕となる．Q_1によるA点での電位をV_1とし，Q_2によるA点での電位をV_2とすると，

$$V_1 = 9 \times 10^9 \times \frac{3 \times 10^{-9}}{16.35} = 1.65 \ \text{〔V〕}$$

$$V_2 = 9 \times 10^9 \times \frac{-2 \times 10^{-9}}{13.35} = -1.35 \ \text{〔V〕}$$

したがって，求める電位Vは，

$$V = V_1 + V_2 = 1.65 - 1.35 = 0.30 \ \text{〔V〕}$$

[4] A点の点電荷Q_1からC点までの距離は3〔m〕であるから，Q_1によるC点での電位V_1は，

$$V_1 = 9 \times 10^9 \times \frac{1 \times 10^{-9}}{3} = 3 \ \text{〔V〕}$$

B点の点電荷Q_2からC点までの距離は3〔m〕であるから，Q_2によるC点での電位V_2は，

$$V_2 = 9 \times 10^9 \times \frac{-1 \times 10^{-9}}{3} = -3 \ \text{〔V〕}$$

したがって，求める電位Vは，

$$V = V_1 + V_2 = 3 - 3 = 0 \ \text{〔V〕}$$

[5] 三角形の1辺が3〔m〕であることより，各頂点から重心までの距離Lは，

$$L = 3 \sin 60° \times \frac{2}{3} = \sqrt{3}$$

であり，各3点にある電荷による重心の電位を各々V_A，V_B，V_Cとすると，

$$V_A = V_B = V_C = 9 \times 10^9 \times \frac{1 \times 10^{-9}}{\sqrt{3}} = 3\sqrt{3} \ \text{〔V〕}$$

したがって，求める電位Vは，

$$V = V_A + V_B + V_C = 9\sqrt{3} \ \text{〔V〕}$$

[6] 点電荷 Q から r [m] の点の電界を E とすると，

$$E = 9 \times 10^9 \times \frac{3 \times 10^{-9}}{r^2} = \frac{27}{r^2} \text{ [V/m]}$$

電荷 q [C] に作用する力 F は，

$$F = qE = 1 \times 10^{-3} \times \frac{27}{r^2} = \frac{27 \times 10^{-3}}{r^2} \text{ [N]}$$

したがって，求める仕事 W は，

$$W = \int_{10}^{3} (-F) dr = \int_{10}^{3} \left(-\frac{27 \times 10^{-3}}{r^2} \right) dr = 6.3 \times 10^{-3} \text{ [J]}$$

[7] $E = -\dfrac{d}{dr} V$ であり，これの計算結果を図 **1.4.6** に示す．

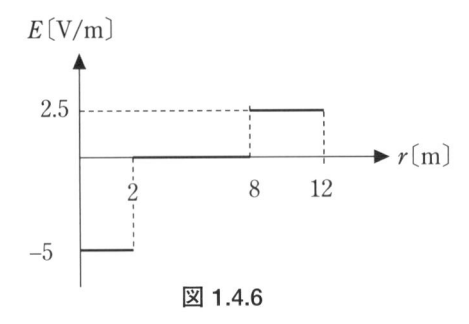

図 1.4.6

[8] 点電荷から r [m] 離れた点での電位は，

$$V = 9 \times 10^9 \times \frac{1 \times 10^{-9}}{r} = \frac{9}{r} \text{ [V]}$$

$r = 3$ [m] における電位は，$V = 3$ [V] である．

また，$r = 3$ [m] における電位の傾きは，

$$\frac{d}{dr} V \Big|_{r=3} = -\frac{9}{r^2} \Big|_{r=3} = -1 \text{ [V/m]}$$

[9] 点電荷から r [m] 離れた点での電界の大きさ E は，

$$E = 9 \times 10^9 \times \frac{1 \times 10^{-9}}{r^2} = \frac{9}{r^2} \text{ [V/m]}$$

したがって求める電位差は，

$$\int_{5}^{3} (-E) dr = \int_{5}^{3} \left(-\frac{9}{r^2} \right) dr = 1.2 \text{ [V]}$$

要点5　電気力線

　2つの電荷が固定されているとき、その間に正電荷を置き、手を離すと、正電荷はクーロン力を受けて動く。その動き方は、2つの電荷の種類によっても、正電荷を最初に置く位置によっても異なる。固定されている2つの電荷が、正負、正正の場合について、その間を移動する正電荷の軌跡と動く方向を図1.5.1に線と矢印で示す。2つの電荷が負と負の場合は、図1.5.1の右図において矢印の向きを逆にしたものになる。この線で示された軌跡が電気力線であり、この電気力線は矢印で示されたような方向を持つ。

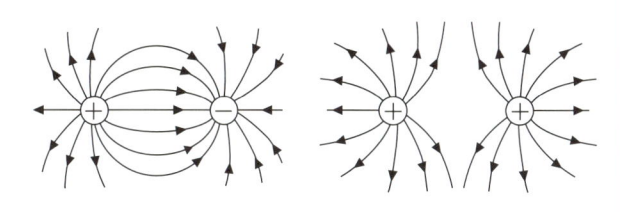

図1.5.1　電気力線

　このように電気力線は実際に存在するものではなく仮想的に考えられたものであり、電荷 Q [C] が真空中に存在するときは、それから Q/ε_0 本の電気力線が出ており、もし電荷 Q [C] が比誘電率 ε_r の誘電体[3] 中に存在するときは、それから $Q/\varepsilon_r\varepsilon_0$ 本の電気力線が出ていると定義されている。

電気力線の性質

① 正電荷を出て負電荷に入る曲線である（正電荷のみ存在する場合は、それを出て無限遠に向う。負電荷のみ存在する場合は、無限遠を出てそれに入る）。
② 同方向の電気力線は反発し合い、逆方向の電気力線は吸引し合う。
③ 電気力線どうしは互いに交差しない。
④ 電気力線上の任意の点における接線方向が、その点の電界の方向を表す。
⑤ 電気力線に垂直な面に対する電気力線の密度が、その点の電界の強さを表す。
⑥ 電気力線と等電位面とは常に直交する。

演習問題5

[1] 真空中に電荷 1 [C] が存在する。この空間に存在する電気力線の全本数とその向きを求めよ。

[2] 真空中に 1 [C] の点電荷が存在している。このときの電気力線に直交する面の形状を述べよ。

[3] 真空中に半径 a [m] の球があり、その表面に電荷 Q [C] が一様に（等しい電荷密度で）帯電している。このときの電気力線に直交する面の形状を述べよ。

[4] 真空中に半径 1 [m] の球があり、その表面に電荷 3 [C] が一様に（等しい電荷密度で）帯電している。この空間に存在する電気力線の全本数とその向きを求めよ。

[5] 真空中に半径が a [m] で長さが無限大の円柱があり、その表面に単位長さ当り λ [C/m]

---

[3] 絶縁体とも呼ばれる。詳細は要点13で述べる。

の電荷が一様に（等しい電荷密度で）帯電している．この時の電気力線に直交する面の形状を述べよ．

[6] 真空中に半径が 5×10^{-3} [m]で長さが無限大の円柱があり，その表面に単位長さ当り1[C/m]の電荷が一様に（等しい電荷密度で）帯電している．この時，この円柱の単位長さから出る電気力線の本数を求めよ．

[7] 真空中に面積が非常に広い平面が存在し，その表面に電荷が密度 σ [C/m^2]で一様に存在している．この時の電気力線に直交する面の形状を述べよ．

[8] 真空中に面積が非常に広い平面が存在し，その表面に電荷が密度 1×10^{-9} [C/m^2]で一様に存在している．この時，この平面の単位面積から出る電気力線の本数を求めよ．

解答5

[1] 電気力線の本数を N とすると，

$$N = \frac{Q}{\varepsilon_0} = \frac{1}{8.854\times 10^{-12}} = 1.13\times 10^{11} \text{ [本]}$$

[2] 電気力線は点電荷から放射状に出ている．したがって，電気力線に直交する面は，点電荷を中心とする球形状になる．

[3] 電気力線は半径 a [m]の球から放射状に出ている．したがって，電気力線に直交する面は，与えられた球と同じ中心を持ち，半径 $r > a$ の球形状．

[4] 電気力線の本数を N とすると，

$$N = \frac{Q}{\varepsilon_0} = \frac{3}{8.854\times 10^{-12}} = 3.39\times 10^{11} \text{ [本]}$$

[5] 電気力線は円柱表面から均等に出ている．したがって，電気力線に直交する面は，与えられた円柱と同じ中心軸をもち半径 $r > a$ の円筒形状．

[6] ガウスの定理*における任意の閉曲面として，長さ1[m]で半径 $r > 5\times 10^{-3}$ [m]の円筒を考える．この閉曲面内部にある全電荷は $Q = 1$ [C]である．したがって，与えられた円柱1[m]当りから出る全電気力線数 N は，

$$N = \frac{Q}{\varepsilon_0} = \frac{1}{8.854\times 10^{-12}} = 1.13\times 10^{11} \text{ [本]}$$

[7] 平面からの電気力線は，その平面に垂直に出ている．したがって，電気力線に直交する面は，与えられた平面に平行な平面．

[8] 単位面積当りに 1×10^{-9} [C]の電荷が存在している．したがって，ガウスの定理より単位面積当りから出る全電気力線数 N は，

$$N = \frac{Q}{\varepsilon_0} = \frac{1\times 10^{-9}}{8.854\times 10^{-12}} = 1.13\times 10^{2} \text{ [本]}$$

---

* 要点7で述べる．

要点6　平等電界

要点5で述べた電気力線の性質⑤と⑥から，ある点での電界の大きさはその点の（等電位面上での）電気力線の密度であることがわかる．電気力線の性質①で述べたが，点電荷 Q 〔C〕から出る電気力線は図 1.6.1 に示すように放射状になり，その（等電位面上での）電気力線の密度は点電荷からの距離に依存している．つまり点電荷 Q 〔C〕による電界の大きさは場所によって異なっている．

しかし，大きな平行平板を直流電源につないだ場合，片側の平板には正電荷が蓄えられ，他方の平板には負電荷が蓄えられ，電気力線が図 1.6.2 に示すように存在する．この平行平板間の電気力線の間隔（等電位面上での密度）は一定であり，平行平板中の電界の大きさは何処でも同じ値になる．この平行平板中の電界のように大きさが場所に依存せず一定であるような電界を平等電界という．平行平板電極の間隔が d 〔m〕であり，それに印加される電圧が V 〔V〕の時，その電極間の電界の大きさ E は次式で示される．

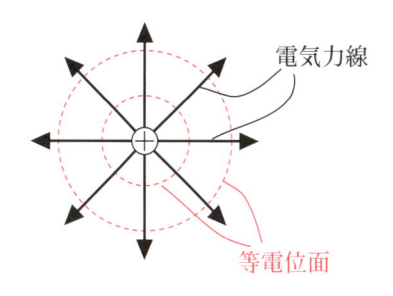

$$E = \frac{V}{d} \text{〔V/m〕} \quad (1.6.1)$$

図 1.6.1　電気力線と等電位面

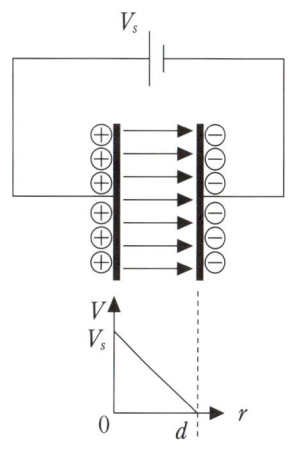

図 1.6.2　電気力線と等電位面

演習問題6

［1］真空中に電極間距離が1〔cm〕で，非常に広い面積を有する平行平板電極が存在している．これに電圧が100〔V〕印加された．このとき電極間の電界の大きさを求めよ．

［2］真空中に電極間距離が1〔cm〕で，非常に広い面積を有する平行平板電極が存在している．これに電圧が100〔V〕印加されている．このマイナス側の電極表面より電子が初速度ゼロで飛び出したとする．電子がプラス電極に到達するときの速度を求めよ．ただし重力の影響は無視できるとする．

［3］非常に広い面積をもつ平行平板電極（電極間距離1〔cm〕）が真空中で水平に置かれている．この電極の間の空間で電子を静止させるのに必要な電圧の大きさと，その電圧を印加する向きを求めよ．ただし，重力加速度 $g = 9.8$ 〔m/s^2〕とする．

［4］電圧が印加された平行平板（電極幅1〔cm〕，電極間隔1〔cm〕）が置かれている．その電極間に初速度 1×10^5 〔m/s〕で電子が，図 1.6.3 に示すように，2つの電極の中央を平行に入射した．この電子が電極にぶつからずに電極間を通過するためには印加電圧を何〔V〕にす

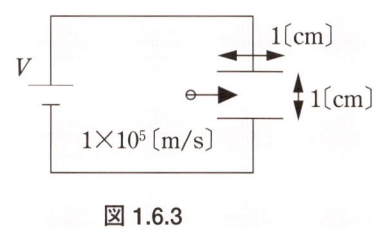

図 1.6.3

ればよいかを求めよ．ただし重力の影響は無視できるとする．

[5] 真空中に電極間距離が1〔cm〕で，非常に広い面積を有する平行平板電極が存在している．これに電圧100〔V〕が，図1.6.4のSW₁の向きに接続されている．このとき，図中のA側の電極表面に速度ゼロの電子が存在する．この電子は電界によってB側電極の方に加速される．この電子がB側電極に到達する前に，図1.6.4のSW₂の向きにスイッチを接続する．これを繰り返すことで電子は電極間を往復運動する．このとき，電子が最大の速度を得るようにするためのスイッチの切り替え周期を求めよ．ただし電極表面上で速度ゼロの場合は電極に到達していないものとみなすことにする．また重力の影響は無視できるとする．

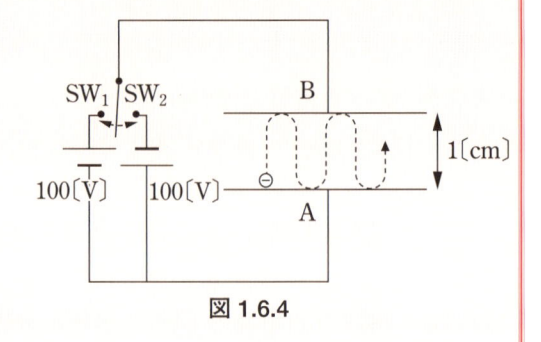

図 1.6.4

解答6

[1] $E = \dfrac{V}{d} = \dfrac{100}{10^{-2}} = 1 \times 10^4$ 〔V/m〕

[2] プラス電極到達時の電子の速度をvとする．プラス電極到達時に電子が得る電気的なエネルギーが運動エネルギーに変換されることより次式が成り立つ．

$$eV = \dfrac{1}{2} m_e v^2$$

ここで，$V = 100$〔V〕，$e = 1.6 \times 10^{-19}$〔C〕，$m_e = 9.1 \times 10^{-31}$〔kg〕を代入すると，

$$v = \sqrt{\dfrac{2eV}{m_e}} = 5.93 \times 10^6 \text{〔m/s〕}$$

[3] 電子を電極間で静止させるには，重力と反対方向に，かつ同じ大きさの力を電子に及ぼさなければならない．そのためには，図1.6.5に示すように電圧を印加しなければならない．その電圧の大きさは以下になる．

$$e\dfrac{V}{d} = mg$$

$$\therefore V = \dfrac{dmg}{e} = \dfrac{10^{-2} \times 9.1 \times 10^{-31} \times 9.8}{1.6 \times 10^{-19}} = 5.57 \times 10^{-13} \text{〔V〕}$$

図 1.6.5

[4] 図1.6.6のようにx-y方向を決める．入射速度は$v_x = 1 \times 10^5$〔m/s〕で，電極を通過するために必要な時間Tは，電極幅をL〔m〕とすると，次式で求まる．

$$T = \dfrac{L}{v_x} = \dfrac{10^{-2}}{1 \times 10^5} = 1 \times 10^{-7} \text{〔s〕}$$

一方，電極間距離をd〔m〕とすると，電子はy軸方向に以下の力Fで引張られる．

$$F = e\dfrac{V}{d} = 1.6 \times 10^{-19} \times \dfrac{V}{10^{-2}} = 1.6 \times 10^{-17} \times V$$

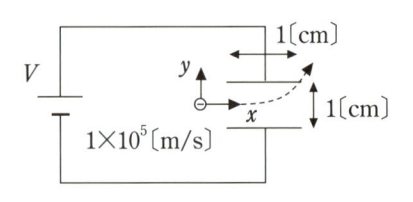

図 1.6.6

したがって，y 方向に受ける加速度を α とし，y 方向に動く距離を L とすると次の関係式が成立する．

$$\alpha = \frac{F}{m} = \frac{1.6 \times 10^{-17} V}{9.1 \times 10^{-31}} = 1.76 \times 10^{13} \times V$$

$$L = \int_0^T \alpha t \, dt = \frac{1}{2}\alpha T^2 = \frac{1.76 \times 10^{13} V}{2} \times 1 \times 10^{-14} = 8.8 \times 10^{-2} \times V$$

電子が電極に当らないための条件は，移動距離が電極間隔の半分以下であることより次式が成り立つ．

$$L < \frac{10^{-2}}{2} = 5 \times 10^{-3}$$

$$\therefore V < 5.68 \times 10^{-2} \, [\text{V}]$$

[5] 一方の電極（A 電極とする）を出発した電子が対抗する電極（B 電極とする）に到達するときに速度ゼロになるためには，両電極の中間に電子が到達した時点で電子の加速方向を変える必要がある．電圧 100 [V] が電極間（距離 1 [cm]）に印加されているときの電子の加速度 α は，

$$\alpha = \frac{eV}{dm} = \frac{1.6 \times 10^{-19} \times 100}{10^{-2} \times 9.1 \times 10^{-31}} = 1.76 \times 10^{15}$$

この加速度で初速度ゼロの電子が電極中央部まで移動するのに必要な時間を T とすると，

$$\frac{d}{2} = \int_0^T \alpha t \, dt = \frac{1}{2}\alpha T^2 = 8.8 \times 10^{14} T^2$$

$$\therefore T = \sqrt{\frac{d}{2 \times 8.8 \times 10^{14}}} = \sqrt{\frac{10^{-2}}{2 \times 8.8 \times 10^{14}}} = 2.38 \times 10^{-9} \, [\text{s}]$$

時間 T がたった後，電界の方向を切り替えることにより，B 電極へ到達した時点で電子の速度はゼロになり，その後 A 電極方向に加速され始める．この B 電極を出発する瞬間から時間 T がたった時点で再び電極中央へ電子が達するため，そこで再び電界の向きを切り替えればよい．このように電圧を切り替えるタイミングは図 1.6.7 のようになる．

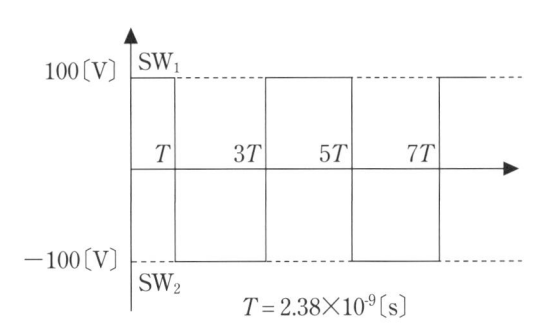

図 1.6.7

覚えよう！　要点 5・6・7 における重要関係式

① 真空中にある Q [C] の電荷から出ている電気力線数　$N = \dfrac{Q}{\varepsilon_0}$ [本]

② 比誘電率 ε_r の誘電体中にある Q [C] の電荷から出ている電気力線数　$N = \dfrac{Q}{\varepsilon_r \varepsilon_0}$ [本]

③ 電気力線の密度（単位面積当りの電気力線数）＝電界の大きさ

④ 平等電界 E とその電界中の 2 点間（距離 d）の電位差 V との関係　$E = \dfrac{V}{d}$ [V/m]　(1.6.1)

⑤ ガウスの定理　$E \times S = \dfrac{\Sigma Q}{\varepsilon_0}$　(1.7.1)
　　　　S：任意の閉曲面の表面積
　　　　ΣQ：任意の閉曲面内に存在する総電荷

要点7　ガウスの定理

「点電荷による電界」と「平行平板間の電界」について学んできた．それ以外の（代表的な）帯電体による電界の求め方を学ぶ．このために必要なのがガウスの定理であり，それは「真空中において，任意の閉曲面 S を通って外に出ていく電気力線の数は，その閉曲面の内部に存在するすべての電荷を ε_0 で割ったものに等しい」と定義されている．

$$E \times S = \frac{\Sigma Q}{\varepsilon_0} \quad (1.7.1)$$

ガウスの定理で重要なことは，任意の閉曲面をどう決定するか，ということである．この決定の仕方は，閉曲面の面が常に電気力線と直交するように，閉曲面を決定すればよい．そのためには，以下のように考えればよい．

与えられた帯電体が球　　　　　→　閉曲面は　球
与えられた帯電体が円筒（円柱）→　閉曲面は　円筒（側面）
与えられた帯電体が平面　　　　→　閉曲面は　円柱または角柱（底面）

この定理を利用して電界を求める方法を以下に代表的な形の帯電体について説明していく．

(1) 真空中の帯電体が「電荷 q〔C〕が表面に一様に分布している球」の場合

与えられた帯電体球の半径を a〔m〕とする．図1.7.1(a) に示すように，この場合は球の内部と外部の2つの領域があり，それぞれについて考える必要がある．以下にその考え方を示す（図1.7.1(a) 参照）．

〈球の外部〉

任意の閉曲面を与えられた帯電体球の中心から半径 r の球とする（図1.7.1(a) のA点を通る球）．その半径 r の球表面の面積を S，球表面上の電界の大きさを E_r とする．この閉曲面の内部に含まれる全電荷量は q〔C〕である．したがって，次式が成り立つ．

$$E_r \times S = \frac{q}{\varepsilon_0}$$

$S = 4\pi r^2$ より，$E_r = \dfrac{q}{4\pi\varepsilon_0 r^2}$

図1.7.1 (a)　表面に一様に帯電した球

〈球の内部〉

この場合の任意の閉曲面は，図1.7.1(a) のB点を通る球である．この場合も同様に考えると，この閉曲面内に存在する電荷はゼロである．したがって，以下のようになる．

$$E_r \times S = 0 \quad \therefore E_r = 0$$

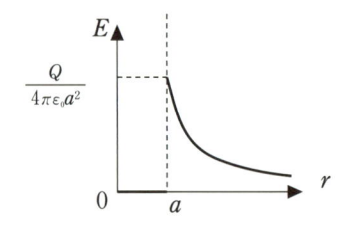

図1.7.1 (b)　表面に一様に帯電した球の電界分布

この電界の大きさ E_r と帯電体球の中心からの距離 r との関係を図1.7.1(b) に示す．

(2) 真空中の帯電体が「電荷 q 〔C〕が内部全体に一様に分布している球」の場合

与えられた帯電体球の半径を a 〔m〕とする．図 1.7.2(a) に示すように，この場合も球の内部と外部の2つの領域があり，それぞれについて考える必要がある．以下にその考え方を示す（図 1.7.2(a) 参照）．

図 1.7.2 (a) 内部に一様に帯電した球

〈球の外部〉

これは前項と同じである．任意の閉曲面を与えられた帯電体球の中心から半径 r の球（図 1.7.2(a) のA点を通る球とし），その半径 r の球表面の面積を S，球表面上の電界の大きさを E_r とする．この閉曲面の内部に含まれる全電荷量は q 〔C〕である．したがって，次式が成り立つ．

$$E_r \times S = \frac{q}{\varepsilon_0}$$

$S = 4\pi r^2$ より，$E_r = \dfrac{q}{4\pi\varepsilon_0 r^2}$ 〔V/m〕

〈球の内部〉

この場合の任意の閉曲面は，図 1.7.2(a) のB点を通る球である．ここで，帯電体内部には q 〔C〕で電荷が一様に分布しているため，この球の内部には単位体積当りの電荷密度は以下の式で示される．

$$\frac{q}{4\pi a^3/3} \text{〔C/m}^3\text{〕}$$

したがって，任意の閉曲面の内部に存在する全電荷 q' は以下の式で表される．

$$q' = \frac{q}{4\pi a^3/3} \times \frac{4}{3}\pi r^3 = \frac{r^3}{a^3}q \text{〔C〕}$$

ガウスの定理より，

$$E_r \times S = \frac{q'}{\varepsilon_0} = \frac{r^3 q}{a^3 \varepsilon_0} \text{〔V/m〕}$$

$S = 4\pi r^2$ より，$E_r = \dfrac{q}{4\pi\varepsilon_0}\dfrac{r}{a^3}$ 〔V/m〕

この電界の大きさ E_r と帯電体球の中心からの距離 r との関係を図 1.7.2(b) に示す．

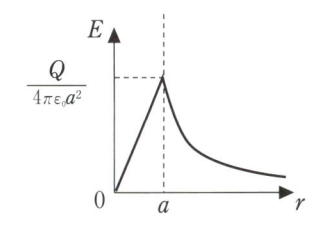

図 1.7.2 (b) 内部に一様に帯電した球の電界分布

(3) 真空中の帯電体が「電荷が表面に λ 〔C/m〕で一様に分布している無限長の円柱」の場合

与えられた帯電体円柱の半径を a 〔m〕とする．図 1.7.3(a) に示すように，この場合は球の内部（図中点B）と外部（図中点A）の2つの領域があり，それぞれについて考える必要がある．以下にその考え方を示す（図 1.7.3(a) 参照）．

要点7 ガウスの定理

〈円柱の外部〉

任意の閉曲面を与えられた帯電体円柱の中心から半径 r，長さ L の円筒とする（図1.7.3(a) のA点を通る円筒）．この円筒には，側面と底面（上下2面）があり，この3つの面で閉曲面を構成している．

ここで電気力線と底面の関係を考える．図1.7.3(b) に示すように電気力線は帯電体表面より直角に出発している．そしてこの電気力線の方向は底面と平行になっているため，電気力線は底面を通過しない（横切らない）．つまり，この（円柱という）閉曲面の内で電気力線が通過するのは側面だけである．また，この閉曲面内の全電荷は $\lambda \times L$〔C〕である．

したがって，側面上の電界の大きさを E_r とすると，

$$E_r \times S = \frac{\lambda L}{\varepsilon_0}$$

$S = 2\pi r L$ より，$E_r = \dfrac{\lambda}{2\pi \varepsilon_0 r}$ 〔V/m〕

〈円柱の内部〉

この場合は，図1.7.3(c) に示すように，この（円柱という）閉曲面の内の電荷はゼロである．したがって，以下のようになる．

$$E_r \times S = 0 \quad \therefore E_r = 0 \text{〔m/s〕}$$

この電界の大きさ E_r と帯電体球の中心からの距離 r との関係を図1.7.3(d) に示す．

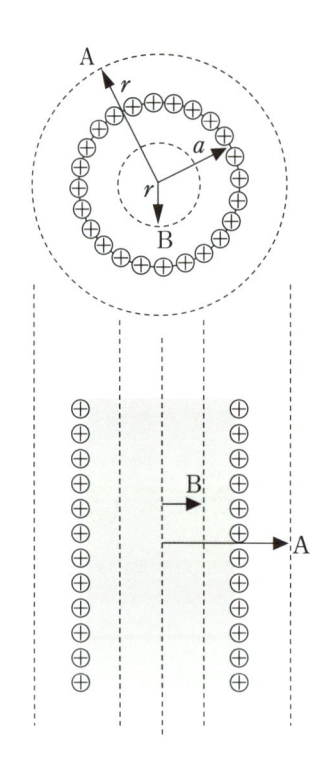

図1.7.3 (a) 表面に一様に帯電した円柱

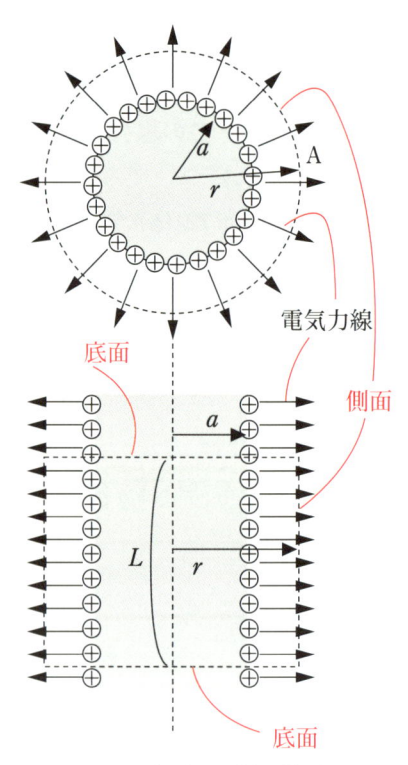

図1.7.3 (b) 表面に一様に帯電した円柱外部の閉曲面（円筒）

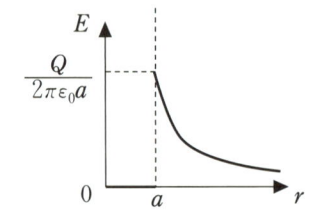

図1.7.3 (d) 表面に一様に帯電した円柱の電界分布

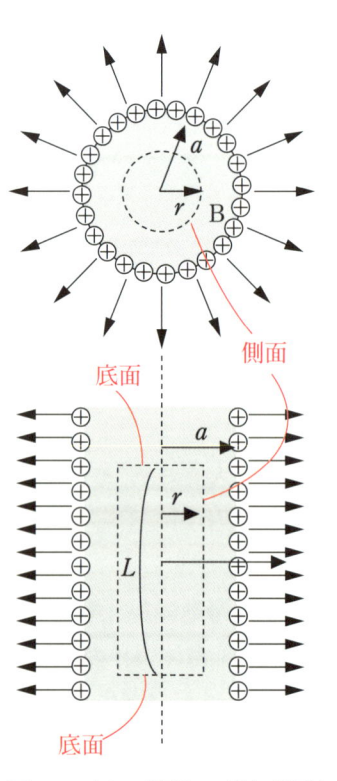

図1.7.3 (c) 表面に一様に帯電した円柱内部の閉曲面（円筒）

第1章 電気

要点7 ガウスの定理

(4) 真空中の帯電体が「電荷が内部全体に λ〔C/m〕で一様に分布している無限長の円柱」の場合

与えられた帯電体円柱の半径を a〔m〕とする．図1.7.4(a) に示すように，この場合も球の内部（図中点B）と外部（図中点A）の2つの領域があり，それぞれについて考える必要がある．以下にその考え方を示す（図1.7.4(a) 参照）．

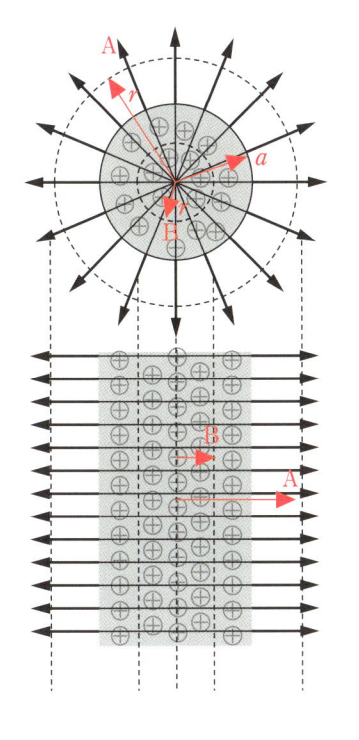

〈円柱の外部〉

この場合は前項と全く同じに考えることができる．つまり，任意の閉曲面を与えられた帯電体円柱の中心から半径 r，長さ L の円筒とする（図1.7.4(a) のA点を通る円筒）．この円筒には，側面と底面（上下2面）があり，この3つの面で閉曲面を構成している．そして，図1.7.4(b) に示すように電気力線は帯電体表面より直角に出発している．そしてこの電気力線の方向は底面と平行になっているため，電気力線は底面を通過しない（横切らない）．つまり，この（円柱という）閉曲面の内で電気力線が通過するのは側面だけである．また，この閉曲面内の全電荷は $\lambda \times L$〔C〕である．

したがって，側面上の電界の大きさを E_r とすると，

$$E_r \times S = \frac{\lambda L}{\varepsilon_0}$$

$S = 2\pi rL$ より，$E_r = \dfrac{\lambda}{2\pi\varepsilon_0 r}$ 〔V/m〕

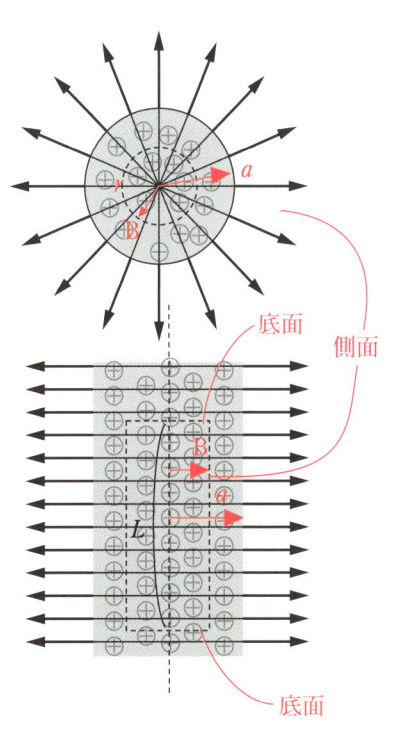

〈円柱の外部〉

この場合，図1.7.4(c) に示すように，任意の閉曲面内部の電荷を Q'〔C〕とすると，

$$Q' = \frac{\lambda}{\pi a^2} \times \pi r^2 L = \frac{\lambda L r^2}{a^2} \text{〔C〕}$$

ガウスの定理より，

図1.7.4 (a) 内部に一様に帯電した円柱

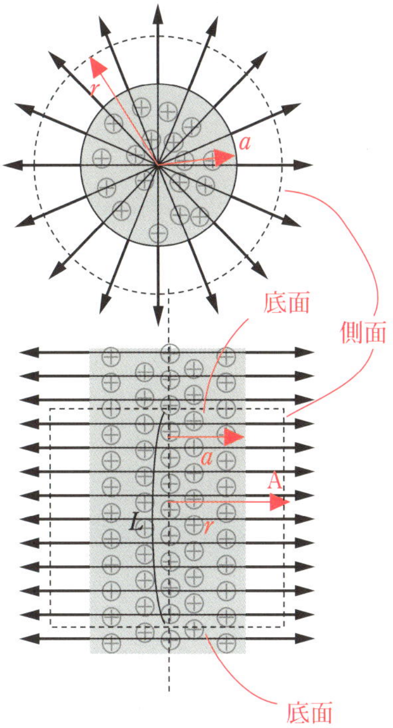

図1.7.4 (b) 内部に一様に帯電した円柱外部の閉曲面（円筒）

図1.7.4 (c) 内部に一様に帯電した円柱内部の閉曲面（円筒）

$$E_r \times S = \frac{Q'}{\varepsilon_0} = \frac{r^2 \lambda L}{a^2 \varepsilon_0}$$

$S = 2\pi r L$ より，$E_r = \dfrac{\lambda}{2\pi \varepsilon_0 a^2} r$ 〔V/m〕

この電界の大きさ E_r と帯電体球の中心からの距離 r との関係を図 1.7.4(d) に示す

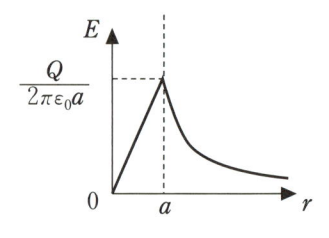

図 1.7.4 (d)　内部に一様に帯電した円柱の電界分布

(5) 真空中の帯電体が「電荷が σ〔C/m²〕で一様に分布している無限平面」の場合

与えられた無限平面の帯電体の上に図 1.7.5(a) に示すような，底面積 S，長さ L である円柱の閉曲面を考える．図 1.7.5(b) はこれを真横から見た図である．図 1.7.5(b) で示すように，電気力線は帯電体平面から垂直に出ており，この電気力線の方向は（円柱という）閉曲面の側面と平行になっているため，電気力線は側面を通過しない（横切らない）．したがって，この（円柱という）閉曲面の内で電気力線が通過するのは底面だけ（上下あるので面積は $2 \times S$）である．また，この閉曲面内の全電荷は $\sigma \times S$〔C〕である．

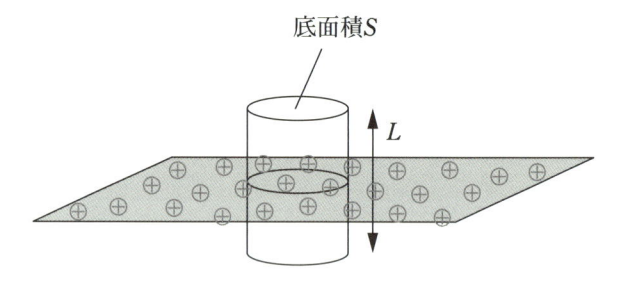

図 1.7.5 (a)　一様に帯電した平面

したがって，底面上の電界の大きさを E とすると，

$$E \times 2S = \frac{\sigma S}{\varepsilon_0}$$

$$\therefore E = \frac{\sigma}{2\varepsilon_0} \text{〔V/m〕}$$

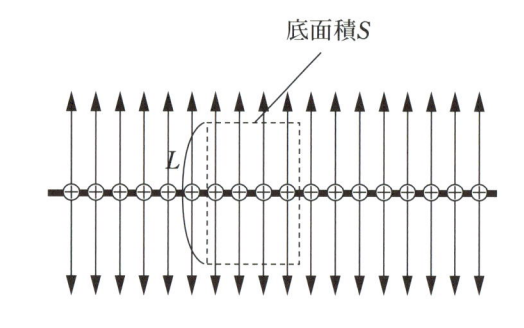

図 1.7.5 (b)　一様に帯電した平面の断面図

これからわかるように，帯電した無限平面でつくられる電界の強さは，場所に依存せず一定である．

演習問題 7

[1] 真空中に置かれた半径 1〔m〕の球の表面に一様に電荷 $Q = 3 \times 10^{-9}$〔C〕が帯電している．この球の中心から r〔m〕離れた点の電界の大きさを求めよ．

[2] 真空中に置かれた半径 5〔cm〕の球の表面に一様に電荷 $Q = 3 \times 10^{-9}$〔C〕が帯電している．この球表面の電位を求めよ．また球内部の電位を求めよ．

[3] 真空中に置かれた半径 5〔cm〕の球の内部に一様に電荷 $Q = 5 \times 10^{-9}$〔C〕が帯電している．この球表面の電位を求めよ．また球内部の電位を求めよ．

[4] 真空中に置かれた半径 1〔m〕の球の表面に一様に電荷 $Q = 1 \times 10^{-9}$〔C〕が帯電している．この球の中心から 3〔m〕離れた点と 5〔m〕離れた点との間の電位差を求めよ．

[5] 真空中に置かれた同心球（図1.7.6）の内球の内部全体に一様に $Q_1 = 3 \times 10^{-9}$〔C〕が帯電し，外球殻にも $Q_2 = 5 \times 10^{-9}$〔C〕が内部全体に一様に帯電している（内球の半径 a〔m〕，外球殻の内半径 b〔m〕，外球殻外半径 c〔m〕）．図1.7.6に示される点A（中心からの距離 r_A〔m〕）と点B（中心からの距離 r_B〔m〕）の電界を求めよ．

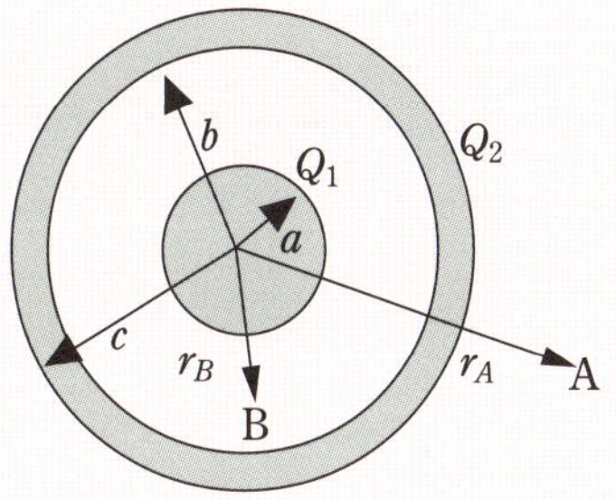

図1.7.6

[6] 真空中に半径0.1〔m〕の無限に長い円柱がある．これの表面に一様に，単位長さ当り $\lambda = 3 \times 10^{-9}$〔C/m〕が帯電している．この円柱の中心線から3〔m〕離れた点と5〔m〕離れた点との間の電位差を求めよ．

[7] 真空中に半径0.1〔m〕の無限に長い円柱がある．これの表面に一様に，単位長さ当り $\lambda = 5 \times 10^{-9}$〔C/m〕が帯電している．この円柱の中心線から3〔m〕の距離にある場所での電界の大きさを求めよ．

[8] 真空中に半径0.2〔m〕の無限に長い円柱がある．これの内部に一様に，単位長さ当り $\lambda = 3 \times 10^{-9}$〔C/m〕が帯電している．この円柱の中心線から r〔m〕の距離にある場所での電界の大きさを求めよ．

[9] 真空中に無限に広い平面があり，それに単位面積当り $\sigma = 7 \times 10^{-9}$〔C/m²〕の電荷が帯電している．この平面から5〔m〕離れた点と10〔m〕離れた点との間の電位差を求めよ．

解答7

[1] ガウスの定理において，任意の閉曲面を半径 r の球とすると次式が成り立つ．

$$E_r \times S = \frac{Q}{\varepsilon_0}, \quad S = 4\pi r^2$$

$r \geq 1$〔m〕のとき，$Q = 3 \times 10^{-9}$〔C〕であるため，求める電界は次式で示される．

$$E_r = \frac{3 \times 10^{-9}}{4\pi\varepsilon_0 r^2} = 9 \times 10^9 \times \frac{3 \times 10^{-9}}{r^2} = \frac{27}{r^2} \text{〔V/m〕}$$

$r < 1$〔m〕のとき，$Q = 0$〔C〕であるため，求める電界は次式で示される．

$$E_r = 0 \text{〔V/m〕}$$

[2] ガウスの定理において，任意の閉曲面を半径 r の球とすると次式が成り立つ．

$$E_r \times S = \frac{Q}{\varepsilon_0}, \quad S = 4\pi r^2$$

$r \geq 5 \times 10^{-2}$〔m〕のとき，$Q = 3 \times 10^{-9}$〔C〕であるため，求める電界は次式で示される．

$$E_r = \frac{3 \times 10^{-9}}{4\pi\varepsilon_0 r^2} = 9 \times 10^9 \times \frac{3 \times 10^{-9}}{r^2} = \frac{27}{r^2} \text{〔V/m〕}$$

$r < 5 \times 10^{-2}$〔m〕のとき，$Q = 0$〔C〕であるため，求める電界は次式で示される．

$$E_r = 0 \text{〔V/m〕}$$

球表面の電位を $V_{r=0.05}$ とすると，以下の値となる．

$$V_{r=0.05} = \int_\infty^{5 \times 10^{-2}} -E dr = \int_\infty^{5 \times 10^{-2}} -\frac{27}{r^2} dr = \frac{27}{5 \times 10^{-2}} = 5.4 \times 10^2 \text{〔V〕}$$

要点7 ガウスの定理

球内部の電位を V_r とすると，以下の値となる．

$$V_r = \int_\infty^r -E dr = \int_\infty^{5\times10^{-2}} \left(-\frac{27}{r^2}\right) dr + \int_{5\times10^{-2}}^r (-0) dr = 5.4\times10^2 \text{ [V]}$$

[3] ガウスの定理において，任意の閉曲面を半径 r の球とすると次式が成り立つ．

$$E_r \times S = \frac{Q}{\varepsilon_0}, \quad S = 4\pi r^2$$

$r \geq 5\times10^{-2}$ [m] のとき，$Q = 5\times10^{-9}$ [C] であるため，求める電界は次式で示される．

$$E_r = \frac{5\times10^{-9}}{4\pi\varepsilon_0 r^2} = 9\times10^9 \times \frac{5\times10^{-9}}{r^2} = \frac{45}{r^2} \text{ [V/m]}$$

$r < 5\times10^{-2}$ [m] のとき，$Q = q$ [C] とすると，q は以下の関係式より求まる．

$$q : 5\times10^{-9} = \frac{4}{3}\pi r^3 : \frac{4}{3}\pi(5\times10^{-2})^3$$

$$\therefore q = \frac{5\times10^{-9}}{(5\times10^{-2})^3} r^3 = 4\times10^{-5} r^3$$

したがって，求める電界は次式で示される．

$$E_r = \frac{4\times10^{-5} r^3}{4\pi\varepsilon_0 r^2} = 9\times10^9 \frac{4\times10^{-5} r^3}{r^2} = 3.6\times10^5 r \text{ [V/m]}$$

球表面の電位を $V_{r=0.05}$ とすると，以下の値となる．

$$V_{r=0.05} = \int_\infty^{5\times10^{-2}} -E dr = \int_\infty^{5\times10^{-2}} -\frac{45}{r^2} dr = \frac{45}{5\times10^{-2}} = 9.0\times10^2 \text{ [V]}$$

球内部の電位を V_r とすると，以下の値となる．

$$V_r = \int_\infty^r -E dr = \int_\infty^{5\times10^{-2}} \left(-\frac{45}{r^2}\right) dr + \int_{5\times10^{-2}}^r (-3.6\times10^5 r) dr = 1.35\times10^3 - 1.8\times10^5 r^2 \text{ [V]}$$

[4] ガウスの定理において，任意の閉曲面を半径 r の球とすると次式が成り立つ．

$$E_r \times S = \frac{Q}{\varepsilon_0}, \quad S = 4\pi r^2$$

$r \geq 1$ [m] のとき，$Q = 1\times10^{-9}$ [C] であるため，求める電界は次式で示される．

$$E_r = \frac{1\times10^{-9}}{4\pi\varepsilon_0 r^2} = 9\times10^9 \times \frac{1\times10^{-9}}{r^2} = \frac{9}{r^2} \text{ [V/m]}$$

求める電位差を V とすると，V は次式となる．

$$V = \int_5^3 (-E) dr = \int_5^3 \left(-\frac{9}{r^2}\right) dr = 1.2 \text{ [V]}$$

[5] 与えられたA点，B点においてガウスの定理を使うと次式になる．

A点 → $E_A \times S = \dfrac{Q_1 + Q_2}{\varepsilon_0}, \quad S = 4\pi r_A^2$

$$\therefore E_A = \frac{(5+3)\times10^{-9}}{4\pi\varepsilon_0 r_A^2} = 9\times10^9 \times \frac{8\times10^{-9}}{r_A^2} = \frac{72}{r_A^2} \text{ [V/m]}$$

B点 → $E_B \times S = \dfrac{Q_1}{\varepsilon_0}, \quad S = 4\pi r_B^2$

$$\therefore E_B = \frac{3\times10^{-9}}{4\pi\varepsilon_0 r_B^2} = 9\times10^9 \times \frac{3\times10^{-9}}{r_B^2} = \frac{27}{r_B^2} \text{ [V/m]}$$

[6] ガウスの定理において，任意の閉曲面を半径 r で長さ L の円筒とすると次式が成り立つ．

$$E_r \times S = \frac{Q}{\varepsilon_0}, \quad S = 2\pi rL$$

$r \geqq 0.1$ [m] のとき，$Q = 3 \times 10^{-9} \times L$ [C] であるため，求める電界は次式で示される．

$$E_r = \frac{3 \times 10^{-9} \times L}{2\pi\varepsilon_0 rL} = \frac{3 \times 10^{-9}}{2\pi\varepsilon_0 r} = 2 \times 9 \times 10^9 \times \frac{3 \times 10^{-9}}{r} = \frac{54}{r} \text{ [V/m]}$$

求める電位差を V とすると，V は次式で求められる．

$$V = \int_5^3 (-E) dr = \int_5^3 \left(-\frac{54}{r}\right) dr = [-54\ln r]_5^3 = 54\ln\frac{5}{3} = 27.58 \text{ [V]}$$

[7] ガウスの定理において，任意の閉曲面を半径 r で長さ L の円筒とすると次式が成り立つ．

$$E_r \times S = \frac{Q}{\varepsilon_0}, \quad S = 2\pi rL$$

$r \geqq 0.1$ [m] のとき，$Q = 5 \times 10^{-9} \times L$ [C] であるため，求める電界は次式で示される．

$$E_r = \frac{5 \times 10^{-9} \times L}{2\pi\varepsilon_0 rL} = \frac{5 \times 10^{-9}}{2\pi\varepsilon_0 r} = 2 \times 9 \times 10^9 \times \frac{5 \times 10^{-9}}{r} = \frac{90}{r} \text{ [V/m]}$$

$$\therefore E_{r=3} = \frac{90}{3} = 30 \text{ [V/m]}$$

[8] ガウスの定理において，任意の閉曲面を半径 r で長さ L の円筒とすると次式が成り立つ．

$$E_r \times S = \frac{Q}{\varepsilon_0}, \quad S = 2\pi rL$$

$r \geqq 0.2$ [m] のとき，$Q = 3 \times 10^{-9} \times L$ [C] であるため，求める電界は次式で示される．

$$E_r = \frac{3 \times 10^{-9} \times L}{2\pi\varepsilon_0 rL} = \frac{3 \times 10^{-9}}{2\pi\varepsilon_0 r} = 2 \times 9 \times 10^9 \times \frac{3 \times 10^{-9}}{r} = \frac{54}{r} \text{ [V/m]}$$

$r < 0.2$ [m] のとき，$Q = q$ [C] とすると，q は以下の関係式より求まる．

$$q : 3 \times 10^{-9} L = \pi r^2 L : \pi (2 \times 10^{-1})^2 L$$

$$\therefore q = \frac{\pi r^2 L \times 3 \times 10^{-9} L}{(2 \times 10^{-1})^2 L} = \frac{3}{4} \times 10^{-7} r^2 L$$

これより求める電界は次式で示される．

$$E_r = \frac{0.75 \times 10^{-7} r^2 \times L}{2\pi\varepsilon_0 rL} = \frac{0.75 \times 10^{-7}}{2\pi\varepsilon_0 r} = 2 \times 9 \times 10^9 \times 0.75 \times 10^{-7} r = 13.5 \times 10^2 r \text{ [V/m]}$$

[9] 無限に広い平面からの電界 E_r は平等電界であり，次式で示される．

$$E_r = \frac{\sigma}{2\varepsilon_0} = \frac{7 \times 10^{-9}}{2 \times 8.854 \times 10^{-12}} = 3.95 \times 10^2 \text{ [V/m]}$$

求める電位差を V とすると，V は次式で求められる．

$$V = \int_{10}^5 -E dr = \int_{10}^5 -3.95 \times 10^2 dr = 1.98 \times 10^3 \text{ [V]}$$

要点 7 ガウスの定理

第 1 章 電気

要点 8　導　体

金属のように電気を流しやすい物質を導体という．この導体が帯電する場合の性質を以下に示す．

導体の性質
① 導体の表面だけに帯電し，導体内部では電荷がゼロである．
② 導体内部では電界がゼロである．
③ 帯電した導体全体は同じ電位である．
④ 帯電した導体の表面は等電位面である．
⑤ 帯電した導体表面から出る電気力線は導体表面に対して垂直である．

静電誘導と静電遮へい

絶縁されている導体の近くに帯電体を近づけると，その帯電体と反対符号の電荷がそれに引き寄せられ，同符号の電荷が反対側に押しやられる現象が生じる．これを静電誘導[4]という．図 1.8.1 に示すように，Q〔C〕帯電した導体の周りを接地した導体で囲むと，外側の球殻に$-Q$〔C〕が残り，$+Q$〔C〕が接地に流れ出る[5]．その結果，外球殻の外側（図 1.8.1 の A 点）では電界がゼロになる．つまり，接地した導体で帯電した導体を囲むと，囲んだ接地金属の外側への帯電導体による電界の影響を除去できる．これを静電遮へいという．

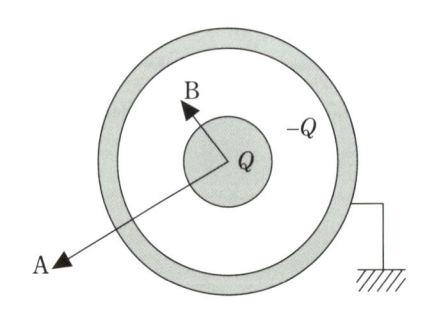

図 1.8.1　静電遮へい

導体表面の電界と表面電荷密度の関係

導体表面に電荷密度 σ〔C/m²〕の電荷が帯電したとする．図 1.8.2 の導体の断面を示し，これで考えていく．ここでは簡単にするために導体の裏表の面は平行とする．導体表面からは図に示すように，上下の表面電荷により電界がつくられる．上面の電荷によりつくられる電界を E_{up} とし，下面の電荷によるものを E_{down} とすると，それぞれの電界の向きは図 1.8.2 に示すとおりであり，そ

---
[4] 要点 11 で詳しく述べる．
[5] 外側の球殻に $-Q$〔C〕が接地（アース）から流れ込む，と考えてもよい．

の大きさはガウスの定理〔要点7の(5)で説明〕より，

$$E_{up} = E_{down} = \frac{\sigma}{2\varepsilon_0}$$

である．図1.8.2に示す3つの領域（A，B，C領域）の電界の向きと大きさを考えてみる．

〈図1.8.2のA領域（金属外部）〉

電界E_{up}とE_{down}は同じ向きである．ゆえに，この領域の電界Eの大きさは次式になる．

$$E = E_{up} + E_{down} = \frac{\sigma}{\varepsilon_0}$$

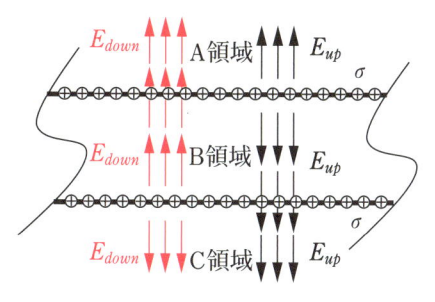

図1.8.2 導体における電界の考え方

〈図1.8.2のB領域（金属内部）〉

電界E_{up}とE_{down}は逆向きである．ゆえに，この領域の電界Eの大きさは次式になる．

$$E = E_{up} - E_{down} = 0$$

〈図1.8.2のC領域（金属外部）〉

電界E_{up}とE_{down}は同じ向きである．ゆえに，この領域の電界Eの大きさは次式になる．

$$E = E_{up} + E_{down} = \frac{\sigma}{\varepsilon_0} \quad (1.8.1)$$

これらをまとめると，

導体の内部では電界の強さ　$E = 0$ 〔V/m〕

導体の表面では電界の強さ　$E = \frac{\sigma}{\varepsilon_0}$ 〔V/m〕

である．表面の電界の向きは導体の性質⑤で示したように，表面に垂直である．

導体表面に働く力

導体表面に電荷密度σ〔C/m²〕の電荷が帯電したとき，ある場所の電荷はその場所以外の電荷によってできる電界により力を受ける（クーロンの法則）．図1.8.3に示すように上面の単位面積を考えると，その電荷σ〔C〕の場所には下面の電荷による電界E_{down}が存在する．したがって，その単位面積当りに働く力Fの大きさFは次式で表される．

$$F = \sigma E_{down} = \sigma \frac{\sigma}{2\varepsilon_0} = \frac{\sigma^2}{2\varepsilon_0} \text{〔N/m}^2\text{〕} \quad (1.8.2)$$

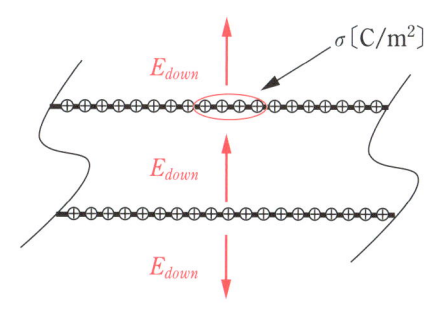

図1.8.3 導体表面に働く力

ここで$E = \frac{\sigma}{\varepsilon_0}$より，$F = \frac{1}{2}\varepsilon_0 E^2$〔N/m²〕と表記できる．この力の向きは表面に垂直に外向きである．

演習問題 8

[1] 真空中に半径5〔cm〕の導体球がある．これに電荷 $Q = 3 \times 10^{-9}$〔C〕を帯電させる．この導体球の電位を求めよ．

[2] 真空中に半径5〔cm〕の導体球がある．これに電荷 $Q = 9 \times 10^{-9}$〔C〕を帯電させる．この導体球の表面の電荷密度を求めよ．

[3] 真空中に半径1〔cm〕の導体球がある．これに電荷 $Q = 1 \times 10^{-9}$〔C〕を帯電させる．この導体球の表面に働く力の大きさと向きを求めよ．

[4] 真空中に半径5〔cm〕の導体球がある．この導体球の電位が10〔V〕であった．この導体球に帯電している電荷量を求めよ．

[5] 真空中で絶縁された半径1〔cm〕, 2〔cm〕, 3〔cm〕の導体球が，それぞれ1〔V〕, 2〔V〕, 3〔V〕の電位を有している．これらが金属導線でつながれたとき，それぞれの導体球の電位を求めよ．

[6] 真空中に同心の導体球がある．この内球の半径を0.5〔m〕, 外球殻の内半径を1〔m〕, 外球殻の外半径を1.1〔m〕とする．内球に電荷 $Q_1 = 9 \times 10^{-9}$〔C〕, 外球殻に $Q_2 = -3 \times 10^{-9}$〔C〕を帯電させる（図1.8.4参照）．以下の問に答えよ．

(A) 外球殻の外側（図中Aの領域）での電界の大きさを求めよ．

(B) 内球と外球殻の間（図中Bの領域）での電界の大きさを求めよ．

(C) 外球殻の電位を求めよ．

(D) 内球の電位を求めよ．

(E) 内球と外球殻の間の電位差を求めよ．

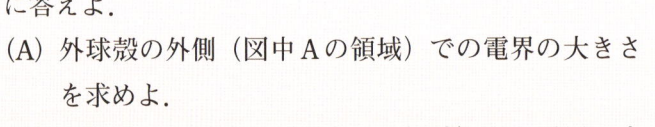

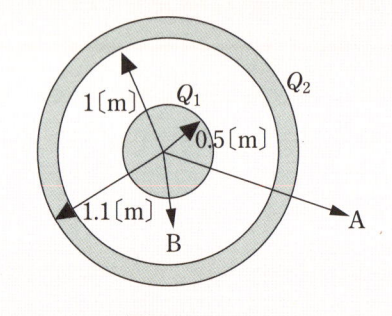

図1.8.4

[7] 真空中に半径10〔cm〕の導体球がある．この導体球の表面電界が 10^9〔V/m〕であった．この導体球に帯電している電荷量を求めよ．

解答 8

[1] 導体内部では電界がゼロであることより，導体全体の電位は導体表面の電位に等しくなる．
ガウスの定理において，任意の閉曲面を半径 r の球とすると次式が成り立つ．

$$E_r \times S = \frac{Q}{\varepsilon_0}, \quad S = 4\pi r^2$$

$r \geq 5 \times 10^{-2}$〔m〕のとき，$Q = 3 \times 10^{-9}$〔C〕であるため，求める電界は次式で示される．

$$E_r = \frac{3 \times 10^{-9}}{4\pi\varepsilon_0 r^2} = 9 \times 10^9 \times \frac{3 \times 10^{-9}}{r^2} = \frac{27}{r^2} \text{〔V/m〕}$$

したがって，導体の電位 V は次式で求められる．

$$V_r = \int_{\infty}^{5\times 10^{-2}} (-E) dr = \int_{\infty}^{5\times 10^{-2}} \left(-\frac{27}{r^2}\right) dr = 5.4 \times 10^2 \text{ [V]}$$

[2] 与えられた導体球の表面積 S は次式で求められる．

$$S = 4\pi r^2 = 4\pi \left(5\times 10^{-2}\right)^2 \text{ [m}^2\text{]}$$

したがって，導体表面の電荷密度 σ は次式で求められる．

$$\sigma = \frac{Q}{S} = \frac{9\times 10^{-9}}{4\pi \left(5\times 10^{-2}\right)^2} = 2.87 \times 10^{-7} \text{ [C/m}^2\text{]}$$

[3] 与えられた導体球の表面電荷 σ は次式で求められる．

$$\sigma = \frac{Q}{S} = \frac{1\times 10^{-9}}{4\pi \left(1\times 10^{-2}\right)^2} = 7.96 \times 10^{-7} \text{ [C/m}^2\text{]}$$

導体表面に働く力の大きさは次式で与えられる．

$$F = \frac{\sigma^2}{2\varepsilon_0} = \frac{\left(7.96\times 10^{-7}\right)^2}{2\times 8.854\times 10^{-12}} = 3.58 \times 10^{-2} \text{ [C/m}^2\text{]}$$

力の向きは金属球が膨張する方向である．

[4] 半径 a [m] の導体球に電荷 Q [C] が帯電しているときの導体の電位 V は次式で表される．

$$V = \frac{Q}{4\pi\varepsilon_0 a} = 9 \times 10^9 \frac{Q}{a} \text{ [V]}$$

$a = 5\times 10^{-2}$ [m], $V = 10$ [V] であることより，

$$Q = \frac{10 \times 5\times 10^{-2}}{9\times 10^9} = 5.56 \times 10^{-11} \text{ [C]}$$

[5] 半径 1 [cm] の球に帯電している電荷を Q_1 [C], 半径 2 [cm] の球に帯電している電荷を Q_2 [C], 半径 3 [cm] の球に帯電している電荷を Q_3 [C] とすると，以下の関係が成り立つ．

$$1 = \frac{Q_1}{4\pi\varepsilon_0 \times 1\times 10^{-2}} = 9\times 10^9 \frac{Q_1}{1\times 10^{-2}} = 9\times 10^{11} Q_1$$

$$2 = \frac{Q_2}{4\pi\varepsilon_0 \times 2\times 10^{-2}} = 9\times 10^9 \frac{Q_2}{2\times 10^{-2}} = 4.5\times 10^{11} Q_2$$

$$3 = \frac{Q_3}{4\pi\varepsilon_0 \times 3\times 10^{-2}} = 9\times 10^9 \frac{Q_3}{3\times 10^{-2}} = 3\times 10^{11} Q_3$$

金属線でつなぐことにより電荷が移動し，3つの導体球は同じ電位 V になるとすると次式が成り立つ．

$$V = \frac{Q_1^*}{4\pi\varepsilon_0 \times 1\times 10^{-2}} = 9\times 10^9 \frac{Q_1^*}{1\times 10^{-2}} = 9\times 10^{11} Q_1^*$$

$$V = \frac{Q_2^*}{4\pi\varepsilon_0 \times 2\times 10^{-2}} = 9\times 10^9 \frac{Q_1^*}{2\times 10^{-2}} = 4.5\times 10^{11} Q_2^*$$

$$V = \frac{Q_3^*}{4\pi\varepsilon_0 \times 3\times 10^{-2}} = 9\times 10^9 \frac{Q_3^*}{3\times 10^{-2}} = 3\times 10^{11} Q_3^*$$

金属線で接続する前と後で，電荷の総量に変化がないことより次式が成り立つ．

$$Q_1 + Q_2 + Q_3 = Q_1^* + Q_2^* + Q_3^*$$

$$\therefore \quad \frac{1}{9\times 10^{11}} + \frac{2}{4.5\times 10^{11}} + \frac{3}{3\times 10^{11}} = \left(\frac{1}{9\times 10^{11}} + \frac{1}{4.5\times 10^{11}} + \frac{1}{3\times 10^{11}}\right) V$$

$$\therefore V = \frac{1+4+9}{1+2+3} = 2.33 \text{ [V]}$$

[6] (A) ガウスの定理において,任意の閉曲面を半径 r の球とすると次式が成り立つ.

$$E_r \times S = \frac{Q}{\varepsilon_0}, \quad S = 4\pi r^2$$

$r \geq 1.1$ [m] のとき,$Q = (9-3) \times 10^{-9} = 6 \times 10^{-9}$ [C] であるため,求める電界は次式で示される.

$$E_r = \frac{6 \times 10^{-9}}{4\pi\varepsilon_0 r^2} = 9 \times 10^9 \times \frac{6 \times 10^{-9}}{r^2} = \frac{54}{r^2} \text{ [V/m]}$$

(B) $0.5 \leq r < 1.1$ [m] のとき,$Q = 9 \times 10^{-9}$ [C] であるため,求める電界は次式で示される.

$$E_r = \frac{9 \times 10^{-9}}{4\pi\varepsilon_0 r^2} = 9 \times 10^9 \times \frac{9 \times 10^{-9}}{r^2} = \frac{81}{r^2} \text{ [V/m]}$$

(C) 外球の電位を V とすると,

$$V = \int_{\infty}^{1.1} (-E) dr = \int_{\infty}^{1.1} \left(-\frac{54}{r^2}\right) dr = 49.1 \text{ [V]}$$

(D) 内球の電位を V とすると,

$$V = \int_{\infty}^{0.5} (-E) dr = \int_{\infty}^{1.1} \left(-\frac{54}{r^2}\right) dr + \int_{1.1}^{1.0} (-0) dr + \int_{1.0}^{0.5} \left(\frac{81}{r^2}\right) dr = 49.1 + 81 = 130.1 \text{ [V]}$$

(E) 求める電位差を V とすると,

$$V = \int_{1.0}^{0.5} (-E) dr = \int_{1.0}^{0.5} \left(-\frac{81}{r^2}\right) dr = 81 \text{ [V]}$$

[7] 半径 a [m] の導体球に電荷 Q [C] が帯電している時の導体表面の電界は次式で示される.

$$E_a = \frac{Q}{4\pi\varepsilon_0 a^2} = 9 \times 10^9 \times \frac{Q}{a^2} \text{ [V/m]}$$

$a = 0.1$ [m],$E = 10^9$ [V/m] より

$$Q = \frac{E_a}{9 \times 10^9} a^2 = \frac{10^9}{9 \times 10^9} \times (0.1)^2 = 1.11 \times 10^{-3} \text{ [C]}$$

覚えよう！ 要点8における重要関係式

① 導体表面の電界の大きさ　　$E = \dfrac{\sigma}{\varepsilon_0}$ [V/m]　　　　(1.8.1)

σ：導体表面の電荷密度

② 導体表面に働く力　　$F = \dfrac{1}{2}\varepsilon_0 E^2 = \dfrac{1}{2}\dfrac{\sigma^2}{\varepsilon_0}$ [V/m]　　　　(1.8.2)

力の向きは表面に垂直で外向き
E：導体表面の電界の大きさ,σ：導体表面の電荷密度

要点9 静電容量

孤立導体の静電容量

1つの導体について考える。この導体に電荷 Q〔C〕を与えるとそれは電位 V〔V〕をもつ。逆に電位を与えると電荷をもつ。この電荷 Q〔C〕と電位 V〔V〕は比例関係にある。この比例定数を静電容量（electrostatic capacity）といい，単位はファラド〔F〕で表す。この単位は実際には大きすぎるため，100万分の1（10^{-6}〔F〕）であるマイクロファラド〔μF〕，マイクロファラドの100万分の1（10^{-12}〔F〕）であるピコファラド〔pF〕で表す場合が多い。

$$C = \frac{Q}{V} \text{〔F〕}$$

この場合の代表的な形状に関して説明する。

(1) 半径 a〔m〕の球の静電容量

半径 a〔m〕の球に電荷 Q〔C〕を帯電させたときの球の電位 Vは以下の式で示される。

$$V = \int_{\infty}^{a} -\frac{Q}{4\pi\varepsilon_0 r^2} dr = \frac{Q}{4\pi\varepsilon_0 a} \text{〔V〕} \tag{1.9.1}$$

$$\therefore C = 4\pi\varepsilon_0 a \text{〔F〕} \tag{1.9.2}$$

導体間の静電容量

次に絶縁[6]された2つの導体について考える。片側（a側）導体に $+Q$〔C〕，他方（b側）に $-Q$〔C〕を帯電させる。このときに発生する電位差を V_{ab}〔V〕とすると，この場合の静電容量は以下の式で定義される。

$$C = \frac{Q}{V_{ab}} \text{〔F〕} \tag{1.9.3}$$

2つの導体の間に電荷を蓄えることを目的に作られた装置を蓄電器またはコンデンサ，キャパシタなどと呼ぶ。以下に代表的な形状の静電容量の求め方に関して説明する。

(1) 同心球間の静電容量

図 1.9.1 に示すような同心球を考える。内球Aの半径 a〔m〕，外球Bの内半径 b〔m〕，外半径 c〔m〕とする。この内球Aに電荷 $+Q$〔C〕，外球Bに電荷 $-Q$〔C〕を与え，内球と外球の間の電界を求める。球の中心から半径 r（$a < r < b$）の球を考え，その球表面上の電界を E_r とすると，ガウスの定理より $E_r \times S = \dfrac{Q}{\varepsilon_0}$ である。

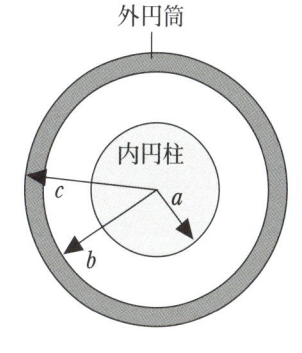

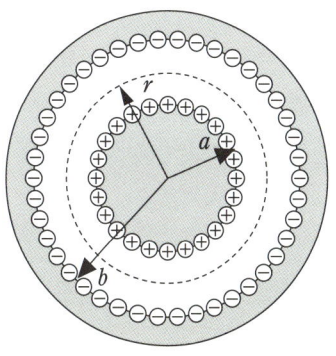

図 1.9.1　同心球の形状

---
6) 電気が流れない状態を絶縁されている，という。

ここで，$S = 4\pi r^2$ より，$E_r = \dfrac{Q}{4\pi\varepsilon_0 r^2}$ 〔V/m〕

$$\therefore V_{AB} = \int_b^a -\dfrac{Q}{4\pi\varepsilon_0 r^2}dr = \dfrac{Q}{4\pi\varepsilon_0}\dfrac{b-a}{ab} \text{〔V〕} \tag{1.9.4}$$

$$\therefore C = \dfrac{Q}{V_{AB}} = 4\pi\varepsilon_0 \dfrac{ab}{b-a} \text{〔F〕} \tag{1.9.5}$$

(2) 同心円筒の静電容量（単位長さ当り）

無限に長い同心円筒を考える．内円筒Aの半径 a〔m〕，外円柱Bの内半径 b〔m〕，外半径 c〔m〕とする．この内円柱Aに電荷 $+\lambda$〔C/m〕，外球Bに電荷 $-\lambda$〔C/m〕を与え，内円筒と外円柱の間の電界を求める（図1.9.2 参照）．円筒の中心から半径 r ($a < r < b$) で長さ L の円筒を考え，その側面上の電界を E_r とすると，ガウスの定理より $E_r \times S = \dfrac{\lambda L}{\varepsilon_0}$ である．

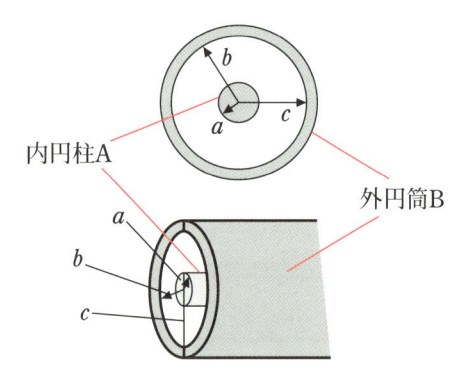

図1.9.2 同心円筒の形状

ここで，$S = 2\pi r L$ より，$E_r = \dfrac{\lambda}{2\pi\varepsilon_0 r}$ 〔V/m〕

$$\therefore V_{AB} = \int_b^a -\dfrac{\lambda}{2\pi\varepsilon_0 r}dr = \dfrac{\lambda}{2\pi\varepsilon_0}\ln\dfrac{b}{a} \text{〔V〕} \tag{1.9.6}$$

$$\therefore C = \dfrac{Q}{V_{AB}} = \dfrac{2\pi\varepsilon_0}{\ln\dfrac{b}{a}} \text{〔F/m〕} \tag{1.9.7}$$

(3) 平行平板の静電容量

面積 S〔m^2〕の平板2枚を距離 d〔m〕離して平行に置く（図1.9.3 参照）．その片側（A側）に電荷 $+Q$〔C〕，他方（B側）に電荷 $-Q$〔C〕を与える．このとき2つの板電極によって作られる電界 E_A，E_B は図1.9.3 に示されるような方向である．大きさはガウスの定理より以下の値で表される．

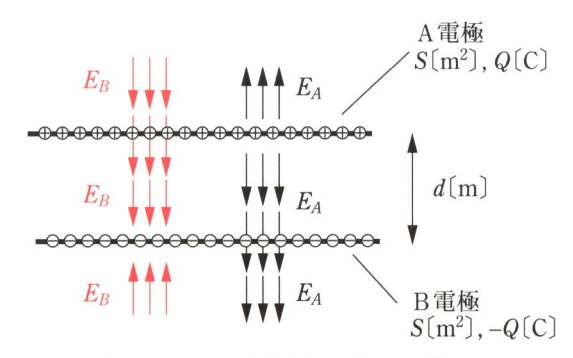

図1.9.3 平行平板での電界の分布

$$E_A = E_B = \dfrac{\sigma}{2\varepsilon_0} = \dfrac{Q}{2\varepsilon_0 S} \text{〔V/m〕}$$

電極の外側では同じ大きさで向きが逆なため，電界はゼロになる．電極の間の電界を E とすると，以下の式で表される．

$$E = E_A + E_B = \dfrac{Q}{\varepsilon_0 S} \text{〔V/m〕}$$

電位差 V_{AB} は電界に逆らって距離 d だけ単位電荷を移動させる仕事に等しいことより

$$V_{AB} = \int_d^0 -E dr = \int_d^0 -\dfrac{Q}{\varepsilon_0 S}dr = \dfrac{Q}{\varepsilon_0 S}d \text{〔V〕} \tag{1.9.8}$$

$$\therefore C = \dfrac{Q}{V_{AB}} = \dfrac{\varepsilon_0 S}{d} \text{〔F〕} \tag{1.9.9}$$

(4) 平行導線間の静電容量（単位長さ当り）

無限に長い平行導線を考える．どちらの導線も半径が a〔m〕であり，その中心間距離を d〔m〕とする．そして片側（導線A）に電荷 $+\lambda$〔C/m〕，他方（導線B）に電荷 $-\lambda$〔C/m〕を与え，その導線間の電界を求める（**図1.9.4** 参照）．まず導線Aの中心と同じ中心をもち，半径 x〔m〕，長さ L〔m〕の円筒を考え，導線Aによってつくられる電界 E_A を求める．この電界方向は図に示すように導線Aから導線Bに向かう方向である．この大きさはガウスの定理より以下の式で求められる．

$$E_A \times S = \frac{\lambda L}{\varepsilon_0} \quad \therefore E_A = \frac{\lambda}{2\pi x \varepsilon_0} \text{〔V/m〕}$$

次に導線Bの中心と同じ中心をもち，半径 x〔m〕，長さ L〔m〕の円筒を考え，導線Bによってつくられる電界 E_B を求める．この電界方向も（図に示すように）導線Aから導線Bに向かう方向である．そして大きさは同様にガウスの定理より以下のように求まる．

$$E_B = \frac{\lambda}{2\pi(d-x)\varepsilon_0} \text{〔V/m〕}$$

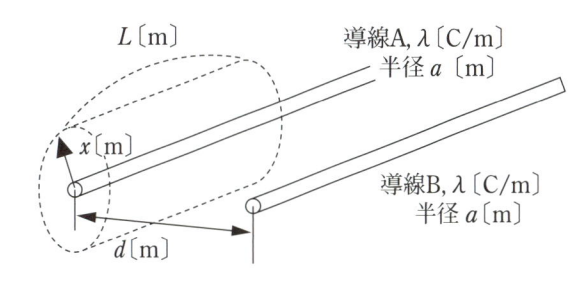

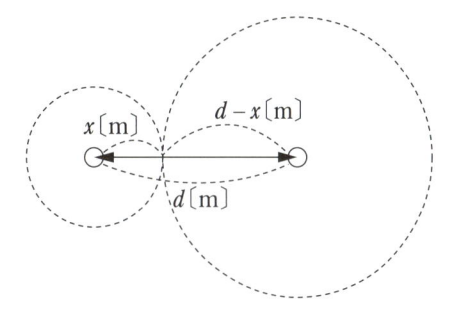

図1.9.4 平行導線の場合
下図は断面図

この導線間の電界は2つの電界の和であることより次式のようになる．

$$E = E_A + E_B = \frac{\lambda}{2\pi\varepsilon_0}\left(\frac{1}{x} + \frac{1}{d-x}\right) \text{〔V/m〕}$$

$$V_{AB} = \int_{d-a}^{a} -E dr = \int_{d-a}^{a} -\frac{\lambda}{2\pi\varepsilon_0}\left(\frac{1}{x} + \frac{1}{d-x}\right)dr = \frac{\lambda}{\pi\varepsilon_0}\ln\frac{d-a}{a} \text{〔V〕} \qquad (1.9.10)$$

$$\therefore C = \frac{\lambda}{V_{AB}} = \frac{\pi\varepsilon_0}{\ln\dfrac{d-a}{a}} \text{〔F/m〕} \qquad (1.9.11)$$

演習問題 9

[1] 真空中に半径 1〔m〕の導体球が存在している．この球の静電容量を求めよ．

[2] 地球の静電容量を求めよ．ただし地球の一周を 40 000〔km〕とする．

[3] 真空中に導体同心球がある．内球の半径が 0.1〔m〕，外球殻の内半径が 1〔m〕，外球殻の外半径が 1.1〔m〕である．内球と外球殻の間の静電容量を求めよ．

[4] 真空中に無限に長い導体同心円筒がある．内円柱の半径 0.1〔m〕，外円筒の内半径が 0.2〔m〕，外円筒の外半径が 0.21〔m〕である．内円柱と外円筒の間の単位長さ当りの静電容量を求めよ．

[5] 真空中に無限に長い導体が2本平行に距離 1〔m〕離れて存在している．その半径はどちら

も 5×10^{-3} [m] であるとき，それら2本の導線間の単位長さ当りの静電容量を求めよ．

[6] 真空中に面積 1 [m²] の金属板が2枚，間隔 1 [mm] で平行に置かれている．この間の静電容量を求めよ．

[7] 静電容量 C_1 [F]，C_2 [F] の導体がそれぞれ V_1 [V]，V_2 [V] の電位になるように帯電されている．これらを金属導線で接続したとき，移動する電荷量を求めよ．

[8] 真空中に距離 L [m] 離れた面積 S [m²] の平行平板がある．図 1.9.5 のように，この間に厚み t [m] で面積 S [m²] の金属平板を片側電極から x [m] の位置に挿入した．挿入する前と挿入した後の静電容量を求めよ．

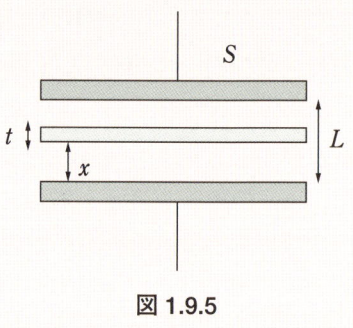

図 1.9.5

解答 9

[1] 半径 a の金属球に電荷 Q [C] を帯電させたときの電圧は，式 (1.9.1) で求められる．

$$V = \frac{Q}{4\pi\varepsilon_0 a} \text{ [V]}$$

静電容量の定義が式 (1.9.2) で与えられる．

$$\therefore \quad C = 4\pi\varepsilon_0 a$$

$a = 1$ [m] を代入すると，$C = 1.11 \times 10^{-10}$ [F]

[2] 地球は半径 $a = 6.37 \times 10^6$ [m] である．これに電荷 Q [C] を帯電させたときの電圧は，以下の式で求められる．

$$V = \frac{Q}{4\pi\varepsilon_0 a} \text{ [V]}$$

$$\therefore \quad C = 4\pi\varepsilon_0 a$$

$a = 6.37 \times 10^6$ [m] を代入すると，$C = 7.08 \times 10^{-4}$ [F]

[3] 同心球の内球に $+Q$ [C]，外球に $-Q$ [C] を帯電させたときの電位差は，式 (1.9.4) で求められる．

$$V_{AB} = \int_1^{0.1} -\frac{Q}{4\pi\varepsilon_0 r^2} dr = 8.1 \times 10^{10} Q \text{ [V]}$$

静電容量の定義が式 (1.9.3) で与えられることより求める C は以下の値になる．

$$C = 1.23 \times 10^{-11} \text{ [F]}$$

[4] 導体同心円筒の内円柱に単位長さ当り $+\lambda$ [C]，外円筒に単位長さ当り $-\lambda$ [C] を帯電させるときの電位差は式 (1.9.6) で求められる．

$$V_{AB} = \int_{0.2}^{0.1} -\frac{\lambda}{2\pi\varepsilon_0 r} dr = 2 \times 9 \times 10^9 \lambda \ln 2$$

静電容量の定義が式 (1.9.3) で与えられることより求める C は以下の値になる．

$$C = 8.01 \times 10^{-11} \text{ [F/m]}$$

[5] 真空中に無限に長い2本の平行導体の片方に単位長さ当り $+\lambda$ [C]，もう片方に単位長さ当り $-\lambda$ [C] を帯電させたときの電位差は式 (1.9.10) で求められる．

$$V_{AB} = \int_{0.995}^{0.005} -E dr = \int_{0.995}^{0.005} -\frac{\lambda}{2\pi\varepsilon_0}\left(\frac{1}{x}+\frac{1}{d-x}\right)dr = \frac{\lambda}{\pi\varepsilon_0}\ln 199$$

静電容量の定義が式 (1.9.3) で与えられることより求める C は以下の値になる．

$$C = 5.25 \times 10^{-12} \,[\text{F/m}]$$

[6] 平行平板の片方に単位面積当りに $+\sigma$ [C]，もう片方に単位面積当りに $-\sigma$ [C] 帯電させたときの電位差は式 (1.9.8) で求められる．

$$V_{AB} = \int_{1\times 10^{-3}}^{0} -E dr = \int_{1\times 10^{-3}}^{0} -\frac{\sigma}{\varepsilon_0 \times 1}dr = 1\times 10^{-3} \times \frac{\sigma}{\varepsilon_0}$$

静電容量は式 (1.9.9) で求められることより求める C は以下の値になる．

$$\therefore\ C = 8.85 \times 10^{-9} \,[\text{F}]$$

[7] 最初に静電容量 C_1 [F] に帯電していた電荷を Q_1 [C]，C_2 [F] に帯電していた電荷を Q_2 [C] とすると，以下の関係式が成り立つ．

$$Q_1 = C_1 V_1$$
$$Q_2 = C_2 V_2$$

針金で2つの導体を接続することで電荷が移動し，それぞれ $Q^\star_1$ [C]，$Q^\star_2$ [C] に変化し，かつ2つの導体は同電位 V になるとすると，以下の関係式が成り立つ．

$$Q^\star_1 = C_1 V$$
$$Q^\star_2 = C_2 V$$

ここで，全体の電荷の変化はないことより，

$$Q_1 + Q_2 = Q^\star_1 + Q^\star_2$$
$$\therefore\ C_1 V + C_2 V = C_1 V_1 + C_2 V_2$$
$$\therefore\ V = \frac{C_1 V_1 + C_2 V_2}{C_1 + C_2}$$

ここで，移動する電荷量を ΔQ とすると，ΔQ は次式で求まる．

$$\Delta Q = Q_1 - Q^\star_1 = C_1 V_1 - C_1 V = \frac{C_1 C_2 (V_1 - V_2)}{C_1 + C_2} \,[\text{C}]$$

[8] 金属板を挿入する前の静電容量を C とすると，式 (1.9.9) より次のように求められる．

$$C = \varepsilon_0 \frac{S}{L}$$

金属板を挿入することで，平行平板は金属板の上側と下側の2つの部分に分けられる．このため，挿入後は2つのコンデンサ（金属板の上側と下側のコンデンサ）の直列接続と考えることができる．上側のコンデンサの容量を C_1，下側のコンデンサの容量を C_2 としその合成容量を $C^\star$ するとそれらは以下のように求められる．

$$C_1 = \varepsilon_0 \frac{S}{L-(t+x)}$$
$$C_2 = \varepsilon_0 \frac{S}{x}$$
$$C^\star = \frac{C_1 C_2}{C_1 + C_2} = \varepsilon_0 \frac{S}{L-t}$$

要点 10　静電容量に蓄えられるエネルギーとそこに働く力

静電容量について学んだ．静電容量とは電気（電荷）を蓄えるための能力と考えることができる．電気を蓄えるということは，エネルギーを蓄えるということであり，蓄えられたエネルギーが電極へ静電力として影響を与える．ここでは静電容量に蓄えられるエネルギーを説明し，平行平板間に蓄えられるエネルギー密度と平行平板電極に働く力について述べる．

(1) 静電容量に蓄えられるエネルギー

電荷を1つの場所に集めるためには，それらの反発力に逆らって仕事をする必要がある．換言すれば，一箇所に電荷が集められた場合は，その場所はエネルギーを有していることになる．このエネルギー W を，静電容量 C を用いて求めてみる．図1.10.1に示すように，導体に電荷 q [C] が帯電しており，その電位が V [V] であるとする．この導体にさらに微小な電荷 dq [C] を無限遠から移動させて付着させるのに必要な仕事 dW は以下の式で示される．

$$dW = V \cdot dq \text{ [J]}$$

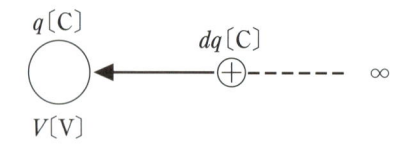

図1.10.1　帯電した物体に帯電させる場合

ここに $V = q/C$ を代入すると，$dW = \dfrac{q}{C} dq$ と表される．したがって，ある導体に Q [C] の電荷を付着させるのに必要な仕事 W は以下の式で示される．

$$W = \int_0^Q \frac{q}{C} dq = \frac{1}{2} \frac{Q^2}{C} \text{ [J]}$$

静電容量に蓄えられるエネルギーを U とおくと，これはなされた仕事に等しい．

$$\therefore \quad U = W = \frac{1}{2} \frac{Q^2}{C} \text{ [J]}$$

ここで $Q = CV$ より，静電容量に蓄えられるエネルギー U は以下のように変形できる．

$$U = \frac{1}{2} \frac{Q^2}{C} = \frac{1}{2} QV = \frac{1}{2} CV^2 \text{ [J]} \tag{1.10.1}$$

(2) コンデンサに蓄えられるエネルギー密度

要点9で述べたように面積 S [m^2]，電極間隔 L [m] の平行平板コンデンサの静電容量は $C = \dfrac{\varepsilon_0 S}{L}$ であり，平行平板電極に Q [C] の電荷が与えられたとき，この中の電界の大きさは $E = \dfrac{Q}{\varepsilon_0 S}$ である．これを式 (1.10.1) に代入すると次式になる．

$$U = \frac{1}{2} \frac{Q^2}{C} = \frac{1}{2} \frac{(\varepsilon_0 SE)^2}{\frac{\varepsilon_0 S}{L}} = \frac{1}{2} \varepsilon_0 E^2 LS \text{ [J]}$$

ここで，LS は平行平板コンデンサ内部の体積であることより，コンデンサ内部には単位体積当り $w = \dfrac{1}{2} \varepsilon_0 E^2$ [J/m^3] のエネルギーが蓄えられていることになる．この w を電界に蓄えられるエネルギー密度という．

(3) コンデンサ電極に働く力

　面積 S 〔m²〕で電極間隔 d 〔m〕平行平板コンデンサの電極には片側に正電荷 $+Q$〔C〕，他方に負電荷 $-Q$〔C〕が存在している．したがって，クーロンの法則より，2つの電極には吸引力が働く．この正電荷の平板がつくる電界を E_+，負電荷の平板がつくる電界を E_- とすると，それらの方向は図1.10.2に示すようになり，大きさは次式で与えられる．

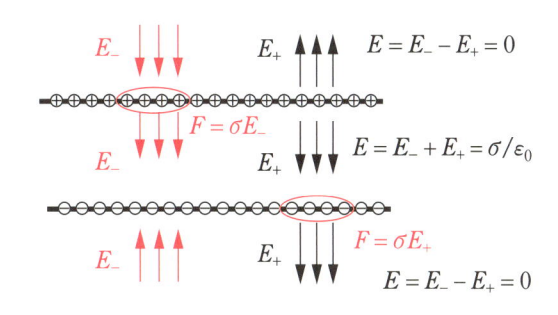

図 1.10.2 平行平板コンデンサに働く力

$$E_+ = E_- = \frac{Q}{2\varepsilon_0 S} \text{〔V/m〕}, \quad E = E_+ + E_- = \frac{Q}{\varepsilon_0 S} = \frac{\sigma}{\varepsilon_0} \text{〔V/m〕} \tag{1.10.2}$$

　正電荷をもつ板は，負電荷の発生する電界によって力を受ける（クーロンの法則）．逆に負電荷をもつ板は正電荷の発生する電界によって力を受ける．その方向はお互いに引き合う方向であり，大きさは次式で与えられる．

$$F = Q\frac{Q}{2\varepsilon_0 S} = \frac{Q^2}{2\varepsilon_0 S} = \frac{1}{2\varepsilon_0}\left(\frac{Q}{S}\right)^2 S = \frac{1}{2}\frac{\sigma^2}{\varepsilon^2} S = \frac{1}{2}\varepsilon_0 E^2 S \text{〔N〕} \tag{1.10.3}$$

　これより，平行平板電極の単位面積当りに働く力の大きさ F_0 は，

$$F_0 = \frac{F}{S} = \frac{1}{2\varepsilon_0}\left(\frac{Q}{S}\right)^2 = \frac{\sigma^2}{2\varepsilon_0} = \frac{1}{2}\varepsilon_0 E^2 \text{〔N/m²〕}$$

であり，σ は単位面積当りの電荷密度である．

(4) コンデンサの電極に働く力と蓄えられているエネルギーの関係

　コンデンサに働く力 F と蓄えられているエネルギー U の関係を調べてみる．

　一般に仕事（すなわち蓄えられるエネルギー）W は力に逆らってある距離を動くことで得られる．つまり，片側の電極を他方の電極のすぐそばから，引力に逆らって動かすことで得られる．

　真空中にあり電圧 V で電荷 Q〔C〕が蓄えられた平行平板（電極間距離 d，面積 S）について考えてみる．この平行平板に蓄えられたエネルギー W は式 (1.10.1) で示される．この平行平板間には引力 F が働く．この力 F に逆らって，つまり電界の方向に逆らって，Δr[7] だけ動かした時になされた仕事 ΔW は次式で表される．

$$\Delta W = -F \Delta r \tag{1.10.4}$$

〈平行平板コンデンサが電源に接続されていない場合〉

　まず，平行平板コンデンサが電源に接続されていない場合につい考える．この場合は，片側の電極を動かしても，電荷が変化しない．したがって，電界も一定である（なぜなら $E = \sigma/2\varepsilon_0$ で σ 一定だから）．つまり，内部エネルギーの変化 ΔU は，この電極を動かすことによってなされた仕事量に等しくなる．ゆえに次式が成り立つ．

---

[7] ここでの距離のとり方は，電界の方向に逆らう方向を正としている．

$$\Delta U = \int_{d}^{d+\Delta r}(-F)dr = F\int_{d}^{d+\Delta r}(-1)dr = -F\Delta r \tag{1.10.5}$$

これより，$\Delta r \to 0$ とすると次式が成り立つ．

$$F = -\frac{dU}{dr} = -\frac{d}{dr}\left(\frac{1}{2}\frac{Q^2}{C}\right) = \frac{1}{2}\frac{Q^2}{C^2}\frac{d}{dr}C \quad [\mathrm{N}] \tag{1.10.6}$$

である．これを計算すると，$F = -\frac{1}{2}\frac{Q^2}{\varepsilon_0 S}$〔N〕となり，負の符号は引力であることを示す．これを式 (1.10.4) に代入すると

$$\Delta U = -F\Delta r = \frac{1}{2}\frac{Q^2}{\varepsilon_0 S}\Delta r$$

となり，$\Delta U > 0$ である．これは，コンデンサに電源が接続されていない場合の内部エネルギーは電極を動かすのになされた仕事分だけ増加している，ということを示している．

〈平行平板コンデンサが電源に接続されている場合〉

次にコンデンサが電源に接続されている場合について考える．この場合は電圧は一定であり，電荷，電界共に変化する．この場合，内部エネルギーの変化 ΔU は，電極を動かすことによってなされた仕事と電荷の移動によって失ったエネルギーとの差に等しくなる．内部エネルギー U は式 (1.10.1) で示されており，これを式で表すと次のようになる．

$$\Delta U = \frac{1}{2}\Delta(QV) = \frac{1}{2}V(\Delta Q) = \frac{1}{2}V(V\Delta C) = \frac{1}{2}V^2\left(-\frac{\varepsilon_0 S}{d^2}\right)\Delta r = -\frac{\varepsilon_0 S V^2}{2d^2}\Delta r \tag{1.10.7}$$

式 (1.10.7) より，$\Delta U < 0$ になっているのがわかる．これは，コンデンサに電源が接続された場合の内部エネルギーは電極を動かされることで減少している，ということを示している．

ここで電極にかかる力 F について考える．F に逆らって Δr 動かしたときになされる仕事がコンデンサ内部のエネルギーの変化とみなせることより，次式が成り立つ．

$$-F\Delta r = \int_{d}^{d+\Delta r}(-qE)dr - \Delta(QV) \tag{1.10.8}$$

式 (1.10.8) の右辺の第一項が電極を動かすことによってなされた仕事であり，第二項が電荷の移動によって失ったエネルギーである．

$$\int_{d}^{d+\Delta r}(-qE)dr = -\int_{d}^{d+\Delta r}CV\frac{V}{2r}dr = -\int_{d}^{d+\Delta r}\frac{\varepsilon_0 S}{r}V\frac{V}{2r}dr = \frac{\varepsilon_0 S V^2}{2}\left(\frac{1}{d+\Delta r} - \frac{1}{d}\right) \approx -\frac{\varepsilon_0 S V^2}{2d^2}\Delta r$$

$$\Delta(QV) = V\Delta Q = V(V\Delta C) = V^2\left(-\frac{\varepsilon_0 S}{d^2}\right)\Delta r = -\frac{\varepsilon_0 S V^2}{d^2}\Delta r$$

$$\therefore \ -F\Delta r = -\frac{\varepsilon_0 S V^2}{2d^2}\Delta r + \frac{\varepsilon_0 S V^2}{d^2}\Delta r = \frac{\varepsilon_0 S V^2}{2d^2}\Delta r$$

$$\therefore \ F = -\frac{1}{2}\frac{\varepsilon_0 S V^2}{d^2} \quad [\mathrm{N}] \tag{1.10.9}$$

力 F は，式 (1.10.9) で示されこれに負の符号が付いているのは，引力であることを示している．また，式 (1.10.9) を式 (1.10.7) に代入することで $\Delta U = F\Delta r$ が得られ，次式となる．

$$F = \frac{dU}{dr} = \frac{d}{dr}\left(\frac{1}{2}CV^2\right) = \frac{1}{2}V^2\frac{d}{dr}C \tag{1.10.10}$$

演習問題 10

[1] 真空中で静電容量 C_1 [F], C_2 [F] の導体がそれぞれ V_1 [V], V_2 [V] の電位になるように帯電されている．これらを金属導線で接続したとき，静電エネルギーがどう変化するかを求めよ．

[2] 真空中で静電容量 C_1 [F], C_2 [F] の導体にそれぞれ Q_1 [C], Q_2 [C] の電荷が帯電されている．これらを金属導線で接続したとき，静電エネルギーがどう変化するかを求めよ．

[3] $C_1 = 3$ [μF], $C_2 = 1$ [μF] の2つのコンデンサがある．それらをそれぞれ 100 [V], 200 [V] で充電する．その後，スイッチを切り替え，図 1.10.3 に示すように，それら2つのコンデンサを接続する．このとき，切り替え前に2つのコンデンサに蓄えられたエネルギーと，切り替え後に蓄えられているエネルギーの差を求めよ．そしてその差がなぜ発生したかを説明せよ．

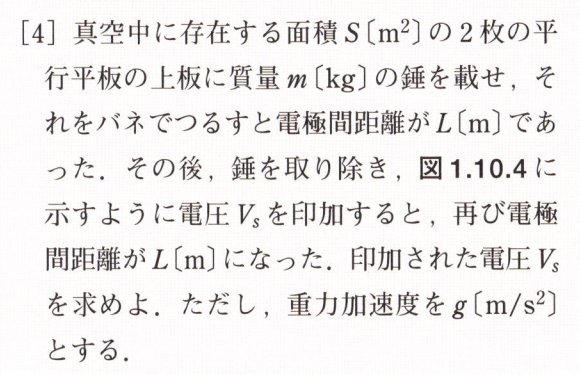

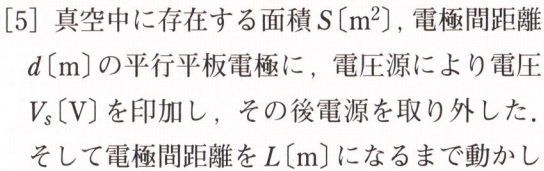

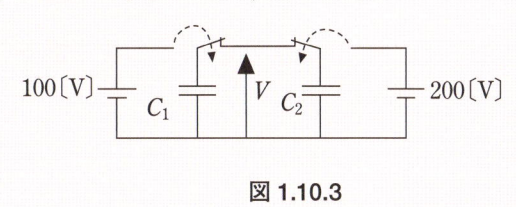

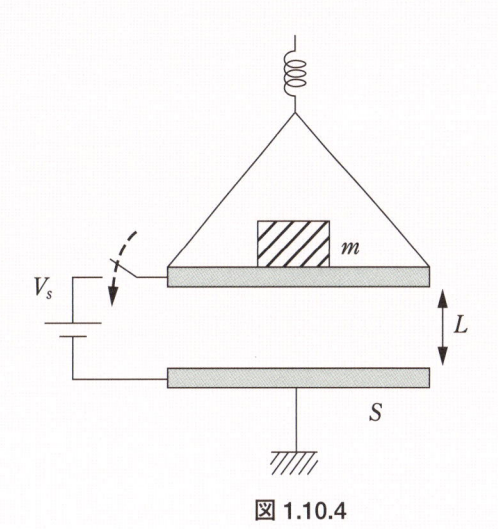

図 1.10.3

[4] 真空中に存在する面積 S [m^2] の2枚の平行平板の上板に質量 m [kg] の錘を載せ，それをバネでつるすと電極間距離が L [m] であった．その後，錘を取り除き，図 1.10.4 に示すように電圧 V_s を印加すると，再び電極間距離が L [m] になった．印加された電圧 V_s を求めよ．ただし，重力加速度を g [m/s^2] とする．

[5] 真空中に存在する面積 S [m^2], 電極間距離 d [m] の平行平板電極に，電圧源により電圧 V_s [V] を印加し，その後電源を取り外した．そして電極間距離を L [m] になるまで動かしたとき，コンデンサ電極間の電圧がどう変化したかを求めよ．またコンデンサに蓄えられているエネルギーがどう変化したかも求めよ．

図 1.10.4

[6] 真空中に存在する面積 S [m^2] 電極間距離 d [m] の平行平板電極に，電圧源により電圧 V_s [V] を印加した．そのままの状態で電極間距離を L [m] にした．コンデンサに蓄えられている電荷がどう変化したかを求めよ．またコンデンサに蓄えられているエネルギーがどう変化したかも求めよ．

[7] 真空中に面積 S [m^2], 電極間距離 L [m] の平行平板が接地されている．この電極間に，電荷 Q [C] で帯電させた厚さ t [m], 面積 S [m^2] の金属平板を，図 1.10.5 に示すように，平行に片面電極から d [m] の距離のところに挿入した．この金属平板にかかる力を求めよ．

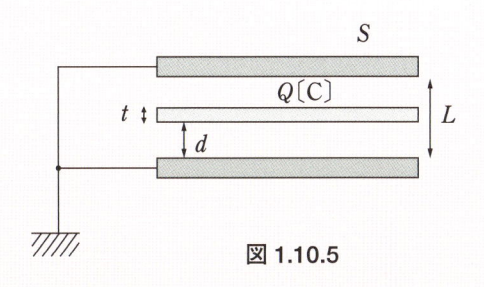

図 1.10.5

[8] 真空中に面積 S [m^2], 電極間距離 L [m] の平行平板が接地されている．この電極間に電圧

V_s〔V〕を印加した厚さ t〔m〕，面積 S〔m²〕の金属平板を，図1.10.6に示すように，平行に片面電極から d〔m〕の距離のところに挿入した．この金属平板にかかる力を求めよ．

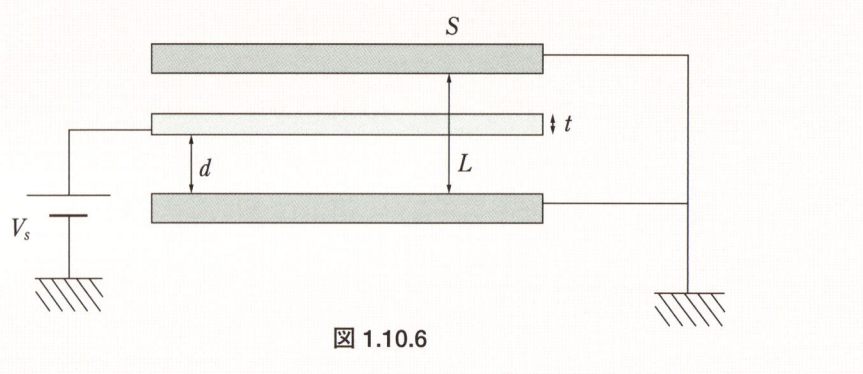

図1.10.6

解答10

[1] 最初に静電容量 C_1〔F〕に帯電していた電荷を Q_1〔C〕，C_2〔F〕に帯電していた電荷を Q_2〔C〕，蓄えられるエネルギーを W とすると以下の関係式が成り立つ．

$$Q_1 = C_1 V_1$$
$$Q_2 = C_2 V_2$$
$$W = \frac{1}{2}(C_1 V_1^2 + C_2 V_2^2)$$

針金で2つの導体を接続することで電荷が移動し，それぞれ Q^*_1〔C〕，Q^*_2〔C〕に変化し，かつ2つの導体は同電位 V，蓄えられるエネルギーが W^* になるとすると，以下の関係式が成り立つ．

$$Q^*_1 = C_1 V$$
$$Q^*_2 = C_2 V$$

ここで，全体の電荷の変化はないことより，

$$Q_1 + Q_2 = Q^*_1 + Q^*_2$$
$$\therefore C_1 V + C_2 V = C_1 V_1 + C_2 V_2$$
$$\therefore V = \frac{C_1 V_1 + C_2 V_2}{C_1 + C_2}$$
$$W^* = \frac{1}{2}(C_1 + C_2)V^2 = \frac{1}{2}\frac{(C_1 V_1 + C_2 V_2)^2}{C_1 + C_2}$$

ここで，変化したエネルギーを ΔW とすると，ΔW は次式で求まる．

$$\Delta W = W - W^* = \frac{C_1 C_2 (V_1 - V_2)^2}{2(C_1 + C_2)} \text{〔J〕}$$

[2] 最初に静電容量 C_1〔F〕の電位を V_1〔V〕，C_2〔F〕の電位を V_2〔V〕，蓄えられるエネルギーを W とすると以下の関係式が成り立つ．

$$V_1 = \frac{Q_1}{C_1}$$
$$V_2 = \frac{Q_2}{C_2}$$
$$W = \frac{1}{2}\left(\frac{Q_1^2}{C_1} + \frac{Q_2^2}{C_2}\right)$$

針金で2つの導体を接続することで電荷が移動し，それぞれ Q^*_1〔C〕，Q^*_2〔C〕に変化し，かつ2つの導体は同電位 V，蓄えられるエネルギーが W^* になるとすると，以下の関係式が成り立つ．

$$Q^*_1 = C_1 V$$
$$Q^*_2 = C_2 V$$

ここで，全体の電荷の変化はないことより，

$$Q_1 + Q_2 = Q^*_1 + Q^*_2$$

$$\therefore V = \frac{Q_1 + Q_2}{C_1 + C_2}$$

$$W^* = \frac{1}{2}(C_1 + C_2)V^2 = \frac{1}{2}\frac{(Q_1 + Q_2)^2}{C_1 + C_2}$$

ここで，変化したエネルギーを ΔW とすると，ΔW は次式で求まる．

$$\Delta W = W - W^* = \frac{(C_1 Q_2 - C_2 Q_1)^2}{2 C_1 C_2 (C_1 + C_2)} \quad \text{〔J〕}$$

[3] $Q_1 = C_1 V_1 = 3 \times 10^{-6} \times 100 = 3 \times 10^{-4}$ 〔C〕

$Q_2 = C_2 V_2 = 1 \times 10^{-6} \times 200 = 2 \times 10^{-4}$ 〔C〕

$W = \frac{1}{2}(C_1 V_1^2 + C_2 V_2^2) = 3.5 \times 10^{-2}$ 〔J〕

$Q^*_1 = C_1 V = 3 \times 10^{-6} \times V$

$Q^*_2 = C_2 V = 1 \times 10^{-6} \times V$

ここで，全体の電荷の変化はないことより，

$Q_1 + Q_2 = Q^*_1 + Q^*_2$

$$\therefore V = \frac{C_1 V_1 + C_2 V_2}{C_1 + C_2} = \frac{5 \times 10^{-4}}{4 \times 10^{-6}} = 125 \text{〔V〕}$$

$$W^* = \frac{1}{2}(C_1 + C_2)V^2 = \frac{1}{2} \times 4 \times 10^{-6} \times 125^2 = 3.13 \times 10^{-2} \text{〔J〕}$$

ここで，変化したエネルギーを ΔW とすると，ΔW は次式で求まる．

$$\Delta W = W - W^* = (3.5 - 3.13) \times 10^{-2} = 0.32 \times 10^{-2} \text{〔J〕}$$

このエネルギーは，電流が急に流れることにより発生する電磁波として放出されている．

[4] 錘を載せた場合のつりあいの式は次式である．

$$F = mg$$

電界により引張られる力は次式である．

$$F = \frac{1}{2}\varepsilon_0 E^2 S = \frac{1}{2}\varepsilon_0 \left(\frac{V_s}{L}\right)^2 S$$

これら2つの式が等しいことより，以下の関係が導かれる．

$$V_s = L\sqrt{\frac{2mg}{\varepsilon_0 S}} \quad \text{〔V〕}$$

[5] 最初に蓄えられた電荷を Q〔C〕，エネルギーを W とすると，

$$Q = C_1 V_s = \varepsilon_0 \frac{S}{d} V_s \quad \text{〔C〕}$$

$$W = \frac{1}{2}C_1 V_s^2 = \frac{1}{2}\varepsilon_0 \frac{S}{d} V_s^2 \quad \text{〔J〕}$$

この状態で電源をはずしたため，蓄えられている電荷は変化しない．そして電極間距離を変えることで電極間電圧が変化する．電極間距離をL〔m〕にしたときの電極間電圧をV，蓄えられるエネルギーをW^*〔J〕とすると次式が成り立つ．

$$Q = C_2 V = \varepsilon_0 \frac{S}{L} V \text{ 〔C〕}$$

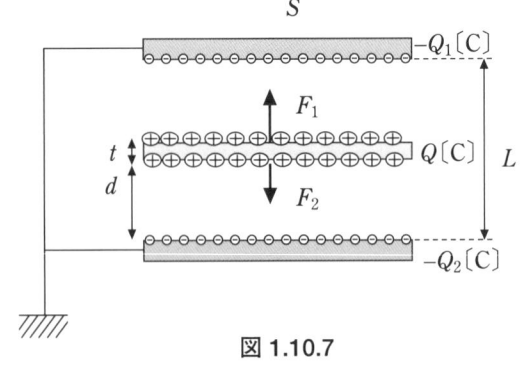

$$\therefore \varepsilon_0 \frac{S}{d} V_s = \varepsilon_0 \frac{S}{L} V$$

$$\therefore V = \frac{L}{d} V_s \text{ 〔V〕}$$

$$W^* = \frac{1}{2} C_2 V^2 = \frac{1}{2} \varepsilon_0 \frac{S}{L} V^2 = \frac{L}{d} W \text{ 〔J〕}$$

電極間電圧，蓄えられるエネルギーともに（L/d）倍になる．

[6] 最初に蓄えられた電荷をQ〔C〕，エネルギーをWとすると

$$Q = C_1 V_s = \varepsilon_0 \frac{S}{d} V_s \text{ 〔C〕}$$

$$W = \frac{1}{2} C_1 V_s^2 = \frac{1}{2} \varepsilon_0 \frac{S}{d} V_s^2 \text{ 〔J〕}$$

この状態は電源を付けたままの状態のため，電極間電圧は変化せず，電極間距離を変えると蓄えられる電荷量が変化する．電荷量が変化しQ^*〔C〕になり，蓄えられるエネルギーがW^*〔J〕になったとすると次式の関係が成り立つ．

$$Q^* = C_2 V_s = \varepsilon_0 \frac{S}{L} V_s = \frac{d}{L} Q \text{ 〔C〕}$$

$$W^* = \frac{1}{2} C_2 V_s^2 = \frac{1}{2} \varepsilon_0 \frac{S}{L} V_s^2 = \frac{d}{L} W \text{ 〔J〕}$$

電極間に蓄えられる電荷，エネルギーともに（d/L）倍になる．

[7] 図1.10.7に示すように，接地された平行平板の上面，下面にそれぞれ$-Q_1$〔C〕，$-Q_2$〔C〕が誘起され，それぞれの向きにF_1〔N〕，F_2〔N〕の力が働いたとする．このとき，金属板の電位をV〔V〕とすると，Q_1〔C〕，Q_2〔C〕とV〔V〕との間に以下の関係が成り立っている．

$$C_1 = \varepsilon_0 \frac{S}{L-(t+d)}$$

$$Q_1 = C_1 V = \varepsilon_0 \frac{S}{L-(t+d)} V$$

$$C_2 = \varepsilon_0 \frac{S}{d}$$

$$Q_2 = C_2 V = \varepsilon_0 \frac{S}{d} V$$

図1.10.7

ここで，Q_1〔C〕，Q_2〔C〕とQ〔C〕の間には次の関係が成り立っている．

$$Q_1 + Q_2 = Q$$

$$\therefore Q = \varepsilon_0 V S \left(\frac{1}{L-(t+d)} + \frac{1}{d} \right)$$

$$\therefore V = \frac{d(L-d-t)}{L-t} \frac{Q}{\varepsilon_0 S}$$

$$F_1 = \frac{1}{2}\varepsilon_0 E_1^2 S = \frac{1}{2}\varepsilon_0 \left(\frac{V}{L-d-t}\right)^2 S = \frac{1}{2}\varepsilon_0 \left(\frac{Qd}{\varepsilon_0 S(L-t)}\right)^2 S$$

$$F_2 = \frac{1}{2}\varepsilon_0 E_2^2 S = \frac{1}{2}\varepsilon_0 \left(\frac{V}{d}\right)^2 S = \frac{1}{2}\varepsilon_0 \left(\frac{Q(L-t-d)}{\varepsilon_0 S(L-t)}\right)^2 S$$

$$\therefore F = F_1 - F_2 = \frac{1}{2}\frac{Q^2}{\varepsilon_0 S}\frac{d^2-(L-t-d)^2}{(L-t)^2} = \frac{1}{2}\frac{Q^2(2d-L+t)}{\varepsilon_0 S(L-t)} \text{ [N]}$$

この力は $F>0$ のとき，向きは図中の上向き，$F<0$ のとき下向きである．

[8] 図 1.10.8 に示すように，F_1 [N]，F_2 [N] の力が働いたとする．

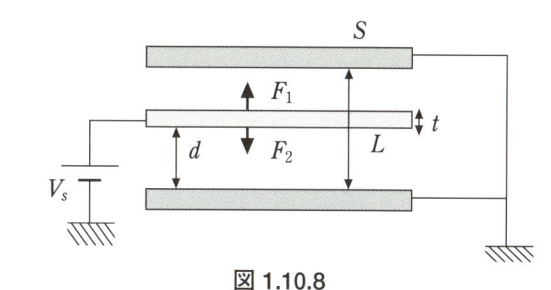

$$F_1 = \frac{1}{2}\varepsilon_0 E_1^2 S = \frac{1}{2}\varepsilon_0 \left(\frac{V_s}{L-d-t}\right)^2 S$$

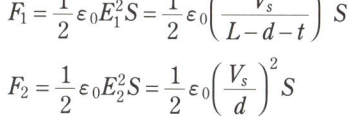

$$F_2 = \frac{1}{2}\varepsilon_0 E_2^2 S = \frac{1}{2}\varepsilon_0 \left(\frac{V_s}{d}\right)^2 S$$

$$\therefore F = F_1 - F_2 = \frac{1}{2}\varepsilon_0 S V_s \left\{\frac{1}{(L-t-d)^2} - \frac{1}{d^2}\right\} = \frac{1}{2}\varepsilon_0 S V_s \frac{(L-t)(t-L-2d)}{(L-t-d)^2 d^2} \text{ [N]}$$

図 1.10.8

この力は $F>0$ のとき，向きは図中の上向き，$F<0$ のとき下向きである．

覚えよう！ 要点 9・10 における重要関係式

〈真空中〉

① 半径 a の球の静電容量　　$C = 4\pi\varepsilon_0 a$ [F]　　(1.9.2)

② 同心球殻（内球半径 a，外球殻の内半径 b）の静電容量　　$C = 4\pi\varepsilon_0 \frac{ab}{b-a}$ [F]　　(1.9.5)

③ 同心円筒（内円筒半径 a，外円筒の内半径 b）の静電容量　　$C = \frac{2\pi\varepsilon_0}{\ln\frac{b}{a}}$ [F/m]　　(1.9.7)

④ 平行平板（電極面積 S，電極間距離 d）の静電容量　　$C = \frac{\varepsilon_0 S}{d}$ [F]　　(1.9.9)

⑤ 平行導線間（導線半径 a，導線間距離 d，$d \gg a$）の静電容量　　$C = \frac{\pi\varepsilon_0}{\ln\frac{d-a}{a}}$ [F/m]　(1.9.11)

⑥ 電圧 V が印加されたコンデンサ（容量 C）に蓄えられるエネルギー　　$U = \frac{1}{2}CV^2$ [J]　(1.10.1)

⑦ コンデンサ（内部電界 E，面積 S）の電極に作用する力　　$F = \frac{1}{2}\varepsilon_0 E^2 S$ [N]　(1.10.3)

⑧ コンデンサ $C = \varepsilon_0 \frac{S}{r}$ [F] の電荷が一定の場合に電極に作用する力

$$F = \left|-\frac{dU}{dr}\right| = \frac{1}{2}\frac{Q^2}{C^2}\frac{dC}{dr} \text{ [N]} \quad (1.10.6)$$

ただし，コンデンサの電極間隔 r [m]

⑨ コンデンサ $C = \varepsilon_0 \frac{S}{r}$ [F] に一定電圧が印加されている場合に電極に作用する力

$$F = \left|\frac{dU}{dr}\right| = \frac{1}{2}V^2\frac{dC}{dr} \text{ [N]} \quad (1.10.10)$$

ただし，コンデンサの電極間隔 r [m]

要点 11　電気影像法

　導体の側に帯電体を近づけると，その帯電体と反対符号の電荷がそれに引き寄せられ，同符号の電荷が反対側に押しやられる現象が生じる（図1.11.1参照）．これを静電誘導という．この静電誘導によって生じる電界をガウスの定理を用いて求めるのは容易ではない．このような場合に用いるのが電気影像法である．この使い方を，代表的な場合について述べる．

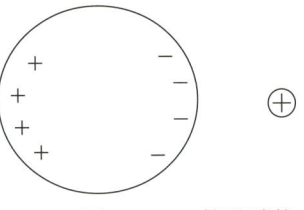

図 1.11.1　静電誘導

(1) 点電荷と無限平面の場合

　接地された金属面（面積は無限大）から d 〔m〕離れた場所に点電荷 Q 〔C〕が置かれている．この金属表面には負電荷が誘起され，点電荷と金属の間に発生する電気力線は図1.11.2のように金属表面で垂直になる．これは図1.11.3に示すように，距離 $2d$ 〔m〕離れた2つの点電荷 $+Q$ 〔C〕と $-Q$ 〔C〕の間に生じる電気力線の上半分と全く同じになる．

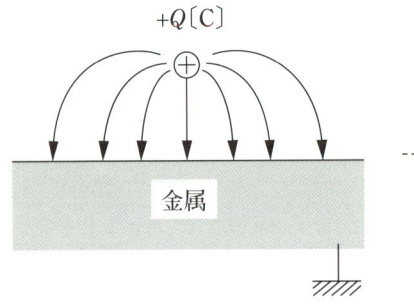

図 1.11.2　正電荷から距離 d 〔m〕離れた接地された金属に入射する電気力線

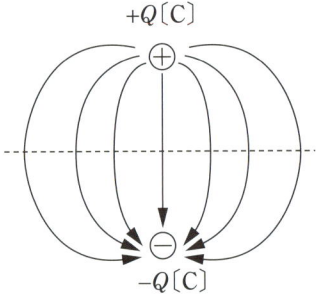

図 1.11.3　距離 $2d$ 〔m〕離れた正負電荷間に生じる電気力線

　この点電荷 Q 〔C〕に働く力は，金属に向かう方向であり，大きさ F は以下の式で示される．

$$F = \frac{Q^2}{4\pi\varepsilon_0(2d)^2} \text{〔N〕} \tag{1.11.1}$$

　また金属表面の点Pでの電界の強さ E は，図1.11.4で示される E_+ と E_- のベクトル和 E であり，その大きさ E は以下の式で示される．この電界の向きは金属の方向（垂直）である（図1.11.4参照）．

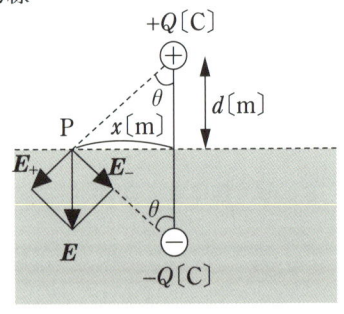

図 1.11.4　接地された金属表面での電界

$$E = E_+\cos\theta + E_-\cos\theta, \quad E_+ = E_- = \frac{Q}{4\pi\varepsilon_0(d^2+x^2)}, \quad \cos\theta = \frac{d}{\sqrt{d^2+x^2}}$$

$$\therefore E = \frac{Qd}{2\pi\varepsilon_0(d^2+x^2)\sqrt{d^2+x^2}} \text{〔V/m〕} \tag{1.11.2}$$

また金属表面のP点での電荷密度 σ は，負電荷が誘起されていることより負であり，その大きさが $\varepsilon_0 E$ であることより，

$$\sigma = -\varepsilon_0 E = -\frac{Qd}{2\pi(d^2+x^2)\sqrt{d^2+x^2}} \ [\mathrm{C/m^2}] \tag{1.11.3}$$

(2) 点電荷と球形導体の場合

接地された半径 a [m] の球の中心から d [m] 離れた場所に点電荷 Q [C] が置かれている．この金属表面には負電荷が誘起され，点電荷と金属の間に発生する電気力線は図1.11.5のように金属表面で垂直になる．これは図1.11.6に示すように，点電荷 Q [C] と，金属球の中心点から点電荷よりに ka [m] 離れた位置に存在する $-kQ$ [C] の点電荷との間に生じる電気力線の球外部に相当するものと全く同じになる．ここで $k = a/d$ である．

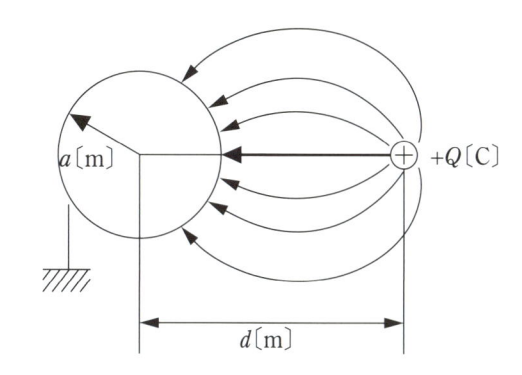

図 1.11.5　点電荷から金属球に入射する電気力線

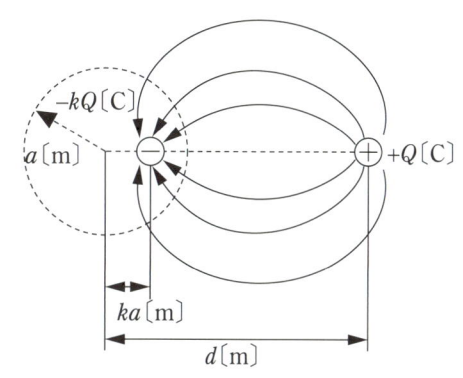

図 1.11.6　点電荷と金属球の間の電気力線と同じものをつくり出す2つの点電荷

この点電荷 Q [C] に働く力は，金属に向かう方向であり，大きさ F は以下の式で示される．

$$F = \frac{\dfrac{a}{d}Q^2}{4\pi\varepsilon_0\left(d-\dfrac{a^2}{d}\right)^2} = \frac{adQ^2}{4\pi\varepsilon_0(d^2-a^2)^2} \ [\mathrm{N}] \tag{1.11.4}$$

また金属球表面の点Pでの電界の強さ E は，図1.11.7で示される E_+ と E_- のベクトル和 E であり，その大きさ E は以下の式で示される．この電界の向きは金属球の中心方向である（図1.11.7参照）．

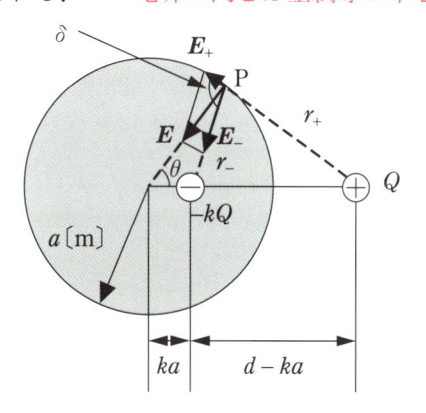

図 1.11.7　金属球表面の電界

$$r_+ = \sqrt{a^2+d^2-2ad\cos\theta}, \quad r_- = \frac{a}{d}\sqrt{a^2+d^2-2ad\cos\theta} = \frac{a}{d}r_+$$

$$(d-\frac{a^2}{d})^2 = r_-^2 + r_+^2 - 2r_-r_+\cos(\pi-\delta)$$

$$\therefore \cos\delta = -\cos(\pi-\delta) = \frac{\dfrac{d}{a}\left\{\dfrac{1}{d^2}(d^2-a^2)^2 - (1+\dfrac{a^2}{d^2})r_+^2\right\}}{2r_+^2}$$

$$E_+ = \frac{Q}{4\pi\varepsilon_0 r_+^2}, \quad E_- = \frac{\dfrac{a}{d}Q}{4\pi\varepsilon_0 r_-^2} = \frac{\dfrac{d}{a}Q}{4\pi\varepsilon_0 r_+^2}, \quad E = \sqrt{E_+^2 + E_-^2 + 2E_+E_-\cos\delta}$$

$$\therefore E = \frac{Q}{4\pi\varepsilon_0 a}\frac{d^2-a^2}{r_+^3} \quad [\text{V/m}] \tag{1.11.5}$$

また金属表面のP点での電荷密度σは，負電荷が誘起されていることより負であり，その大きさが$\varepsilon_0 E$であることより，

$$\therefore \sigma = -\varepsilon_0 E = -\frac{Q}{4\pi a}\frac{d^2-a^2}{r_+^3} \quad [\text{C/m}^2] \tag{1.11.6}$$

（3）線電荷と円筒形導体の場合

接地された半径a〔m〕の無限長円筒の中心からd〔m〕離れた場所に単位長さ当りλ〔C/m〕の線電荷が置かれている．この金属表面には負電荷が誘起され，線電荷と金属円筒の間に発生する電気力線は図1.11.8のように金属表面で垂直になる．これは図1.11.9に示すように，線電荷λ〔C/m〕と，金属円筒の中心点から点電荷よりにka〔m〕離れた位置に存在する$-\lambda$〔C/m〕の線電荷との間に生じる電気力線の球外部に相当するものと全く同じになる．ここで$k = a/d$である．

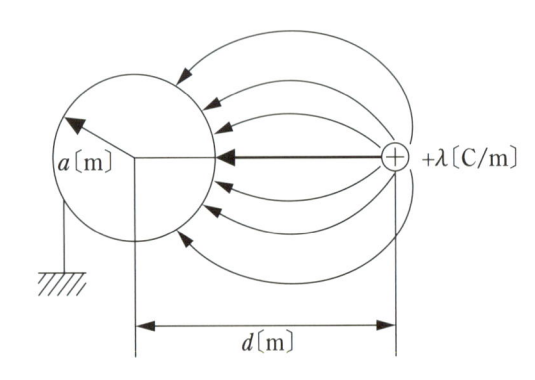

図1.11.8 線電荷から金属円筒に入射する電気力線

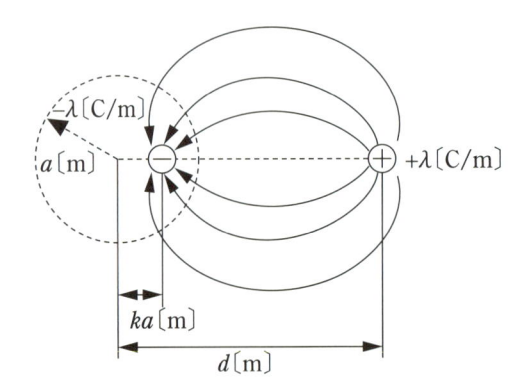

図1.11.9 線電荷と金属円筒の間の電気力線と同じものをつくり出す2つの線電荷

この線電荷の単位長さ当りの電荷λ〔C/m〕に働く力は，金属円筒に向かう方向であり，大きさF_0は以下の式で示される．

$$F_0 = \frac{\lambda^2}{2\pi\varepsilon_0(d-\dfrac{a^2}{d})} = \frac{d\lambda^2}{2\pi\varepsilon_0(d^2-a^2)} \quad [\text{N}] \tag{1.11.7}$$

また金属球表面の点Pでの電界の強さEは，図1.11.10で示されるE_+とE_-のベクトル和Eであり，その大きさEは以下の式で示される．この電界の向きは金属球の中心方向である（図1.11.10参照）．

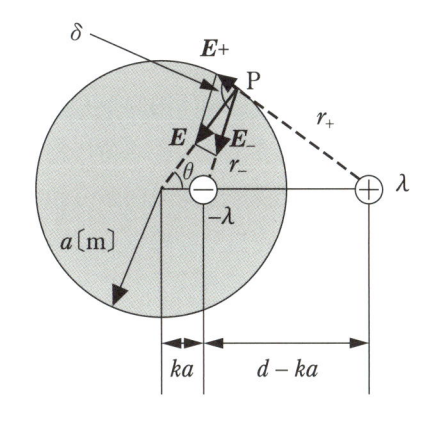

図 1.11.10　金属円筒表面の電界

$$r_+ = \sqrt{a^2 + d^2 - 2ad\cos\theta}, \quad r_- = \frac{a}{d}\sqrt{a^2 + d^2 - 2ad\cos\theta} = \frac{a}{d}r_+$$

$$(d - \frac{a^2}{d})^2 = r_-^2 + r_+^2 - 2r_- r_+ \cos(\pi - \delta)$$

$$\therefore \cos\delta = -\cos(\pi - \delta) = \frac{\dfrac{d}{a}\left\{\dfrac{1}{d^2}(d^2 - a^2)^2 - (1 + \dfrac{a^2}{d^2})r_+^2\right\}}{2r_+^2}$$

$$E_+ = \frac{\lambda}{2\pi\varepsilon_0 r_+}, \quad E_- = \frac{\lambda}{2\pi\varepsilon_0 r_-}, \quad E = \sqrt{E_+^2 + E_-^2 + 2E_+ E_- \cos\delta}$$

$$\therefore E = \frac{\lambda}{2\pi\varepsilon_0 a} \frac{d^2 - a^2}{r_+^2} \; [\text{V/m}] \tag{1.11.8}$$

また金属表面のP点での電荷密度 σ は，負電荷が誘起されていることより負であり，その大きさが $\varepsilon_0 E$ であることより，

$$\therefore \sigma = -\varepsilon_0 E = -\frac{\lambda}{2\pi a} \frac{d^2 - a^2}{r_+^2} \; [\text{C/m}^2] \tag{1.11.9}$$

演習問題 11

[1] 真空中で接地された無限導体平面から距離 5 [m] 離れた場所に 5×10^{-9} [C] の点電荷が存在している．この点電荷に働く力の大きさと向きを求めよ．

[2] 図 1.11.11 に示すように，真空中で互いに直交する無限導体平面を接地し，その各々の面から 1 [m] の場所に 5×10^{-9} [C] の点電荷が存在している．この点電荷に働く力の大きさと向きを求めよ．

[3] 真空中で接地された半径 1 [m] の導体球の中心から 10 [m] 離れた場所に 5×10^{-9} [C] の点電荷が存在している．この点電荷に働く力の大きさと向きを求めよ．

[4] 真空中の絶縁された半径 1 [m] の導体球の中心から 10 [m] 離れた場所に 5×10^{-9} [C] の点電荷が存在している．この点電荷に働く力の大きさと

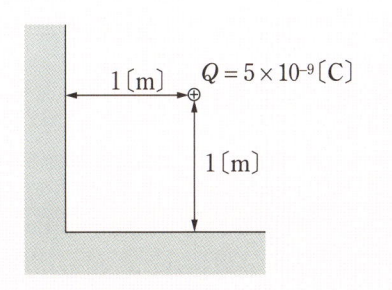

図 1.11.11

向きを求めよ．

[5] 真空中で接地された半径20〔cm〕の無限長導体円筒から距離5〔m〕離れた場所に5×10^{-9}〔C/m〕の線電荷が存在している．単位長さ当りの線電荷に働く力の大きさと向きを求めよ．

[6] 真空中で絶縁された半径20〔cm〕の無限長導体円筒から距離5〔m〕離れた場所に5×10^{-9}〔C/m〕の線電荷が存在している．単位長さ当りの線電荷に働く力の大きさと向きを求めよ．

解答 11

[1] 求める力は式 (1.11.1) により

$$F = \frac{Q^2}{4\pi\varepsilon_0 (2d)^2} = 9\times 10^9 \times \frac{(5\times 10^{-9})^2}{10^2} = 2.25\times 10^{-9} \text{〔N〕}$$

力の向きは金属へ向かって垂直な方向である．

[2] この場合は図1.11.12に示すように，3つの影像電荷を考える．それぞれに働く力をF^*, F^{**}, F^{***}とすると，これらの向きは図1.11.12に示す方向で，大きさは次式で表される．

$$F^* = \frac{Q^2}{4\pi\varepsilon_0 (2d)^2} = 9\times 10^9 \times \frac{(5\times 10^{-9})^2}{2^2} = 5.63\times 10^{-8} \text{〔N〕}$$

$$F^{**} = \frac{Q^2}{4\pi\varepsilon_0 (2d)^2} = 9\times 10^9 \times \frac{(5\times 10^{-9})^2}{2^2} = 5.63\times 10^{-8} \text{〔N〕}$$

$$F^{***} = \frac{Q^2}{4\pi\varepsilon_0 (2d)^2} = 9\times 10^9 \times \frac{(5\times 10^{-9})^2}{(2\sqrt{2})^2} = 2.81\times 10^{-8} \text{〔N〕}$$

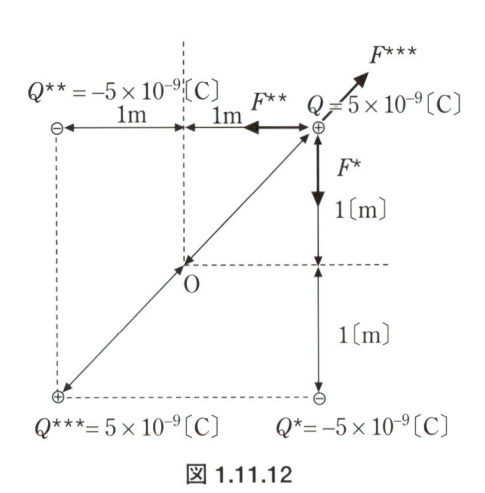

図1.11.13に示すようにF^*, F^{**}のベクトル和をF'とすると，F'の方向はF^{***}と逆方向であり，大きさは次式で表される．

$$F' = \sqrt{2}F^* = 7.96\times 10^{-8} \text{〔N〕}$$

したがって，電荷に働く力をFとすると，FはF'とF^{***}のベクトル和になり，向きは図1.11.13中の原点Oの方向であり，大きさFは次式で示される．

$$F = F' - F^{***} = (7.96 - 2.81)\times 10^{-8} = 5.15\times 10^{-8} \text{〔N〕}$$

[3] この場合の力Fは式 (1.11.4) で与えられる．

$$F = \frac{\frac{a}{d}Q^2}{4\pi\varepsilon_0 (d - \frac{a^2}{d})^2} = 9\times 10^9 \times \frac{5\times 10^{-10} \times 5\times 10^{-9}}{(10-0.1)^2} = 2.30\times 10^{-10} \text{〔N〕}$$

この力の向きは金属球の中心方向である．

[4] 絶縁された導体球の影像電荷に関しては，Q〔C〕に対する影像電荷である$-Q^*$〔C〕を打ち消すために，図1.11.14に示すように球の中心部にQ^*〔C〕を置いた場合の電界の分布と等しくなる．ここで，$-Q^*$〔C〕の存在位置は導体が接地されていたときの位置である．またQ^*は次式で与えられる．

図1.11.12

図1.11.13

$$Q^\star = kQ = \frac{a}{d}Q \ [\text{C}]$$

与えられた,Q〔C〕と,影像電荷$-Q^\star$〔C〕との間に働く力をF_1〔N〕とし,球の中心にある電荷$Q^\star$〔C〕との間に働く力をF_2〔N〕とすると,F_1は球の中心に向かう方向(引力)であり,F_2は球の中心から離れようとする方向(反発)である.そしてそれらの大きさは次式で求められる.

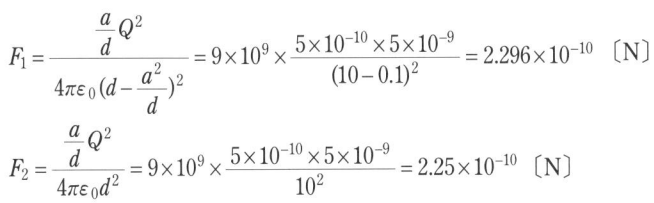

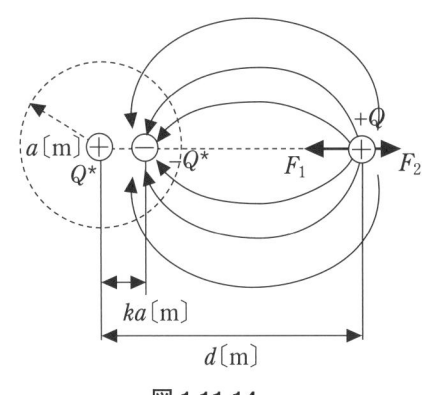

図 1.11.14

$$F_1 = \frac{\frac{a}{d}Q^2}{4\pi\varepsilon_0 (d-\frac{a^2}{d})^2} = 9\times 10^9 \times \frac{5\times 10^{-10}\times 5\times 10^{-9}}{(10-0.1)^2} = 2.296\times 10^{-10} \ [\text{N}]$$

$$F_2 = \frac{\frac{a}{d}Q^2}{4\pi\varepsilon_0 d^2} = 9\times 10^9 \times \frac{5\times 10^{-10}\times 5\times 10^{-9}}{10^2} = 2.25\times 10^{-10} \ [\text{N}]$$

合成和をFとすると,Fの方向は金属の中心方向(吸引)であり,その大きさは次式で与えられる.

$$F = F_1 - F_2 = (2.296-2.250)\times 10^{-10} = 0.46\times 10^{-11} \ [\text{N}]$$

[5] この場合の単位長さ当りに働く力F_0は式(1.11.7)で与えられる.

$$F_0 = \frac{\lambda^2}{2\pi\varepsilon_0 (d-\frac{a^2}{d})} = 2\times 9\times 10^9 \times \frac{(5\times 10^{-9})^2}{5-0.008} = 9.014\times 10^{-8} \ [\text{N/m}]$$

[6] 絶縁された導体円筒の影像電荷に関してはλ〔C/m〕に対する影像電荷である$-\lambda$〔C/m〕を打ち消すために,図1.11.15に示すように球の中心部にλ〔C/m〕を置いた場合の電界の分布と等しくなる.

与えられた線電荷λ〔C/m〕と,影像電荷$-\lambda$〔C/m〕との間に働く力をF_1〔N〕とし,球の中心にある電荷λ〔C/m〕との間に働く力をF_2〔N〕とすると,F_1は円筒の中心線に向かう方向(引力)であり,F_2は球の中心線から離れようとする方向(反発)である.そしてそれらの大きさは次式で求められる.

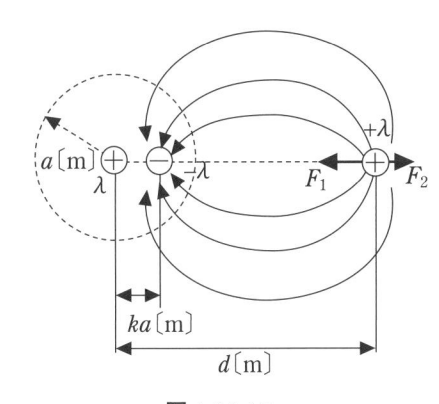

図 1.11.15

$$F_1 = \frac{\lambda^2}{2\pi\varepsilon_0 (d-\frac{a^2}{d})} = 2\times 9\times 10^9 \times \frac{(5\times 10^{-9})^2}{5-0.008} = 9.014\times 10^{-8} \ [\text{N/m}]$$

$$F_2 = \frac{\lambda^2}{2\pi\varepsilon_0 d} = 2\times 9\times 10^9 \times \frac{(5\times 10^{-9})^2}{5} = 9.00\times 10^{-8} \ [\text{N/m}]$$

求める力Fは次式で表され,その方向は円筒の中心線に向かう方向(引力)である.

$$F = F_1 - F_2 = (9.014-9.000)\times 10^{-10} = 0.14\times 10^{-11} \ [\text{N}]$$

要点 12　電気双極子

大きさが等しい正負の点電荷2つが非常に接近して存在するものを電気双極子（ダイポール, dipole）という．図1.12.1のように点Oを通る直線上を，点Oを中心として $OA = OB = d/2$ となる点A, Bにそれぞれ $+Q$ [C], $-Q$ [C] の点電荷が存在するような電気双極子を考える．点Oから r [m] の距離で直線ABと角度 θ の位置Pでの，この電気双極子によってつくられる，電位 V と電界の大きさ E を計算してみる．

まず電位 V について考える．電位 V は次式で与えられる．

$$V = \frac{1}{4\pi\varepsilon_0}\left(\frac{Q}{AP} + \frac{-Q}{BP}\right) \text{ [V]}$$

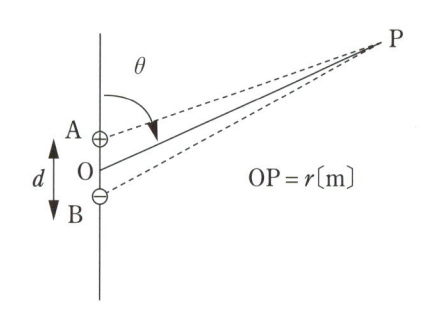

図1.12.1　電気双極子

ここで図1.12.2のように，点Aから直線APに垂線を引きその交点を点A'とし，点Bから直線BPの延長線上に垂線を引いた交点を点B'とする．ここで $r \gg d$ より，AP = A'P, BP = B'Pと考えることができるため，

$$AP = A'P = r - \frac{d}{2}\cos\theta, \quad BP = B'P = r + \frac{d}{2}\cos\theta$$

$$V = \frac{Q}{4\pi\varepsilon_0}\left(\frac{1}{r - \frac{d}{2}\cos\theta} - \frac{1}{r + \frac{d}{2}\cos\theta}\right)$$

$$= \frac{Q}{4\pi\varepsilon_0}\frac{d\cos\theta}{r^2 - (\frac{d}{2}\cos\theta)^2}$$

$$= \frac{Q}{4\pi\varepsilon_0}\frac{d\cos\theta}{r^2}$$

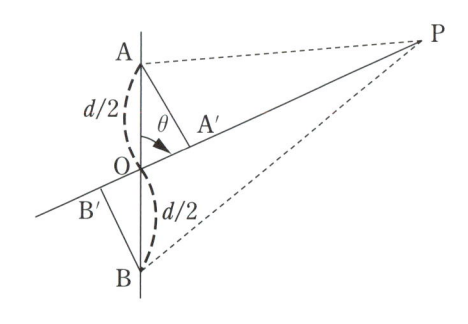

図1.12.2　P点の電位の求め方

ここで $p = Qd$ [C·m] とおくと，

$$V = \frac{p}{4\pi\varepsilon_0}\frac{\cos\theta}{r^2} \text{ [V]}$$

となる．この p を双極子モーメントといい，ベクトル $\mathbf{p}$ として取り扱われることが多い．この双極子モーメント $\mathbf{p}$ の方向は図1.12.2に示すように $-Q$ から $+Q$ へ向かう方向と決められている．ベクトルを用いて電位 V を表すと次式になる．

$$V = \frac{\mathbf{p} \cdot \mathbf{r}}{4\pi\varepsilon_0 r^3} \text{ [V]} \tag{1.12.1}$$

次に電界 E について考える．電界 E は図1.12.3に示すように $+Q$ によって生じる電界 E_A と，$-Q$ によって生じる E_B のベクトル和になる．この電界 E の r 方向成分 E_r と θ 方向成分 E_θ を求める．ここで2つの電界の大きさ E_A, E_B を求めると次式になる．

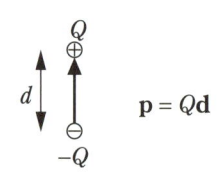

図1.12.3　ベクトルとしての電気双極子

$$E_A = \frac{Q}{4\pi\varepsilon_0 AP^2} = \frac{Q}{4\pi\varepsilon_0}\frac{1}{(r-\frac{d}{2}\cos\theta)^2} \quad [\text{V/m}]$$

$$E_B = \frac{Q}{4\pi\varepsilon_0 BP^2} = \frac{Q}{4\pi\varepsilon_0}\frac{1}{(r+\frac{d}{2}\cos\theta)^2} \quad [\text{V/m}]$$

ここで，図 **1.12.4** に示すように∠APO = δ_1，∠BOP = δ_2 とすると，E_r と E_θ は次式になる．

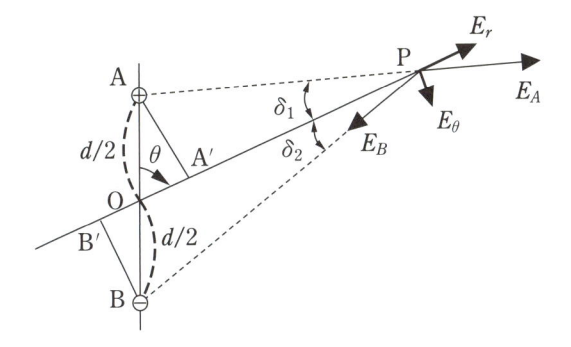

$$E_r = E_A \cos\delta_1 - E_B \cos\delta_2$$
$$E_\theta = E_A \sin\delta_1 + E_B \sin\delta_2$$

図 **1.12.4** P点の電界の求め方

ここで $\cos\delta_1$，$\cos\delta_2$，$\sin\delta_1$，$\sin\delta_2$ を求めると以下のようになる．

$$\cos\delta_1 = \frac{AP'}{AP} = 1, \quad \cos\delta_2 = \frac{BP'}{BP} = 1$$

$$\sin\delta_1 = \frac{\frac{d}{2}\sin\theta}{AP} = \frac{\frac{d}{2}\sin\theta}{r-\frac{d}{2}\sin\theta}, \quad \sin\delta_2 = \frac{\frac{d}{2}\sin\theta}{BP} = \frac{\frac{d}{2}\sin\theta}{r+\frac{d}{2}\sin\theta}$$

(1.12.2)

$$\therefore E_r = E_A - E_B = \frac{Q}{4\pi\varepsilon_0}\frac{2rd\cos\theta}{\left\{r^2-(\frac{d}{2}\cos\theta)^2\right\}^2}$$

$$= \frac{Qd}{2\pi\varepsilon_0}\frac{1}{r^3}\cos\theta \quad [\text{V/m}]$$

$$\therefore E_\theta = \frac{Q}{4\pi\varepsilon_0}\left[\frac{\frac{d}{2}\sin\theta}{\left\{r^2-(\frac{d}{2}\cos\theta)^2\right\}^2} + \frac{\frac{d}{2}\sin\theta}{\left\{r^2+(\frac{d}{2}\cos\theta)^2\right\}^2}\right]$$

(1.12.3)

$$= \frac{Qd}{4\pi\varepsilon_0}\frac{r^3+3r(\frac{d}{2}\cos\theta)^2}{r^6}\sin\theta$$

$$= \frac{Qd}{4\pi\varepsilon_0}\frac{1}{r^3}\sin\theta \quad [\text{V/m}]$$

演習問題 12

[1] 真空中で双極子が原点に置かれている．その双極子がモーメント $\boldsymbol{p} = 3\boldsymbol{a_x} - 2\boldsymbol{a_y} + \boldsymbol{a_z}$ [nC·m] 有していたとする．点 A(2, 3, 4) における電位 V_A を求めよ．

[2] 大きさ $p = Qd$ をもつ双極子が z 軸上の原点にある．このとき A 点 (0, 0, 2) での電位を求めよ．

解答 12

[1] 双極子による電位は式 (1.12.1) で求められる．双極子が存在する原点から点 A までのベクトルを $\boldsymbol{R}$，その大きさを R とすると，それらは以下の式で示される．

$$\boldsymbol{R} = 2\boldsymbol{a}_x + 3\boldsymbol{a}_y + 4\boldsymbol{a}_z$$

$$R = \sqrt{2^2 + 3^2 + 4^2} = \sqrt{29}$$

$$V = \frac{\boldsymbol{p} \cdot \boldsymbol{R}}{4\pi\varepsilon_0 R^3} = 9 \times 10^9 \times \frac{(6 - 6 + 4) \times 10^{-9}}{\sqrt{29}^3} = 0.231 \ [\text{V}]$$

[2] 双極子モーメントを $\boldsymbol{p}$ とすると以下の式で表される．

$$\boldsymbol{p} = Qd\boldsymbol{a}_z$$

また双極子が存在する原点から A 点までのベクトルを $\boldsymbol{R}$，その大きさを R とすると，それらは以下の式で示される．

$$\boldsymbol{R} = 2\boldsymbol{a}_z$$

$$R = 2$$

双極子による電位は式 (1.12.1) で求められることより，次式となる．

$$V = \frac{\boldsymbol{p} \cdot \boldsymbol{R}}{4\pi\varepsilon_0 R^3} = 9 \times 10^9 \times \frac{Qd \times 2}{2^3} = 2.25 \times 10^9 Qd \ [\text{V}]$$

覚えよう！　要点 11・12 における重要関係式

① 接地金属平面から d [m] 離れた電荷 Q [C] に働く力

$$F = \frac{1}{4\pi\varepsilon_0} \frac{Q^2}{(2d)^2} \ [\text{N}], \ \text{力の向きは引力} \tag{1.11.1}$$

② 接地金属球（半径 r）の中心から d [m] 離れた電荷 Q [C] に働く力

$$F = \frac{1}{4\pi\varepsilon_0} \frac{\dfrac{r}{d} Q^2}{\left(d - \dfrac{r^2}{d}\right)^2} \ [\text{N}], \ \text{力の向きは引力} \tag{1.11.4}$$

③ 接地金属円筒（半径 r）の中心から d [m] 離れた線電荷 λ [C/m] に働く力

$$F = \frac{1}{2\pi\varepsilon_0} \frac{\lambda^2}{\left(d - \dfrac{r^2}{d}\right)^2} \ [\text{N/m}], \ \text{力の向きは引力} \tag{1.11.7}$$

④ 短い距離 d [m] 離れた 2 つの電荷 $\pm Q$ [C] の中心から r [m] 離れた点の電位

$$V = \frac{1}{4\pi\varepsilon_0} \frac{\boldsymbol{p} \cdot \boldsymbol{r}}{r^2} \ [\text{V}] \ (r \gg d, \ p = Qd) \tag{1.12.1}$$

$\boldsymbol{d}$ は $-Q$ から $+Q$ へ向かうベクトル
$\boldsymbol{r}$ は 2 つの電荷の中心からその点までのベクトル

要点13　誘電体

今までは真空中の静電界について学んだ．物質が存在する場合にはどうなるかを考える必要がある．物質には電気を流すことができる導体と流すことのできない誘電体（絶縁体ともいう）がある．その代表的なものを表1.13.1に示す．静電界中で重要な役割をする，この誘電体の性質について説明する．

表1.13.1　代表的な誘電体

物質名	物質の状態	比誘電率[8]
空気	気体	1.000264
紙	固体	1.2～2.6
ベークライト	固体	4.5～7.0
ゴム	固体	2.0～3.5
エボナイト	固体	2.0～3.5
雲母	固体	2.5～6.6
ガラス	固体	3.5～9.9
アルコール	液体	16～31
水	液体	80.7

（1）誘電体の分極

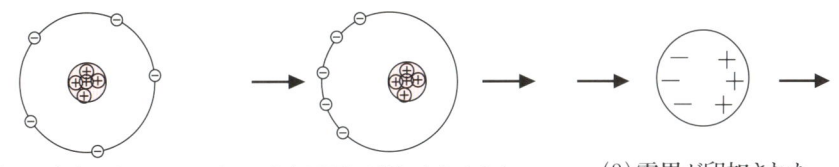

(1)電界が印加されてないとき　(2)電界が印加されたとき　(3)電界が印加されたときの等価表示

図1.13.1　原子の電荷分布

要点1で述べたが，原子は原子核の陽子と外部を回る電子の数が等しいため電気的な中性を保っている．この原子に外部から電界 E を加えると陽子と電子に，各々反対方向の力が働く．その結果，図1.13.1(1) のような状態にあった原子が図1.13.1(2) のような状態になる．これを等価的に示したものが図1.13.1(3) である．このように原子核と外部電子の相対的な位置のずれが起こり，原子は電気双極子を形成することになる．このような状態を原子が分極したといい，電子分極と呼ぶ．このような現象は分子についても起こる．分子内の原子が電荷によって変位し分極することを原子分極という．

平行平板を電荷密度 σ_t 〔C/m^2〕で帯電させ，その中に誘電体を置くと，図1.13.2に示すように誘電体は分極を起こす．図1.13.2中に示す一対の +/− が電気双極子 p を表している．ここで図1.13.3に点線で示す誘電体内部領域を考えると，その部分での正電荷数と負電荷数が等しい．したがって，この部分を（電気的に中性とみなして）除去して考えると図1.13.4のようになる．この

---

[8] 誘導体の性質を示すもので，要点13 (2) 誘電体中の電界のところで説明する．

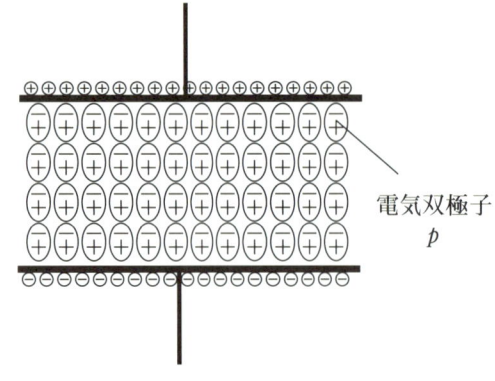

図1.13.2 誘電体の分極

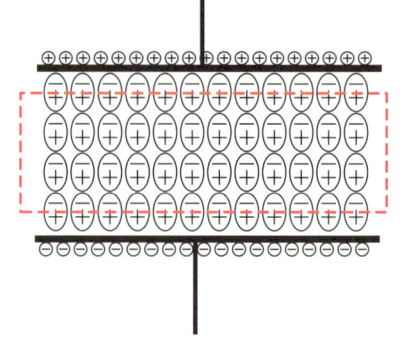

図1.13.3 分極電荷の考え方

図中の電源より供給された電極上にある電荷密度σ_t〔C/m²〕を**真電荷密度**といい，分極によって生じた電荷密度σ_p〔C/m²〕を**分極電荷密度**という．

誘電体が電界によってどれだけ分極するかを表すのに，単位体積当りの電気双極子の数を考える．電気双極子$\boldsymbol{p}$が単位体積当りにn個存在しているとき，$\boldsymbol{P} = n\boldsymbol{p}$を**分極（あるいは分極度）**という．**分極$\boldsymbol{P}$はベクトル量，分極電荷密度$\sigma_p$はスカラー量**であり，以下の関係がある．分極ベクトル$\boldsymbol{P}$の方向は図1.13.4に示すように$-\sigma_p$から$+\sigma_p$に向かう方向である．

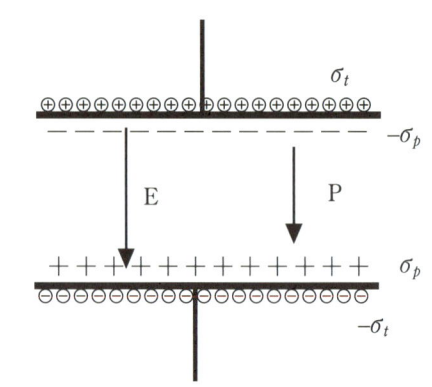

$$|P| = |n\boldsymbol{p}| \quad \text{〔C·m/m}^3\text{〕} \qquad (1.13.1)$$
$$= \sigma_p \quad \text{〔C/m}^2\text{〕}$$

図1.13.4 分極電荷密度σ_pと真電荷密度σ_t

(2) 誘電体中の電界

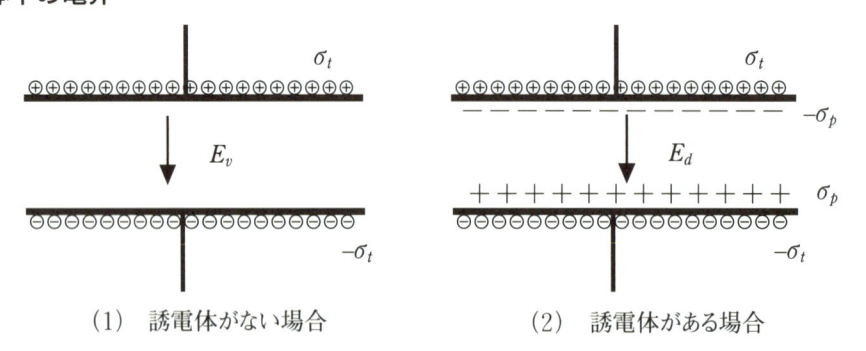

(1) 誘電体がない場合　　(2) 誘電体がある場合

図1.13.5 誘電体がない場合とある場合の電界の強さ

図1.13.5(1)に示すように，真空中の平行平板に真電荷密度σ_t〔C/m²〕の電荷が与えられているとき，平板間の真空での電界E_vは次式で与えられる．

$$E_v = \frac{\sigma_t}{\varepsilon_0} \quad \text{〔V/m〕}$$

この電極間に誘電体を挿入したとする．その結果，分極電荷密度σ_p〔C/m²〕が発生したとすると，

図1.13.5(2)のようになる．そのときの電界 E_d（これが誘電体内部の電界に相当する）は次式で求められる．

$$E_d = \frac{\sigma_t - \sigma_p}{\varepsilon_0} = E_v - \frac{P}{\varepsilon_0} \ [\text{V/m}]$$

これをベクトル表記すれば次式になる．

$$\boldsymbol{E}_d = \boldsymbol{E}_v - \frac{\boldsymbol{P}}{\varepsilon_0} \ [\text{V/m}] \tag{1.13.2}$$

分極 $\boldsymbol{P}$ と電界 $\boldsymbol{E}_d$ との関係は次式で表される．

$$\boldsymbol{P} = \chi_e \varepsilon_0 \boldsymbol{E}_d \tag{1.13.3}$$

ここで，χ_e を**電気感受率**という．

$$\therefore \boldsymbol{E}_v = (1 + \chi_e)\boldsymbol{E}_d = \varepsilon_r \boldsymbol{E}_d \ [\text{V/m}] \tag{1.13.4}$$

この式に示される ε_r は誘電体の性質を示すもので**比誘電率**という．

(3) 誘電体が平行平板電極間の電界に及ぼす影響

電荷をもっている平行平板電極に誘電体を挿入すると，誘電体は分極を起こす．そのとき，電極が電源につながれているか，つながれていないかによって平衡平板電極間の電界が異なる．それぞれの場合について説明する．

〈電源につながれていない場合〉

(1) 誘電体がない場合　　(2) 誘電体がある場合

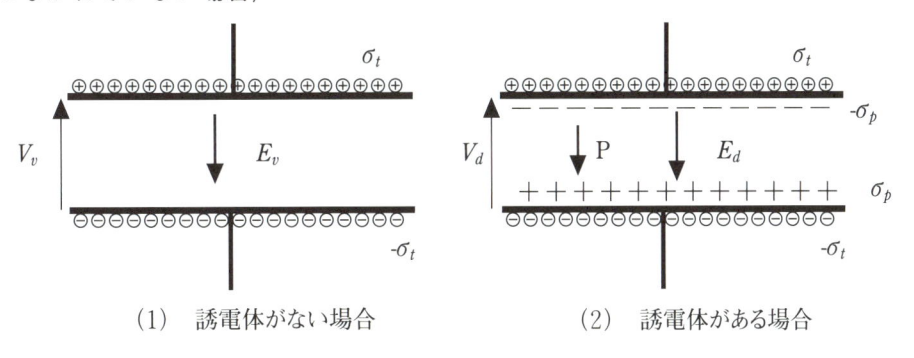

図 1.13.6　電源が接続されていない場合
（真電荷密度が変化しない場合）

真空中にある面積 $S\,[\text{m}^2]$，電極間隔 $d\,[\text{m}]$ の平行平板に電荷 $Q\,[\text{C}]$ が与えられている（図1.13.6(1)）．このときの電界の大きさを E_v とすると，

$$E_v = Q/S\varepsilon_0 = \sigma_t/\varepsilon_0$$

この状態で誘電体（比誘電率が ε_r）を挿入すると（図1.13.6(2)），電極に存在している電荷はどこにも移動しないため真電荷密度 σ_t は変化しない．そして分極電荷密度 σ_p によって誘電体中の電界の大きさ E_d は式 (1.13.4) に示すように，$1/\varepsilon_r$ 倍になる．

$$E_d = E_v/\varepsilon_r$$

このとき，平行平板電極間の電圧も同様に $1/\varepsilon_r$ 倍になる．

$$V_d = V_v/\varepsilon_r$$

〈電源につながれている場合〉

真空中にある面積 S [m^2]，電極間隔 d [m] の平行平板が，図 **1.13.7**(1) に示すように，電源（電圧 V_s [V]）につながれている．このとき電荷 Q [C] が電極間に蓄えられたとすると，

$$E_v = Q/S\varepsilon_0 = \sigma_t/\varepsilon_0$$

この状態で誘電体が挿入されたとすると，図 **1.13.7**(2) に示すように，誘電体は分極を起こし正電極近傍に分極負電荷密度 $-\sigma_p$，負電極近傍に分極正電荷密度 $+\sigma_p$ ができる．この分極電荷によって電源から新たに正電荷，負電荷がそれぞれの電極に供給される．この供給は，供給された電荷によって分極の影響がなくなるまで続く．つまり平行平版電極間の電圧が電源電圧に等しくなるまで，この電荷供給が行われる．したがって，この場合は誘電体の有無にかかわらず，電極間の電界の強さと電極間の電圧は等しい．

$$E_d = E_v = V_s/d \text{ [V/m]}$$
$$V_v = V_d = V_s \text{ [V]}$$

(1) 誘電体がない場合

(2) 誘電体がある場合

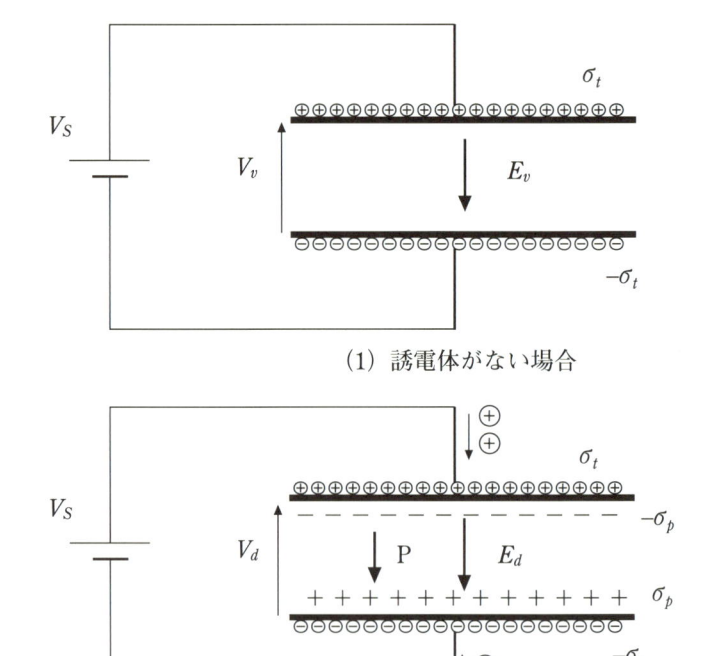

図 **1.13.7** 電源が接続されている場合
（真電荷密度が変化する場合）

演習問題 13

[1] 真空中にある電極間距離 d [m]，電極面積 S [m^2] の平行平板コンデンサに電圧 V_s [V] を印加した．そして，図 **1.13.8** に示すように，その状態で厚み d [m]，電極面積 S [m^2]，比誘電率 ε_r の誘電体を挿入した．誘電体の挿入前と挿入後でコンデンサの電荷がどう変化したかを求めよ．また，挿入前後で電極間電圧・電極間の電界がどう変化したかを述べよ．

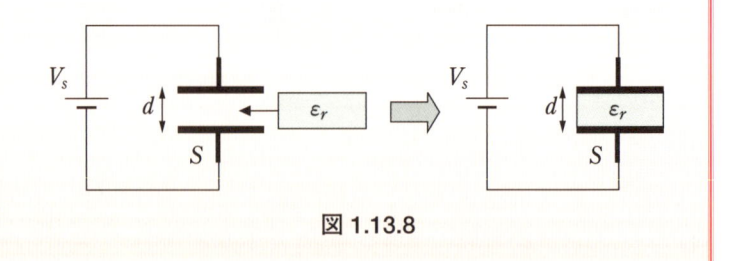

図 **1.13.8**

[2] 真空中にある電極間距離 d [m]，電極面積 S [m^2] の平行平板コンデンサに電圧 V_s [V] を印加した．そして，図 **1.13.9** に示すように，その後電源を外し，厚み d [m]，電極面積 S [m^2]，比誘電率 ε_r の誘電体を挿入した．誘電体の挿入前と挿入後でコンデンサの電荷がどう変化したかを求めよ．また，挿入前後で電極間電圧・電極間の電界がどう変化したかを述べよ．

図 1.13.9

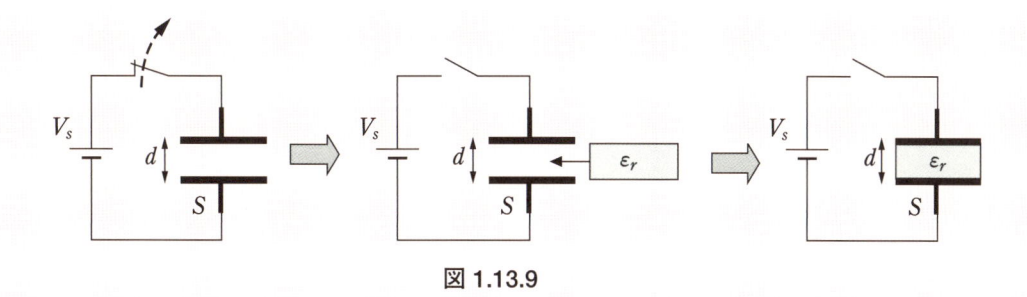

[3] 真空中にある電極間距離 d [m]，電極面積 S [m²] の平行平板コンデンサに電極面積 S [m²]，比誘電率 ε_r の誘電体を挿入した．挿入前後で静電容量がどう変化したかを求めよ．

[4] 電極間距離 10 [cm]，電極面積 1 [m²] の平行平板コンデンサの電極間に比誘電率 6 のガラスを挿入し，この電極間に直流 100 [V] を印加した．このとき，ガラス内部の電気双極子 $p = 10^{-29}$ [C·m] とすると，ガラス内部に何個の電気双極子ができているかを求めよ．

解答 13

[1] ● 誘電体挿入前の静電容量を C [F]，挿入後を $C^\star$ [F] とすると，それらは以下の式で求められる．

$$C = \varepsilon_0 \frac{S}{d}, \quad C^\star = \varepsilon_r \varepsilon_0 \frac{S}{d}$$

これより，静電容量は誘電体を挿入することで ε_r 倍になっていることがわかる．

● 電圧が印加されたままで誘電体を挿入するのだから，挿入前後で電極間にかかる電圧は V_s 一定で，変化しない．

● 電界 E は電極間電圧を電極間距離で割ったものであり，次式で示される．

$$E = \frac{V}{d} = \frac{V_s}{d}$$

挿入前後で電圧が変化しないため，電界の大きさも変化しない．

● それらに蓄えられる電荷をそれぞれ Q [C]，$Q^\star$ [C] とすると次式で求まる．

$$Q = CV_s = \varepsilon_0 \frac{S}{d} V_s, \quad Q^\star = C^\star V_s = \varepsilon_r \varepsilon_0 \frac{S}{d} V_s = \varepsilon_r Q$$

これより，電荷量は誘電体を挿入することで ε_r 倍になっていることがわかる．

[2] ● 誘電体挿入前の静電容量を C [F]，挿入後を $C^\star$ [F] とすると，それらは以下の式で求められる．

$$C = \varepsilon_0 \frac{S}{d}, \quad C^\star = \varepsilon_r \varepsilon_0 \frac{S}{d}$$

● 誘電体が挿入される前に蓄えられた電荷を Q [C] とする．電源をはずしてから誘電体を挿入するのだから，挿入前後で蓄えられた電荷は移動できず Q [C] のまま一定で，変化しない．

● 挿入前の電極間電圧は印加された電源電圧 V_s に等しい．挿入後の電極間電圧を $V^\star$ とすると，それらの間には以下の関係がある．

$$V = \frac{Q}{C} = \frac{dQ}{\varepsilon_0 S}, \quad V^* = \frac{Q}{C^*} = \frac{dQ}{\varepsilon_r \varepsilon_0 S} = \frac{V}{\varepsilon_r}$$

これより，電極間電圧は誘電体を挿入することで（$1/\varepsilon_r$）倍になっていることがわかる．

● 挿入前の電界を E，挿入後の電界を E^* とすると次式で示される．

$$E = \frac{V}{d} = \frac{V_s}{d}, \quad E^* = \frac{V^*}{d} = \frac{V_s}{\varepsilon_r d} = \frac{E}{\varepsilon_r}$$

これより，電極間の電界は誘電体を挿入することで（$1/\varepsilon_r$）倍になっていることがわかる．

[3] 誘電体挿入前の静電容量を C〔F〕，挿入後を C^*〔F〕とすると，それらは以下の式で求められる．

$$C = \varepsilon_0 \frac{S}{d}, \quad C^* = \varepsilon_r \varepsilon_0 \frac{S}{d}$$

静電容量は誘電体を挿入することで ε_r 倍になっている．

[4] 分極度 P と電気感受率の関係は式（1.13.3）より以下の式で表される．

$$P = x_e \varepsilon_0 E_d$$

また電気感受率 x_e と比誘電率 ε_r との関係は式（1.13.4）より以下の式で表される．

$$x_e = \varepsilon_r - 1 = 5$$

ここで電極間の電界は次式で示される．$E_d = 1\,000$〔V/m〕

$$E_d = \frac{V}{d} = \frac{100}{0.1} = 1\,000 \text{〔V/m〕}$$

$$\therefore P = 5 \times 8.854 \times 10^{-12} \times 1\,000 = 4.427 \times 10^{-8}$$

一方分極度 P と双極子モーメントとの関係は式（1.13.1）で示され，$p = 10^{-29}$〔C・m〕であるから以下の関係式が成り立つ．

$$P = np = n \times 10^{-29}$$

$$\therefore n = \frac{4.427 \times 10^{-8}}{10^{-29}} = 4.427 \times 10^{21} \text{〔個/m}^3\text{〕}$$

この誘電体の体積 V が 0.1〔m³〕であることより，求める数を N とすると次式で与えられる．

$$\therefore N = n \times 0.1 = 4.427 \times 10^{20} \text{〔個〕}$$

覚えよう！ 要点13における重要関係式

① 分極 P，誘電体中の電界 E_d と電気感受率 x_e の関係　　$P = x_e \varepsilon_0 E_d$　　　　(1.13.3)

② 比誘電率 ε_r と電気感受率 x_e の関係　　$\varepsilon_r = x_e + 1$　　　　(1.13.4) より

〈平行平板電極に誘電体（比誘電率 ε_r）が電極間全体に挿入されたとき〉

	電極に蓄えられた電荷が変化しない場合		電極に印加された電圧が変化しない場合	
	挿入前	挿入後	挿入前	挿入後
電極間電圧 V	V	V/ε_r	V	V
電界の強さ E	E	E/ε_r	E	E
蓄えられる電荷 Q	Q	Q	Q	$\varepsilon_r Q$
静電容量 C	C	$\varepsilon_r C$	C	$\varepsilon_r C$

要点14　電束，電束密度

　誘電体が存在すると，その内部と外部で電界の強さが異なることを学んだ．このことは，媒質が異なれば，そこを通過する電気力線の本数が異なることを意味している[9]．つまり，真空中では Q〔C〕の電荷から Q/ε_0 本の電気力線が出ているが，誘電体中では $Q/\varepsilon_r\varepsilon_0$ 本になる．したがって，媒質が異なる場合の電界の強さを求めるのが非常に複雑になることを意味している．そこで媒質が変わっても変化しない概念のものを考え出した．つまり，媒質に関係なく，$+Q$〔C〕の電荷から Q 本出るものを考え出した．これを電束といい，ψ で表す．そして，この電束の単位を電荷と同じクーロン〔C〕とした．

　この電束の単位面積当りの電束数を電束密度といい，D で表し，単位はクーロン毎平方メートル〔C/m²〕である．電束密度はベクトル量である．その方向は，正電荷から負電荷に向かう方向であり，電界の向きと同じである．

　電束密度 D と電界の強さ E との関係は以下の式で表される．

$$D = \varepsilon_r \varepsilon_0 E \quad \text{〔C/m}^2\text{〕} \tag{1.14.1}$$

式 (1.13.2) より　　$\varepsilon_0 E_v = \varepsilon_0 E_d + P$

ここで　$D_v = \varepsilon_0 E_v$ であり，$D_d = \varepsilon_0 E_d + P$ である．

したがって，$D_v = D_d$

　　$\varepsilon_0 E_v = \varepsilon_r \varepsilon_0 E_d$

　　$\therefore\ E_v = \varepsilon_r E_d$

　この関係は，要点13の平行平板電極を電源につながない場合における，誘電体のある場合の電界の強さと誘電体のない場合の電界の強さの関係に等しい．

　また $P = \varepsilon_0 (\varepsilon_r - 1) E_d$ より $D_d = \varepsilon_r \varepsilon_0 E_d$

　電束密度は電荷密度が同じならば，媒質によらず同じ値である．つまり平行平板においては，その電極に蓄えられる電荷密度が σ ならば，電束密度と電荷密度の間に次式の関係が成り立つ．

$$D = \sigma \quad \text{〔C/m}^2\text{〕} \tag{1.14.2}$$

演習問題14

[1] 絶縁油（比誘電率2.3）中に電荷が1〔C〕存在する．この絶縁油中に存在する電束数と電気力線数を求めよ．

[2] 絶縁油（比誘電率2.3）中に1〔C〕の点電荷が存在している．点電荷から出る電束に直交する面の形状を述べよ．

[3] 絶縁油（比誘電率2.3）中に半径 a〔m〕の球があり，その表面に電荷 Q〔C〕が一様に（等しい電荷密度で）帯電している．この球から出る電束数とその電束に直交する面の形状を述べよ．

---

[9] 電界の強さは電気力線の密度に等しいため（要点5参照）．

[4] 絶縁油（比誘電率2.3）中に半径が r〔m〕で長さが無限大の円柱があり，その表面に単位長さ当りに λ〔C/m〕の電荷が一様に（等しい電荷密度で）帯電している．この電荷から出る電束に直交する面の形状を述べよ．

[5] 絶縁油（比誘電率2.3）中に半径が 5×10^{-3}〔m〕で長さが無限大の円柱があり，その表面に単位長さ当りに 1〔C/m〕の電荷が一様に（等しい電荷密度で）帯電している．このとき，この円柱の単位長さから出る電束数と電気力線の本数を求めよ．

[6] 絶縁油（比誘電率2.3）中に面積が非常に広い平面が存在し，その表面に電荷が密度 σ〔C/m²〕で一様に存在している．このとき，電束に直交する面の形状を述べよ．

[7] 絶縁油（比誘電率2.3）中に面積が非常に広い平面が存在し，その表面に電荷が密度 1×10^{-9}〔C/m²〕で一様に存在している．このとき，この平面の単位面積から出る電束数を求めよ．

解答 14

[1] 電束数を ψ，電気力線数を N とすると以下の値になる．

$$\psi = 1 \text{〔C〕}$$

$$N = \frac{1}{\varepsilon_r \varepsilon_0} = 4.91\times 10^{10} \text{〔本〕}$$

[2] 電束は点電荷から放射状に出る．したがって，電束に直交する面の形状は，点電荷を中心とする球の表面である．

[3] 球から出る電束数を ψ とすると次式で与えられる．

$$\psi = Q \text{〔C〕}$$

電荷がその表面に一様に（等しい電荷密度で）帯電していることより，電束は球表面から均一に放射状に広がる．したがって，電束に直交する面の形状は，与えられた球と同じ中心をもつ球の表面である．

[4] 電荷が円柱表面に一様に（等しい電荷密度で）帯電していることより，電束は球表面から均一にその面に垂直方向に広がる．したがって，電束に直交する面の形状は，与えられた円筒と同じ中心線をもつ円筒の表面である．

[5] 円筒の単位長さから出る電束数を ψ，電気力線数を N とすると，それらは次式で与えられる．

$$\psi = 1 \text{〔C/m〕}$$

$$N = \frac{1}{\varepsilon_r \varepsilon_0} = 4.91\times 10^{10} \text{〔本/m〕}$$

[6] 電束線は平面に垂直に出る．したがって，電束に直交する面は与えられた平面に平行な平面である．

[7] 単位面積当りの平面から出る電束数を ψ，電気力線数を N とすると，それらは次式で与えられる．

$$\psi = 1\times 10^{-9} \text{〔C/m²〕}$$

$$N = \frac{1\times 10^{-9}}{\varepsilon_r \varepsilon_0} = 4.91 \text{〔本/m〕}$$

要点15　2種類の誘電体内の境界面におけるDとE

図1.15.1に示したように異なる比誘電率ε_1, ε_2をもつ誘電体がABを境界面として接しているとき，その境界面に斜めに到達した電気力線と電束線は屈折する．この屈折の仕方について説明する．

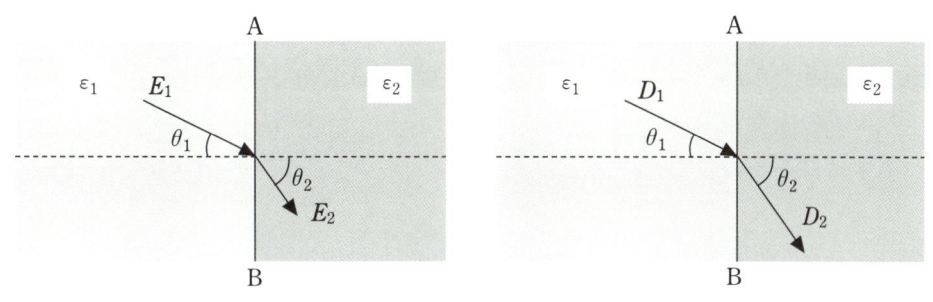

図1.15.1 2つの誘電体を通過する電界Eと電束D

まず電界について考える．図1.15.2に示すように境界面に長方形状の経路abcdを考える．単位電荷をこの経路に沿って一周積分するのに必要な仕事をΔWとすると，要点4で説明したように保存的な場であるため，$\Delta W = 0$である．

また$L_{ab} = L_{cd} = \Delta L$, $L_{bc} = L_{da} = \Delta h$とし，$\Delta h \to 0$にすると，以下の式が成り立つ．

$$(E_2 \sin\theta_2 - E_1 \sin\theta_1)\Delta L = 0$$
$$\therefore E_2 \sin\theta_2 = E_1 \sin\theta_1 \quad (1.15.1)$$

図1.15.2 境界面における電界

このことは，「境界面上において，電界の強さの接線成分は等しい」ことを意味している．

次に電束について考える．図1.15.3に示すように境界面に面積ΔS，高さΔhの円柱を考える．拡張されたガウスの定理より「この閉曲面を通過する電束の総数がこの閉曲面内の全電荷に等しい」．この閉曲面内に存在する電荷はゼロである．ここで電界の場合と同様に，$\Delta h \to 0$とすると以下の式が成り立つ．

$$(D_2 \cos\theta_2 - D_1 \cos\theta_1)\Delta S = 0$$
$$\therefore D_2 \cos\theta_2 = D_1 \cos\theta_1 \quad (1.15.2)$$

図1.15.3 境界面における電束

このことは，「境界面上において，電束密度の法線成分は等しい」ことを意味している．

2つの条件式 (1.15.1) (1.15.2) に，$D_1 = \varepsilon_1 \varepsilon_0 E_1$, $D_2 = \varepsilon_2 \varepsilon_0 E_2$の関係を代入すると次式が成り立つ．

$$\frac{\tan\theta_1}{\tan\theta_2} = \frac{\varepsilon_1}{\varepsilon_2}$$

この関係を満足するように電気力線と電束は屈折する．その結果，

電束と電気力線が境界面に垂直に入射する場合，$D_1 = D_2$が成り立つ．

電束と電気力線が境界面に平行に入射する場合，$E_1 = E_2$が成り立つ．

演習問題 15

要点15　2種類の誘電体内の境界面におけるDとE

[1] 真空中にある電極間距離 d [m]，電極面積 S [m²] の平行平板コンデンサに電圧 V_s [V] を印加した．そして図1.15.4に示すように，その状態で厚み t [m]，電極面積 S [m²]，比誘電率 ε_r の誘電体を挿入した．誘電体の挿入前における電極間電圧・電極間の電界の大きさおよび電束密度を求めよ．また挿入後の電極間電圧，真空部分と誘電体中の電界の大きさおよび電束密度を求めよ．

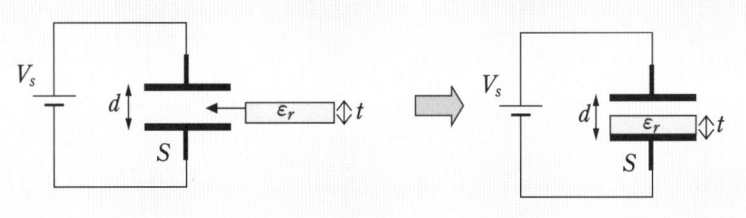

図 1.15.4

[2] 真空中にある電極間距離 d [m]，電極面積 S [m²] の平行平板コンデンサに電圧 V_s [V] を印加した．そして，図1.15.5に示すように，その後電源を外し，厚み t [m]，電極面積 S [m²]，比誘電率 ε_r の誘電体を挿入した．誘電体の挿入前における電極間電圧・電極間の電界の大きさおよび電束密度を求めよ．また挿入後の電極間電圧，真空部分と誘電体中の電界の大きさおよび電束密度を求めよ．

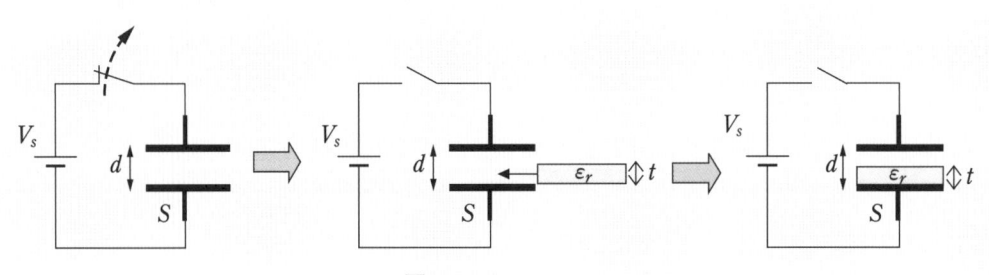

図 1.15.5

[3] 真空中にある電極間距離 d [m]，電極面積 S [m²] の平行平板コンデンサに電圧 V_s [V] を印加した．そして図1.15.6に示すように，その状態で厚み d [m]，電極面積 $S/2$ [m²]，比誘電率 ε_r の誘電体を挿入した．誘電体の挿入前における電極間電圧・電極間の電界の大きさおよび電束密度を求めよ．また挿入後の電極間電圧，真空部分と誘電体中の電界の大きさおよび電束密度を求めよ．

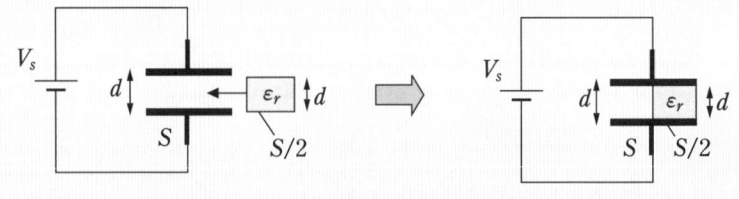

図 1.15.6

[4] 真空中にある電極間距離 d [m]，電極面積 S [m²] の平行平板コンデンサに電圧 V_s [V] を印加した．そして，図1.15.7に示すように，その後電源を外し，厚み d [m]，電極面積 $S/2$ [m²]，比誘電率 ε_r の誘電体を挿入した．誘電体の挿入前における電極間電圧・電極間の電界の大きさおよび電束密度を求めよ．また挿入後の電極間電圧，真空部分と誘電体中の電界の大きさおよび電束密度を求めよ．

図 1.15.7

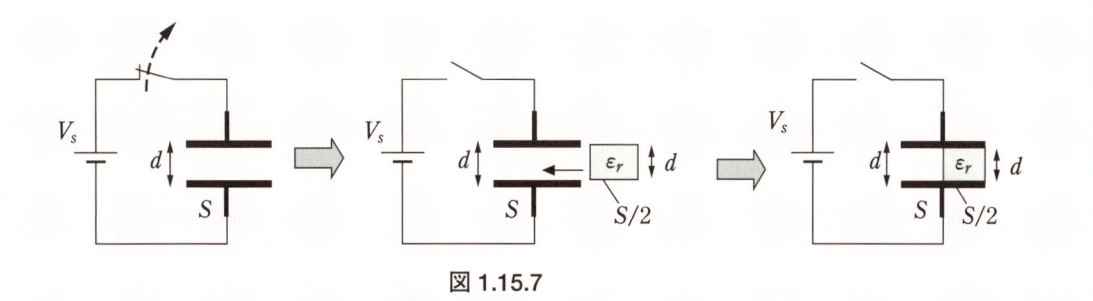

[5] 比誘電率 ε_1 と ε_2 の無限に広い誘電体が平面で接している．図 1.15.8 に示すように比誘電率 ε_1 の誘電体中に境界面から距離 a [m] の位置に点電荷 q [C] が存在している．点電荷から境界面に垂線を引き，交点を原点 O とする．そして図に示すように x 軸 z 軸を決める．y 軸は原点 O を通って紙面裏側に向かう線であるとする．このとき，任意の点 $P(x, y, z)$ における電位の大きさを求めよ．

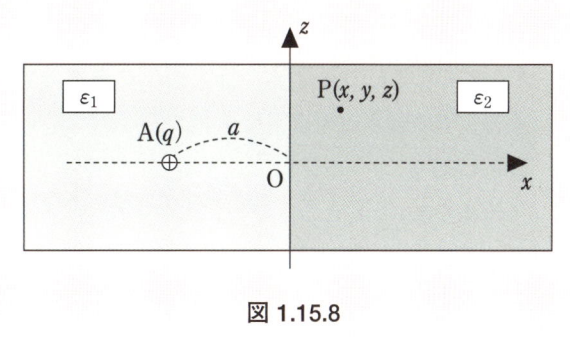

図 1.15.8

解答 15

[1] 〈解法 1〉

挿入前の電界の強さを E，電束密度を D とする．また，図 1.15.9 に示すように，挿入後の真空部分での電界の強さと電束密度を E_1, D_1 とし，誘電体中での電界の強さと電束密度を E_2, D_2 とする．

（挿入前）

電極間電圧 V_s

$$E = \frac{V_s}{d}$$

$$D = \varepsilon_0 E = \varepsilon_0 \frac{V_s}{d}$$

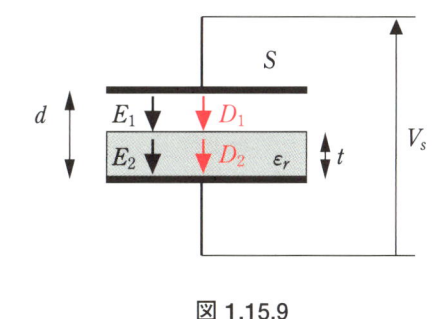

図 1.15.9

（挿入後）

電源が接続されたままであることから，誘電体を挿入した後も電極間電圧 V_s は変化しない．また，挿入後は誘電体と真空の境界面が電極と平行である（すなわち電界や電束に直角である）ことから，2 つの領域を通過する電束密度は連続であり，電界の強さは不連続である．

電極間電圧 V_s

$D_1 = D_2 = D\,{}^*$

$D_1 = \varepsilon_0 E_1, \quad D_2 = \varepsilon_r \varepsilon_0 E_2$

また電界の強さと電圧の関係は次式で示される．

$$E_1(d-t) + E_2 t = V_s$$
$$\therefore \left\{ \frac{d-t}{\varepsilon_0} + \frac{t}{\varepsilon_r \varepsilon_0} \right\} D^\star = V_s$$
$$\therefore D^\star = \frac{\varepsilon_r \varepsilon_0 V_s}{t + \varepsilon_r (d-t)}$$
$$\therefore E_1 = \frac{\varepsilon_r V_s}{t + \varepsilon_r (d-t)}, \quad E_2 = \frac{V_s}{t + \varepsilon_r (d-t)}$$

〈解法2〉

誘電体を入れることで，1つのコンデンサが，図1.15.10に示すように，2つのコンデンサの直列接続になったと考えることができる．挿入前の電界の強さをE，電束密度をDとする．挿入後の真空部分での電界の強さと電束密度をE_1, D_1とし，誘電体中での電界の強さと電束密度をE_2, D_2とする．

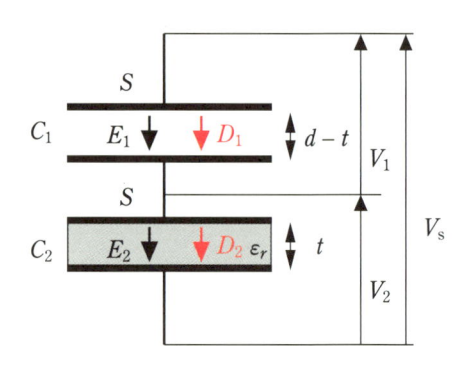

図 1.15.10

(挿入前)

電極間電圧 V_s

$$E = \frac{V_s}{d}$$
$$D = \varepsilon_0 E = \varepsilon_0 \frac{V_s}{d}$$

(挿入後)

電源が接続されたままであることから，誘電体を挿入した後も電極間電圧V_sは変化しない．

電極間電圧 V_s

$$C_1 = \varepsilon_0 \frac{S}{d-t}, \quad C_2 = \varepsilon_r \varepsilon_0 \frac{S}{t}$$
$$C_1 V_1 = C_2 V_2, \quad V_1 + V_2 = V_s$$
$$\therefore \left(1 + \frac{d-t}{t} \varepsilon_r \right) V_2 = V_s$$
$$\therefore V_2 = \frac{t}{t + (d-t)\varepsilon_r} V_s, \quad V_1 = \frac{(d-t)\varepsilon_r}{t + (d-t)\varepsilon_r} V_s$$
$$\therefore E_1 = \frac{V_1}{d-t} = \frac{\varepsilon_r}{t + (d-t)\varepsilon_r} V_s, \quad E_2 = \frac{V_2}{t} = \frac{1}{t + (d-t)\varepsilon_r} V_s$$
$$\therefore D_1 = \varepsilon_0 E_1 = \frac{\varepsilon_r \varepsilon_0}{t + (d-t)\varepsilon_r} V_s, \quad D_2 = \varepsilon_r \varepsilon_0 E_2 = \frac{\varepsilon_r \varepsilon_0}{t + (d-t)\varepsilon_r} V_s$$

[2] 〈解法1〉

挿入前の電界の強さをE，電束密度をDとする．また，図1.15.11に示すように，挿入後の真空部分での電界の強さと電束密度をE_1, D_1とし，誘電体中での電界の強さと電束密度をE_2, D_2とする．

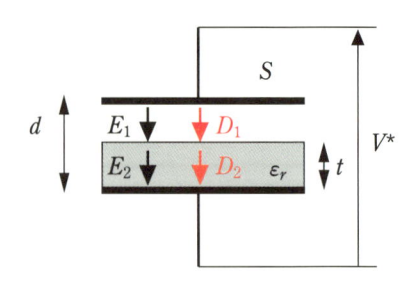

図 1.15.11

(挿入前)

蓄えられた電荷をQ〔C〕とすると，印加電圧がV_sであることより次式が成り立つ．

$$Q = CV_s = \varepsilon_0 \frac{S}{d} V_s$$

電極間電圧 V_s

$$E = \frac{V_s}{d}$$

$$D = \varepsilon_0 E = \varepsilon_0 \frac{V_s}{d} \left(= \varepsilon_0 \frac{S}{d} V_s \frac{1}{S} = \frac{Q}{S} \right)$$

この式は,式(1.14.1)で示されるように,電束密度は電荷密度に等しいことを示している.
(挿入後)
電源が切られていて電荷の移動がないことから,誘電体を挿入した後も電極間に蓄えられた電荷 Q は変化しない.ただし,電極間電圧が変化する(V^*になったとする).
また挿入後は,誘電体と真空の境界面が電極と平行である(すなわち電界や電束に直角である)ことから,2つの領域を通過する電束密度は連続であり,電界の強さは不連続である.
したがって,次式が成り立つ.

$$D_1 = D_2 = \frac{Q}{S} = \varepsilon_0 \frac{V_s}{d}$$

$$D_1 = \varepsilon_0 E_1, \quad D_2 = \varepsilon_r \varepsilon_0 E_2$$

$$\therefore E_1 = \frac{D_1}{\varepsilon_0} = \frac{V_s}{d}, \quad E_2 = \frac{D_2}{\varepsilon_r \varepsilon_0} = \frac{V_s}{\varepsilon_r d}$$

また,電界の強さと電極間電圧 V^* の関係は次式で示される.

$$E_1(d-t) + E_2 t = V^*$$

$$\therefore V^* = \left(\frac{d-t}{d} + \frac{t}{\varepsilon_r d} \right) V_s = \frac{t + \varepsilon_r (d-t)}{\varepsilon_r d} V_s$$

〈解法2〉

誘電体を入れることで,1つのコンデンサが,**図1.15.12**に示すように,2つのコンデンサの直列接続になったと考えることができる.挿入前の電界の強さを E,電束密度を D とする.挿入後の真空部分での電界の強さと電束密度を E_1, D_1 とし,誘電体中での電界の強さと電束密度を E_2, D_2 とする.

(挿入前)
蓄えられた電荷を Q〔C〕とすると,印加電圧が V_s であることより次式が成り立つ.

$$Q = CV_s = \varepsilon_0 \frac{S}{d} V_s$$

電極間電圧 V_s

$$E = \frac{V_s}{d}$$

$$D = \varepsilon_0 E = \varepsilon_0 \frac{V_s}{d} \left(= \varepsilon_0 \frac{S}{d} V_s \frac{1}{S} = \frac{Q}{S} \right)$$

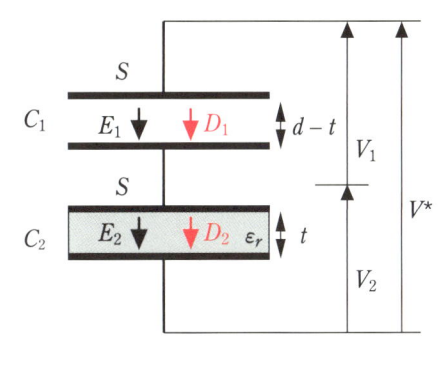

図1.15.12

(挿入後)
電源が切られていて電荷の移動がないことから,誘電体を挿入した後も電極間に蓄えられた電荷 Q は変化しない.ただし,電極間電圧が変化する(V^*になったとする).

$$C_1 = \varepsilon_0 \frac{S}{d-t}, \quad C_2 = \varepsilon_r \varepsilon_0 \frac{S}{t}$$

$$C_1 V_1 = C_2 V_2 = Q, \quad Q = \varepsilon_0 \frac{S}{d} V_s$$

$$\therefore V_1 = \frac{d-t}{d} V_s, \quad V_2 = \frac{t}{d \varepsilon_r} V_s$$

ここで V_1, V_2 と V^* の間には次式が成り立っている.

$$V_1 + V_2 = V^*$$

$$\therefore V^* = \frac{(d-t)\varepsilon_r + t}{d \varepsilon_r} V_s$$

$$\therefore E_1 = \frac{V_1}{d-t} = \frac{V_s}{d}, \quad E_2 = \frac{V_2}{t} = \frac{V_s}{d \varepsilon_r}$$

$$\therefore D_1 = \varepsilon_0 E_1 = \varepsilon_0 \frac{V_s}{d}, \quad D_2 = \varepsilon_r \varepsilon_0 E_2 = \varepsilon_0 \frac{V_s}{d}$$

[3] 〈解法1〉

挿入前の電界の強さを E, 電束密度を D とする. また, 図1.15.13に示すように, 挿入後の真空部分での電界の強さと電束密度を E_1, D_1 とし, 誘電体中での電界の強さと電束密度を E_2, D_2 とする.

(挿入前)

電極間電圧 V_s

$$E = \frac{V_s}{d}$$

$$D = \varepsilon_0 E = \varepsilon_0 \frac{V_s}{d}$$

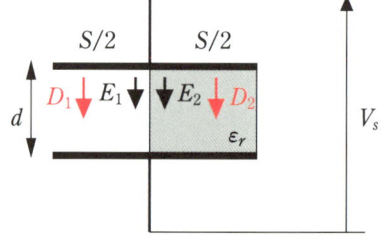

図 1.15.13

(挿入後)

電源が接続されたままであることから, 誘電体を挿入した後も電極間電圧 V_s は変化しない. また, 挿入後は誘電体と真空の境界面が電極と直交している (すなわち電界や電束に平行である) ことから, 2つの領域を通過する, 電界の強さは連続であり電束密度は不連続である.

電極間電圧 V_s

電界の強さは連続であることから次式が成り立つ.

$$E_1 = E_2 = \frac{V_s}{d}$$

$$D_1 = \varepsilon_0 E_1, \quad D_2 = \varepsilon_r \varepsilon_0 E_2$$

$$\therefore D_1 = \varepsilon_0 E_1 = \varepsilon_0 \frac{V_s}{d}, \quad D_2 = \varepsilon_r \varepsilon_0 E_2 = \varepsilon_r \varepsilon_0 \frac{V_s}{d}$$

〈解法2〉

誘電体を入れることで, 1つのコンデンサが, 図1.15.14に示すように, 2つのコンデンサの並列接続になったと考えることができる. 挿入前の電界の強さを E, 電束密度を D とする. 挿入後の真空部分での電界の強さと電束密度を E_1, D_1 とし, 誘電体中での電界の強さと電束密度を E_2, D_2 とする.

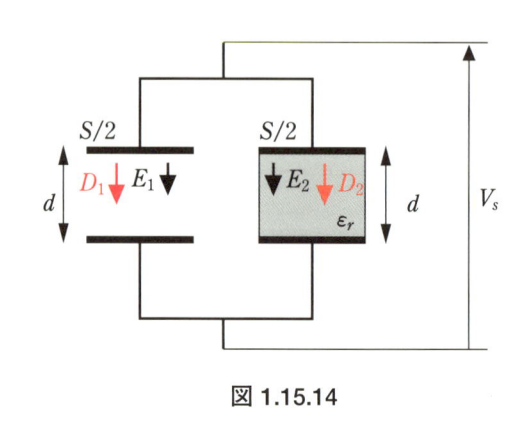

図 1.15.14

(挿入前)

電極間電圧　V_s

$$E = \frac{V_s}{d}$$

$$D = \varepsilon_0 E = \varepsilon_0 \frac{V_s}{d}$$

(挿入後)

電源が接続されたままであることから，誘電体を挿入した後も電極間電圧V_sは変化しない．

電極間電圧　V_s

$$\therefore E_1 = \frac{V_s}{d}, \quad E_2 = \frac{V_s}{d}$$

2つのコンデンサの静電容量は以下のようになる．

$$C_1 = \varepsilon_0 \frac{S}{2d_s}, \quad C_2 = \varepsilon_r \varepsilon_0 \frac{S}{2d}$$

$$\therefore D_1 = \frac{Q_1}{S_1} = \frac{C_1 V_s}{S/2} = \frac{\varepsilon_0}{d} V_s, \quad D_2 = \frac{Q_2}{S_2} = \frac{C_2 V_s}{S/2} = \frac{\varepsilon_r \varepsilon_0}{d} V_s$$

[4] 〈解法1〉

挿入前の電界の強さをE，電束密度をDとする．また，図1.15.15に示すように，挿入後の真空部分での電界の強さと電束密度をE_1，D_1とし，誘電体中での電界の強さと電束密度をE_2，D_2とする．

(挿入前)

蓄えられた電荷をQ〔C〕とすると，印加電圧がV_sであることより次式が成り立つ．

$$Q = CV_s = \varepsilon_0 \frac{S}{d} V_s$$

電極間電圧　V_s

$$E = \frac{V_s}{d}$$

$$D = \varepsilon_0 E = \varepsilon_0 \frac{V_s}{d} \quad \left(= \varepsilon_0 \frac{S}{d} V_s \frac{1}{S} = \frac{Q}{S}\right)$$

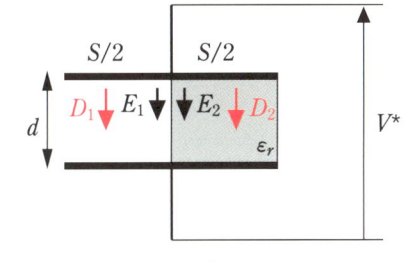

図1.15.15

この式は，式(1.14.1)で示されるように，電束密度は電荷密度に等しいことを示している．

(挿入後)

電源が切られていて電荷の移動がないことから，誘電体を挿入した後も電極間に蓄えられた電荷Qは変化しない．ただし，電極間電圧が変化する（V^*になったとする）．

また，挿入後は誘電体と真空の境界面が電極と直交している（すなわち電界や電束に平行である）ことから，2つの領域を通過する電界の強さは連続であり電束密度は不連続である．

電界の強さは連続であることより次式が成り立つ．

$$E_1 = E_2 = E^*$$

$$D_1 = \varepsilon_0 E_1 = \varepsilon_0 E^*, \quad D_2 = \varepsilon_r \varepsilon_0 E_2 = \varepsilon_r \varepsilon_0 E^*$$

また，誘電体の挿入前後で電荷量が変化しないことから次式が成り立つ．

$$(D_1+D_2)\frac{S}{2}=Q, \quad Q=\varepsilon_0\frac{S}{d}V_s$$

$$\therefore \frac{1+\varepsilon_r}{2}E^*=\frac{V_s}{d}$$

$$\therefore E_1=E_2=E^*=\frac{2V_s}{d(1+\varepsilon_r)}$$

$$\therefore D_1=\varepsilon_0 E_1=\frac{2\varepsilon_0 V_s}{d(1+\varepsilon_r)}, \quad D_2=\varepsilon_r\varepsilon_0 E_1=\frac{2\varepsilon_r\varepsilon_0 V_s}{d(1+\varepsilon_r)}$$

また，電圧 V^* と電界 E^* の関係は次式で求められる．

$$V^*=d\times E^*=\frac{2V_s}{1+\varepsilon_r}$$

〈解法2〉

誘電体を入れることで，1つのコンデンサが，図1.15.16に示すように，2つのコンデンサの直列接続になったと考えることができる．挿入前の電界の強さを E，電束密度を D とする．挿入後の真空部分での電界の強さと電束密度を E_1, D_1 とし，誘電体中での電界の強さと電束密度を E_2, D_2 とする．

（挿入前）

蓄えられた電荷を Q〔C〕とすると，印加電圧が V_s であることより次式が成り立つ．

$$Q=CV_s=\varepsilon_0\frac{S}{d}V_s$$

電極間電圧 V_s

$$E=\frac{V_s}{d}$$

$$D=\varepsilon_0 E=\varepsilon_0\frac{V_s}{d} \quad (=\varepsilon_0\frac{S}{d}V_s\frac{1}{S}=\frac{Q}{S})$$

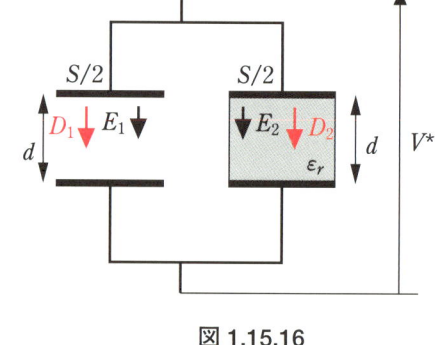

図1.15.16

（挿入後）

電源が切られていて電荷の移動がないことから，誘電体を挿入した後も電極間に蓄えられた電荷 Q は変化しない．ただし，電極間電圧が変化する（V^* になったとする）．したがって，電圧 V^* は次のように求められる．

$$C_1=\varepsilon_0\frac{S}{2d}, \quad C_2=\varepsilon_r\varepsilon_0\frac{S}{2d}$$

$$C_1 V^*+C_2 V^*=Q, \quad Q=\varepsilon_0\frac{S}{d}V_s$$

$$\therefore V^*=\frac{2}{1+\varepsilon_r}V_s$$

ここで E_1, E_2 と V^* の間には次式が成り立っている．

$$E_1=E_2=\frac{V^*}{d}=\frac{2V}{d(1+\varepsilon_r)}$$

したがって，D_1, D_2 は以下の式で求められる．

$$\therefore D_1=\varepsilon_0 E_1=\frac{\varepsilon_0 V_s}{d(1+\varepsilon_r)}, \quad D_2=\varepsilon_r\varepsilon_0 E_2=\frac{\varepsilon_r\varepsilon_0 V_s}{d(1+\varepsilon_r)}$$

[5] 比誘電率 ε_1 の領域をA領域，ε_2 の領域をB領域とする．図1.15.17(a)に示すように点電荷により境界面が誘電分極する．A領域ではその分極電荷に対して電気力線が走り，B領域では放

射状に走るように変化する．したがって，A 領域と B 領域の電位を考える場合には，それぞれ別々に考える必要がある．

① P 点が A 領域にある場合（$x \leqq 0$）

このときは，図 1.15.17(b) に示すように，すべての領域が比誘電率 ε_1 の物質で覆われていて，q〔C〕の他に，q〔C〕に対して境界面をはさんだちょうど反対位置に $-q^*$〔C〕の電荷が存在している場合の電気力線の分布と等しくなる．

ここで q^*〔C〕は次式で与えられる．

$$q^* = \frac{\varepsilon_2 - \varepsilon_1}{\varepsilon_2 + \varepsilon_1} q \quad 〔C〕$$

ここで q〔C〕の電荷によってできる電位を V_1 とし，$-q^*$〔C〕の電荷でできる電位を V_2 とするとそれらは次式で求まる．

$$V_1 = \frac{q}{4\pi\varepsilon_0} \frac{1}{r_1} = \frac{q}{4\pi\varepsilon_0} \frac{1}{\sqrt{(x+a)^2 + y^2 + z^2}}$$

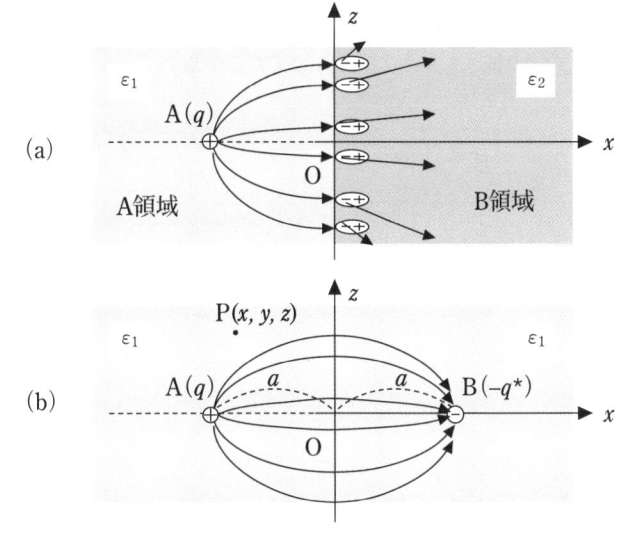

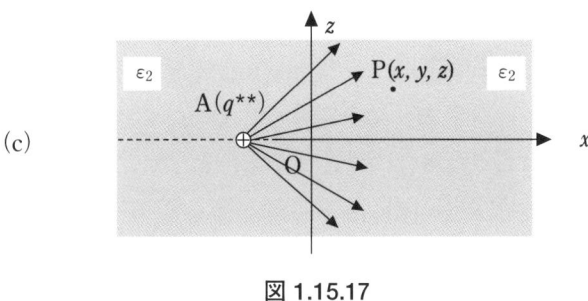

$$V_1 = -\frac{q^*}{4\pi\varepsilon_0} \frac{1}{r_2} = -\frac{q^*}{4\pi\varepsilon_0} \frac{1}{\sqrt{(x-a)^2 + y^2 + z^2}} = -\frac{\dfrac{\varepsilon_2-\varepsilon_1}{\varepsilon_2+\varepsilon_1}q}{4\pi\varepsilon_0} \frac{1}{\sqrt{(x-a)^2 + y^2 + z^2}}$$

したがって，求める電位 V は次式となる．

$$V = V_1 + V_2 = \frac{q}{4\pi\varepsilon_0}\left\{\frac{1}{\sqrt{(x+a)^2+y^2+z^2}} - \frac{\dfrac{\varepsilon_2-\varepsilon_1}{\varepsilon_2+\varepsilon_1}}{\sqrt{(x-a)^2+y^2+z^2}}\right\}$$

② P 点が B 領域にある場合（$x \geqq 0$）

このときは，図 1.15.17(c) に示すように，すべての領域が比誘電率 ε_2 の物質で覆われていて，q〔C〕の位置に Q^{**}〔C〕の電荷が存在している場合の電気力線の分布と等しくなる．

ここで Q^{**}〔C〕は次式で与えられる．

$$q^{**} = \frac{2\varepsilon_2}{\varepsilon_2 + \varepsilon_1} q \quad 〔C〕$$

したがって，求める電位 V は次式となる．

$$V = \frac{q^{**}}{4\pi\varepsilon_0}\frac{1}{r} = \frac{q^{**}}{4\pi\varepsilon_0}\frac{1}{\sqrt{(x+a)^2+y^2+z^2}} = \frac{\dfrac{2\varepsilon_2}{\varepsilon_2+\varepsilon_1}q}{4\pi\varepsilon_0}\frac{1}{\sqrt{(x+a)^2+y^2+z^2}}$$

図 1.15.17

要点16　拡張されたガウスの定理

　誘電体が存在する場合の電界の強さを求めるために考えられたのが，**拡張されたガウスの定理**であり，それは「任意の閉曲面Sを通って外に出ていく全電束の数は，その閉曲面の内部に存在するすべての電荷に等しい」と定義されている．これを示すと

$$D \times S = \Sigma Q \quad (1.16.1)$$

となる

　ここで重要なことは，**任意の閉曲面をどう決定するか**，ということであり，これは要点7で述べたのと同様に，閉曲面の面が常に電束と直交するように，閉曲面を決定すればよい．

　この定理を利用して電界を求める方法は，基本的には要点7と同じであり，以下の演習問題で実際に求め方を理解してほしい．

演習問題16

[1] 比誘電率 ε_1 の誘電体中に Q [C] の点電荷がある．この点電荷から r [m] 離れた（誘電体中の）点の電界の大きさを求めよ．

[2] 真空中に同心導体球がある．その内心球の半径が r_1 [m]，外球殻の内半径を r_2 [m]，外半径を r_3 [m] とする．その内心球に Q_1 [C]，外球殻に Q_2 [C] を帯電させた．そして内外球間に比誘電率 ε_1 の物質を充填した．内心球と外球殻の間の電界の大きさ，外球殻の外側の電界の大きさを求めよ．また，内心球，外球殻の電位を求めよ．

[3] 真空中に同心導体円筒がある．その内円柱の半径が r_1 [m]，外円筒の内半径を r_2 [m]，外半径を r_3 [m] とする．その内円筒に単位長さ当り λ_1 [C/m]，外円筒に λ_2 [C/m] を帯電させた．そして内円柱と外円筒の間に比誘電率 ε_1 の物質を充填した．内円柱と外円筒の間の電界の大きさ，外円筒の外側の電界の大きさを求めよ．また，内円柱と外円筒の電位差を求めよ．

[4] 真空中に存在する半径 r_1 [m] の金属球に Q_1 [C] を帯電させた．そして，その周りに比誘電率 ε_1 の物質を厚み t [m] まで塗布した．金属球の電位を求めよ．

[5] 真空中に同心導体球がある．その内心球の半径が r_1 [m]，外球殻の内半径を r_2 [m]，外半径を r_3 [m] とする．その内心球に Q_1 [C]，外球殻に Q_2 [C] を帯電させた．そして内外球間に2種類の物質（比誘電率 ε_1，ε_2）を充填した．充填は $r_1 < r < R$ まで ε_1，$R < r < r_2$ まで ε_2 とした．内心球と外球殻の間の電界の大きさ，外球殻の外側の電界の大きさを求めよ．また，内心球，外球殻の電位を求めよ．

[6] 真空中に同心導体円筒がある．その内円柱の半径が r_1 [m]，外円筒の内半径を r_2 [m]，外半径を r_3 [m] とする．その内円筒に単位長さ当り λ_1 [C/m]，外円筒に λ_2 [C/m] を帯電させた．そして内円柱と外円筒の間に2種類の物質（比誘電率 ε_1，ε_2）を充填した．充填は $r_1 < r < R$ まで ε_1，$R < r < r_2$ まで ε_2 とした．内円柱と外円筒の間の電界の大きさ，外円筒の外側の電界の大きさを求めよ．また，内円柱と外円筒の電位差を求めよ．

解答 16

[1] 点電荷に対する任意の閉曲面を球とする．拡張されたガウスの定理より次式が求まる．

$$D \times S = Q, \quad S = 4\pi r^2$$

$$\therefore D = \frac{Q}{4\pi r^2}, \quad D = \varepsilon_1 \varepsilon_0 E$$

$$\therefore E = \frac{Q}{4\pi \varepsilon_1 \varepsilon_0 r^2} \quad \text{[V/m]}$$

[2] 帯電した同心導体球に対する任意の閉曲面を球とする．図 **1.16.1** において内心球と外球殻の間（図中のB点）の電束密度と電界の大きさを D_1, E_1, 外球殻の外側（図中のA点）の電束密度と電界の大きさを D_2, E_2 とすると，拡張されたガウスの定理より次式が求まる．

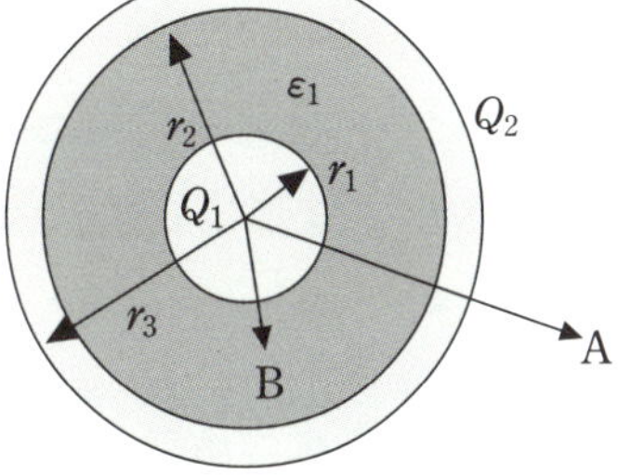

$$D \times S = Q, \quad S = 4\pi r^2$$

$$\therefore D = \frac{Q}{4\pi r^2}$$

図 **1.16.1**

ここで外球殻の外側（A点）においては，$D = D_2$, $D_2 = \varepsilon_0 E_2$ が成立しており，かつ $Q = Q_1 + Q_2$ であることより，E_2 は次式で求められる．

$$E_2 = \frac{Q_1 + Q_2}{4\pi \varepsilon_0 r^2}$$

次に内心球と外球殻の間（B点）においては，$D = D_1$, $D_1 = \varepsilon_1 \varepsilon_0 E_1$ が成立しており，かつ $Q = Q_1$ であることより，E_1 は次式で求められる．

$$E_1 = \frac{Q_1}{4\pi \varepsilon_1 \varepsilon_0 r^2}$$

内心球，外球殻の電位をそれぞれ V_0, V_1 とするとそれらは次式で求められる．

$$V_0 = \int_\infty^{r_3} (-E_2) dr = \int_\infty^{r_3} \left(-\frac{Q_1 + Q_2}{4\pi \varepsilon_0 r^2} \right) dr = \frac{Q_1 + Q_2}{4\pi \varepsilon_0 r_3}$$

$$V_1 = \int_\infty^{r_3} (-E_2) dr + \int_{r_3}^{r_2} (-E_m) dr + \int_{r_2}^{r_1} (-E_1) dr$$

ここで，E_m は金属内部の電界であるため，$E_m = 0$ である．したがって，V_1 は次式となる．

$$V_1 = \int_\infty^{r_3} (-E_2) dr + \int_{r_2}^{r_1} (-E_1) dr$$

$$= \frac{Q_1 + Q_3}{4\pi \varepsilon_0} \frac{1}{r_3} + \int_{r_2}^{r_1} \left(-\frac{Q_1}{4\pi \varepsilon_r \varepsilon_0 r^2} \right) dr$$

$$= \frac{Q_1 + Q_3}{4\pi \varepsilon_0} \frac{1}{r_3} + \frac{Q_1}{4\pi \varepsilon_r \varepsilon_0} \left(\frac{1}{r_2} - \frac{1}{r_1} \right)$$

$$= \frac{1}{4\pi \varepsilon_0} \left\{ \frac{Q_1 + Q_3}{r_3} + \frac{Q_1}{\varepsilon_r} \left(\frac{1}{r_2} - \frac{1}{r_1} \right) \right\}$$

[3] 帯電した同心導体円筒に対する任意の閉曲面を円筒とする．図 **1.16.2** において内円柱と外円筒の間の電束密度と電界の大きさを D_1, E_1, 外円筒の外側の電束密度と電界の大きさを D_2, E_2 とすると，拡張されたガウスの定理より次式が求められる．

$$D \times S = Q, \quad S = 2\pi r L, \quad Q = \lambda L$$

$$\therefore D = \frac{\lambda}{2\pi r}$$

ここで外円筒の外側においては，$D = D_2$, $D_2 = \varepsilon_0 E_2$ が成立しており，かつ $\lambda = \lambda_1 + \lambda_2$ であることより，E_2 は次式で求められる．

$$E_2 = \frac{\lambda_1 + \lambda_2}{2\pi\varepsilon_0 r}$$

図 1.16.2

次に内円柱と外円筒の間においては，$D = D_1$, $D_1 = \varepsilon_1\varepsilon_0 E_1$ が成立しており，かつ $\lambda = \lambda_1$ であることより，E_1 は次式で求められる．

$$E_1 = \frac{\lambda_1}{2\pi\varepsilon_1\varepsilon_0 r}$$

内円柱と外円筒の電位差を V_{12} とすると以下の式で求められる．

$$V_{12} = \int_{r_2}^{r_1}(-E_1)dr = \int_{r_2}^{r_1}\left(-\frac{\lambda_1}{2\pi\varepsilon_1\varepsilon_0 r}\right)dr = \frac{\lambda_1}{2\pi\varepsilon_1\varepsilon_0}\ln\frac{r_2}{r_1}$$

[4] 帯電した導体球に対する任意の閉曲面を球とする．図 1.16.3 において塗布された誘電体中の電束密度と電界の大きさを D_1, E_1, 誘電体膜の外側の電束密度と電界の大きさを D_2, E_2 とすると，拡張されたガウスの定理より次式が求められる．

$$D \times S = Q, \quad S = 4\pi r^2$$

$$\therefore D = \frac{Q}{4\pi r^2}$$

ここで誘電体膜の外側においては，$D = D_2$, $D_2 = \varepsilon_0 E_2$ が成立しており，かつ $Q = Q_1$ であることより，E_2 は次式で求められる．

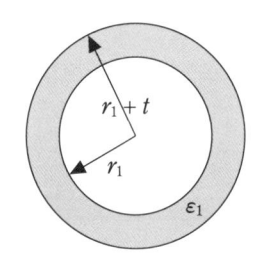

図 1.16.3

$$E_2 = \frac{Q_1}{4\pi\varepsilon_0 r^2}$$

次に誘電体中においては，$D = D_1$, $D_1 = \varepsilon_1\varepsilon_0 E_1$ が成立しており，かつ $Q = Q_1$ であることより，E_1 は次式で求められる．

$$E_1 = \frac{Q_1}{4\pi\varepsilon_1\varepsilon_0 r^2}$$

帯電した導体の電位を V とすると，それは次式で求められる．

$$\begin{aligned}
V &= \int_{\infty}^{r_1+t}(-E_2)dr + \int_{r_1+t}^{r_1}(-E_1)dr \\
&= \int_{\infty}^{r_1+t}\left(-\frac{Q_1}{4\pi\varepsilon_0 r^2}\right)dr + \int_{r_1+t}^{r_1}\left(-\frac{Q_1}{4\pi\varepsilon_1\varepsilon_0 r^2}\right)dr \\
&= \frac{Q_1}{4\pi\varepsilon_0(r_1+t)} + \frac{Q_1}{4\pi\varepsilon_1\varepsilon_0}\left(\frac{1}{r_1} - \frac{1}{r_1+t}\right) \\
&= \frac{Q_1}{4\pi\varepsilon_0}\left\{\frac{1}{r_1+t} + \frac{1}{\varepsilon_1}\left(\frac{1}{r_1} - \frac{1}{r_1+t}\right)\right\} \\
&= \frac{Q_1}{4\pi\varepsilon_0}\frac{\varepsilon_1 r_1 + t}{\varepsilon_1 r_1(r_1+t)}
\end{aligned}$$

[5] 帯電した同心導体球に対する任意の閉曲面を球とする．$r_1 < r < R$ における電束密度と電界の大きさを D_1, E_1 とし，$R < r < r_2$ における電束密度と電界の大きさを D_2, E_2 とする．さらに，$r > r_3$ における電束密度と電界の大きさを D_3, E_3 とすると，拡張されたガウスの定理より次式が求められる．

$$D \times S = Q, \quad S = 4\pi r^2$$

$$\therefore D = \frac{Q}{4\pi r^2}$$

（$r > r_3$ の領域）

ここでは，$D = D_3$，$D_3 = \varepsilon_0 E_3$ が成立しており，かつ $Q = Q_1 + Q_2$ であることより，E_3 は次式で求められる．

$$E_3 = \frac{Q_1 + Q_2}{4\pi \varepsilon_0 r^2}$$

（$r_2 < r < r_3$ の領域）

ここは金属内部のため，電界の強さ E_m はゼロである．

$$E_m = 0$$

（$R < r < r_2$ の領域）

ここでは，$D = D_2$，$D_2 = \varepsilon_2 \varepsilon_0 E_2$ が成立しており，かつ $Q = Q_1$ であることより，E_2 は次式で求められる．

$$E_2 = \frac{Q_1}{4\pi \varepsilon_2 \varepsilon_0 r^2}$$

（$r_1 < r < R$ の領域）

ここでは，$D = D_1$，$D_1 = \varepsilon_1 \varepsilon_0 E_1$ が成立しており，かつ $Q = Q_1$ であることより，E_1 は次式で求められる．

$$E_1 = \frac{Q_1}{4\pi \varepsilon_1 \varepsilon_0 r^2}$$

内心球と外球殻の電位をそれぞれ V_0, V_1 とするとそれらは次式で求められる．

$$V_0 = \int_\infty^{r_3} (-E_3) dr = \int_\infty^{r_3} \left(-\frac{Q_1 + Q_2}{4\pi \varepsilon_0 r^2} \right) dr = \frac{Q_1 + Q_2}{4\pi \varepsilon_0 r_3}$$

$$V_1 = \int_\infty^{r_3} (-E_3) dr + \int_{r_3}^{r_2} (-E_m) dr + \int_{r_2}^{R} (-E_2) dr + \int_{R}^{r_1} (-E_1) dr$$

$$= \int_\infty^{r_3} \left(-\frac{Q_1 + Q_2}{4\pi \varepsilon_0 r^2} \right) dr + \int_{r_2}^{R} \left(-\frac{Q_1}{4\pi \varepsilon_2 \varepsilon_0 r^2} \right) dr + \int_{R}^{r_1} \left(-\frac{Q_1}{4\pi \varepsilon_1 \varepsilon_0 r^2} \right) dr$$

$$= \frac{Q_1 + Q_2}{4\pi \varepsilon_0 r_3} + \frac{Q_1}{4\pi \varepsilon_2 \varepsilon_0} \left(\frac{1}{R} - \frac{1}{r_2} \right) + \frac{Q_1}{4\pi \varepsilon_1 \varepsilon_0} \left(\frac{1}{r_1} - \frac{1}{R} \right)$$

[6] 帯電した同心導体円筒に対する任意の閉曲面を円筒とする．$r_1 < r < R$ における電束密度と電界の大きさを D_1, E_1 とし，$R < r < r_2$ における電束密度と電界の大きさを D_2, E_2 とする．さらに，$r > r_3$ における電束密度と電界の大きさを D_3, E_3 とすると，拡張されたガウスの定理より次式が求められる．

$$D \times S = Q, \quad S = 2\pi r L, \quad Q = \lambda L$$

$$\therefore D = \frac{\lambda}{2\pi r}$$

($r > r_3$ の領域)

ここでは，$D = D_3$，$D_3 = \varepsilon_0 E_3$ が成立しており，かつ $\lambda = \lambda_1 + \lambda_2$ であることより，E_3 は次式で求められる．

$$E_3 = \frac{\lambda_1 + \lambda_2}{2\pi\varepsilon_0 r}$$

($r_2 < r < r_3$ の領域)

ここは金属内部のため，電界の強さ E_m はゼロである．

$$E_m = 0$$

($R < r < r_2$ の領域)

ここでは，$D = D_2$，$D_2 = \varepsilon_2\varepsilon_0 E_2$ が成立しており，かつ $\lambda = \lambda_1$ であることより，E_2 は次式で求められる．

$$E_2 = \frac{\lambda_1}{2\pi\varepsilon_2\varepsilon_0 r}$$

($r_1 < r < R$ の領域)

ここでは，$D = D_1$，$D_1 = \varepsilon_1\varepsilon_0 E_1$ が成立しており，かつ $\lambda = \lambda_1$ であることより，E_1 は次式で求められる．

$$E_1 = \frac{\lambda_1}{2\pi\varepsilon_1\varepsilon_0 r}$$

内円柱と外円筒の電位差を V_{12} とすると，それは次式で求められる．

$$\begin{aligned}
V_{12} &= \int_{r_2}^{r_1} (-E)dr \\
&= \int_{r_2}^{R} \left(-\frac{\lambda_1}{2\pi\varepsilon_2\varepsilon_0 r}\right)dr + \int_{R}^{r_1} \left(-\frac{\lambda_1}{2\pi\varepsilon_1\varepsilon_0 r}\right)dr \\
&= \frac{\lambda_1}{2\pi\varepsilon_0}\left\{\frac{1}{\varepsilon_2}\ln\frac{r_2}{R} + \frac{1}{\varepsilon_1}\ln\frac{R}{r_1}\right\}
\end{aligned}$$

覚えよう！　要点14・15・16における重要関係式

① 真空中にある Q [C] の電荷から出ている電束数　　　$\psi = Q$ [C]

② 比誘電率 ε_r の誘電体中にある Q [C] の電荷から出ている電気力線数　　$\psi = Q$ [C]

③ 比誘電率 ε_r の誘電体中の電界 E と電束密度 D の関係　　　$\boldsymbol{D} = \varepsilon_r\varepsilon_0\boldsymbol{E}$ [C/m²]　(1.14.1)

④ 平行平板における電束密度 D の大きさと表面電荷密度 σ の関係　$D = \sigma$ [C/m²]　(1.14.2)

⑤ 平行平板間の一部に比誘電率 ε_r の誘電体が挿入されたとき，

　　空気と誘電体の境界面が電界の向きと平行のとき，両者の内部の電界の大きさは等しい

　　空気と誘電体の境界面が電界の向きと垂直のとき，両者の内部の電束密度の大きさは等しい

⑥ 拡張されたガウスの定理　　　$D \times S = \Sigma Q$　　　　　　　　　　　　(1.16.1)

　　　　　　　　　　　S：任意の閉曲面の表面積
　　　　　　　　　　　ΣQ：任意の閉曲面内に存在する総電荷量

要点17　誘電体が存在する場合の静電容量

もし，2つの導体間が1種類の誘電体（比誘電率 ε_r）で満たされている場合は，単純に静電容量は ε_r 倍になる．しかし電極間が，何種類かの誘電体で満たされている場合，あるいは誘電体が部分的にのみ満たされている場合は複雑になる．このような場合は，要点9で述べた考え方に，拡張されたガウスの定理を利用すればよい．

どのように拡張されたガウスの定理を応用するかは，以下の演習問題を解くことでそのやり方を理解してほしい．

演習問題17

[1] 真空中に同心導体球がある．その内心球の半径が r_1 [m]，外球殻の内半径を r_2 [m]，外半径を r_3 [m] とする．そして内外球間に比誘電率 ε_1 の物質を充填した．内心球と外球殻の間の静電容量求めよ．

[2] 真空中に同心導体円筒がある．その内円柱の半径が r_1 [m]，外円筒の内半径を r_2 [m]，外半径を r_3 [m] とする．そして内円柱と外円筒の間に比誘電率 ε_1 の物質を充填した．内円柱と外円筒の間の単位長さ当りの静電容量を求めよ．

[3] 真空中に存在する半径 r_1 [m] の金属球の周りに比誘電率 ε_1 の物質を厚み t [m] まで塗布した．金属球の静電容量を求めよ．

[4] 真空中に同心導体球がある．その内心球の半径が r_1 [m]，外球殻の内半径を r_2 [m]，外半径を r_3 [m] とする．そして内外球間に2種類の物質（比誘電率 ε_1, ε_2）を充填した．充填は $r_1 < r < R$ まで ε_1，$R < r < r_2$ まで ε_2 とした．内心球と外球殻の間の静電容量を求めよ．

[5] 真空中に同心導体円筒がある．その内円柱の半径が r_1 [m]，外円筒の内半径を r_2 [m]，外半径を r_3 [m] とする．そして内円柱と外円筒の間に2種類の物質（比誘電率 ε_1, ε_2）を充填した．充填は $r_1 < r < R$ まで ε_1，$R < r < r_2$ まで ε_2 とした．内円柱と外円筒の間の単位長さ当りの静電容量を求めよ．

[6] 真空中に存在する電極間距離 d [m]，電極面積 S [m^2] の平行平板電極間を比誘電率 ε_r の物質で満たしたときの静電容量を求め，満たさないときの何倍になっているかを求めよ．

[7] 真空中に存在する電極間距離 d [m]，電極面積 S [m^2] の平行平板コンデンサに，図1.17.1 に示すように，厚み t [m]，電極面積 S [m^2]，比誘電率 ε_r の誘電体を挿入した．誘電体の挿入前後で静電容量がどのように変化したかを求めよ．

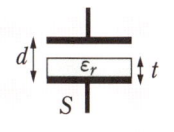

図1.17.1

[8] 真空中にある電極間距離 d [m]，電極面積 S [m^2] の平行平板コンデンサに，図1.17.2 に示すように，厚み d [m]，電極面積 $S/2$ [m^2]，比誘電率 ε_r の誘電体を挿入した．誘電体の挿入前後で静電容量がどのように変化したかを求めよ．

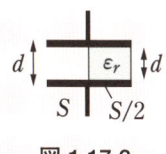

図1.17.2

[9] 真空中に同心導体球がある．その内心球の半径が r_1〔m〕，外球殻の内半径を r_2〔m〕，外半径を r_3〔m〕とする．そして内外球間に2種類の物質（比誘電率 ε_1, ε_2）を図1.17.3に示すように，ちょうど半分ずつ充填した．内心球と外球殻の間の静電容量を求めよ．

[10] 真空中に同心導体円筒がある．その内円柱の半径が r_1〔m〕，外円筒の内半径を r_2〔m〕，外半径を r_3〔m〕とする．そして内円柱と外円筒の間に2種類の物質（比誘電率 ε_1, ε_2）を図1.17.4に示すように，ちょうど半分ずつ充填した．内円柱と外円筒の間の単位長さ当りの静電容量を求めよ．

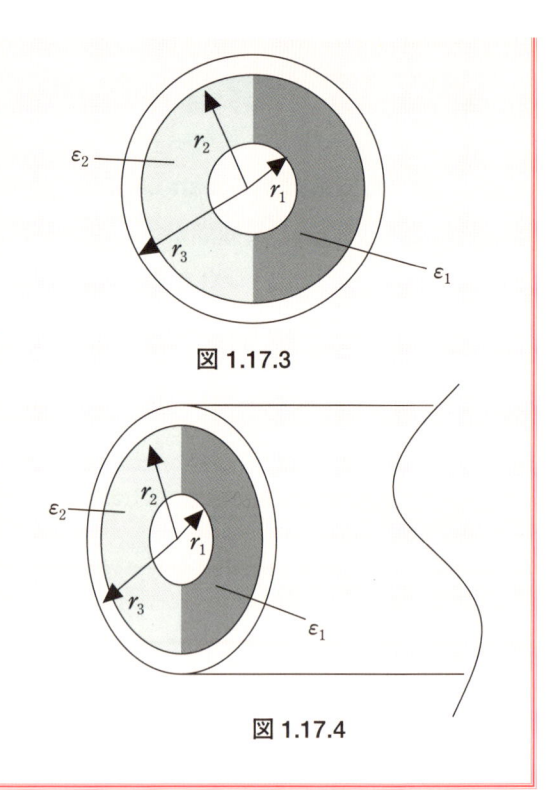

図1.17.3

図1.17.4

解答 17

[1] 内球に Q〔C〕，外球殻に $-Q$〔C〕の電荷を帯電させる．そのとき内球と外球殻の間の電束密度を D，電界の強さを E とする．拡張されたガウスの定理を用いて内球と外球の間の電束密度を求めると以下のようになる．

$$D \times S = Q, \quad S = 4\pi r^2$$

$$\therefore D = \frac{Q}{4\pi r^2}$$

ここで内球と外球殻の間においては，$D = \varepsilon_1 \varepsilon_0 E$ が成立していることより，E は次式で求められる．

$$E = \frac{Q}{4\pi \varepsilon_1 \varepsilon_0 r^2}$$

内心球と外球殻の電位をそれぞれ V_{12} とするとそれらは次式で求められる．

$$V_{12} = \int_{r_2}^{r_1} (-E) dr = \int_{r_2}^{r_1} \left(-\frac{Q}{4\pi \varepsilon_1 \varepsilon_0 r^2} \right) dr = \frac{Q}{4\pi \varepsilon_1 \varepsilon_0} \left(\frac{1}{r_1} - \frac{1}{r_2} \right)$$

静電容量を C とすると，以下の値になる．

$$C = \frac{Q}{V_{12}} = \frac{4\pi \varepsilon_1 \varepsilon_0 r_2 r_1}{r_2 - r_1} \ \text{〔F〕}$$

[2] 内円柱に単位長さ当りに λ〔C/m〕，外円筒に単位長さ当りに $-\lambda$〔C/m〕の電荷を帯電させる．そのとき内円柱と外円筒の間の電束密度を D，電界の強さを E とする．拡張されたガウスの定理を用いて内円柱と外円筒の間の電束密度を求めると以下のようになる．

$$D \times S = Q, \quad S = 2\pi r L, \quad Q = \lambda L$$
$$\therefore D = \frac{\lambda}{2\pi r}$$

内円柱と外円筒の電位をそれぞれV_{12}とするとそれらは次式で求められる．

$$V_{12} = \int_{r_2}^{r_1}(-E)dr = \int_{r_2}^{r_1}\left(-\frac{\lambda}{2\pi\varepsilon_1\varepsilon_0 r}\right)dr = \frac{\lambda}{2\pi\varepsilon_1\varepsilon_0}\ln\frac{r_2}{r_1}$$

静電容量をCとすると，以下の値になる．

$$C = \frac{\lambda}{V_{12}} = \frac{2\pi\varepsilon_1\varepsilon_0}{\ln\dfrac{r_2}{r_1}} \quad [\text{F}]$$

[3] 導体球に電荷Q〔C〕を帯電させる．塗布された誘電体中の電束密度と電界の大きさをD_1, E_1, 誘電体膜の外側の電束密度と電界の大きさをD_2, E_2とすると，拡張されたガウスの定理より次式が求められる．

$$D \times S = Q, \quad S = 4\pi r^2$$
$$\therefore D = \frac{Q}{4\pi r^2}$$

ここで誘電体膜の外側においては，$D = D_2$, $D_2 = \varepsilon_2\varepsilon_0 E_2$が成立していることより，$E_2$は次式で求められる．

$$E_2 = \frac{Q}{4\pi\varepsilon_0 r^2}$$

次に誘電体中においては，$D = D_1$, $D_1 = \varepsilon_1\varepsilon_0 E_1$が成立していることより，$E_1$は次式で求められる．

$$E_1 = \frac{Q}{4\pi\varepsilon_1\varepsilon_0 r^2}$$

導体の電位をVとすると，それは次式で求められる．

$$\begin{aligned}
V &= \int_{\infty}^{r_1+t}(-E_2)dr + \int_{r_1+t}^{r_1}(-E_1)dr \\
&= \int_{\infty}^{r_1+t}\left(-\frac{Q}{4\pi\varepsilon_0 r^2}\right)dr + \int_{r_1+t}^{r_1}\left(-\frac{Q}{4\pi\varepsilon_0 r^2}\right)dr \\
&= \frac{Q}{4\pi\varepsilon_0(r_1+t)} + \frac{Q}{4\pi\varepsilon_1\varepsilon_0}\left(\frac{1}{r_1} - \frac{1}{r_1+t}\right) \\
&= \frac{Q}{4\pi\varepsilon_0}\left\{\frac{1}{r_1+t} + \frac{1}{\varepsilon_1}\left(\frac{1}{r_1} - \frac{1}{r_1+t}\right)\right\} \\
&= \frac{Q}{4\pi\varepsilon_0}\frac{\varepsilon_1 r_1 + t}{\varepsilon_1 r_1(r_1+t)}
\end{aligned}$$

静電容量をCとすると，以下の値になる．

$$C = \frac{Q}{V} = \frac{4\pi\varepsilon_1\varepsilon_0 r_1(r_1+t)}{\varepsilon_1 r_1 + t} \quad [\text{F}]$$

[4] 内球にQ〔C〕，外球殻に$-Q$〔C〕の電荷を帯電させる．$r_1 < r < R$における電束密度と電界の大きさをD_1, E_1とし，$R < r < r_2$における電束密度と電界の大きさをD_2, E_2とすると，拡張されたガウスの定理より次式が求まる．

$$D \times S = Q, \quad S = 4\pi r^2$$

$$\therefore D = \frac{Q}{4\pi r^2}$$

($R < r < r_2$ の領域)

ここでは，$D = D_2$，$D_2 = \varepsilon_2\varepsilon_0 E_2$ が成立していることより，E_2 は次式で求められる．

$$E_2 = \frac{Q}{4\pi\varepsilon_2\varepsilon_0 r^2}$$

($r_1 < r < R$ の領域)

ここでは，$D = D_1$，$D_1 = \varepsilon_1\varepsilon_0 E_1$ が成立しており，かつ $Q = Q_1$ であることより，E_1 は次式で求められる．

$$E_1 = \frac{Q}{4\pi\varepsilon_1\varepsilon_0 r^2}$$

内心球と外球殻の電位差をそれぞれ V_{12} とするとそれは次式で求められる．

$$V_{12} = \int_{r_2}^{R}(-E_2)dr + \int_{R}^{r_1}(-E_1)dr$$

$$\therefore V_{12} = \int_{r_2}^{R}\left(-\frac{Q}{4\pi\varepsilon_2\varepsilon_0 r^2}\right)dr + \int_{R}^{r_1}\left(-\frac{Q}{4\pi\varepsilon_1\varepsilon_0 r^2}\right)dr$$

$$= \frac{Q}{4\pi\varepsilon_2\varepsilon_0}\left(\frac{1}{R}-\frac{1}{r_2}\right) + \frac{Q_1}{4\pi\varepsilon_1\varepsilon_0}\left(\frac{1}{r_1}-\frac{1}{R}\right)$$

$$= \frac{Q}{4\pi\varepsilon_0 R}\frac{\varepsilon_1 r_1(r_2-R)+\varepsilon_2 r_2(R-r_1)}{\varepsilon_2\varepsilon_1 r_2 r_1}$$

静電容量を C とすると，以下の値になる．

$$C = \frac{Q}{V} = \frac{4\pi\varepsilon_2\varepsilon_1\varepsilon_0 r_2 r_1 R}{\varepsilon_1 r_1(r_2-R)+\varepsilon_2 r_2(R-r_1)} \quad [\text{F}]$$

[5] 内円柱に単位長さ当りに λ [C/m]，外円筒に単位長さ当りに $-\lambda$ [C/m] の電荷を帯電させる．$r_1 < r < R$ における電束密度と電界の大きさを D_1，E_1 とし，$R < r < r_2$ における電束密度と電界の大きさを D_2，E_2 とすると，拡張されたガウスの定理より次式が求まる．

$$D \times S = Q, \quad S = 2\pi rL, \quad Q = \lambda L$$

$$\therefore D = \frac{\lambda}{2\pi r}$$

($R < r < r_2$ の領域)

ここでは，$D = D_2$，$D_2 = \varepsilon_2\varepsilon_0 E_2$ が成立していることより，E_2 は次式で求められる．

$$E_2 = \frac{\lambda}{2\pi\varepsilon_2\varepsilon_0 r}$$

($r_1 < r < R$ の領域)

ここでは，$D = D_1$，$D_1 = \varepsilon_1\varepsilon_0 E_1$ が成立していることより，E_1 は次式で求められる．

$$E_1 = \frac{\lambda}{2\pi\varepsilon_1\varepsilon_0 r}$$

内円柱と外円筒の電位差を V_{12} とすると，それは次式で求められる．

$$V_{12} = \int_{r_2}^{r_1} (-E)dr$$
$$= \int_{r_2}^{R}\left(-\frac{\lambda}{2\pi\varepsilon_2\varepsilon_0 r}\right)dr + \int_{R}^{r_1}\left(-\frac{\lambda}{2\pi\varepsilon_1\varepsilon_0 r}\right)dr$$
$$= \frac{\lambda}{2\pi\varepsilon_0}\left\{\frac{1}{\varepsilon_2}\ln\frac{r_2}{R} + \frac{1}{\varepsilon_1}\ln\frac{R}{r_1}\right\}$$
$$= \frac{\lambda}{2\pi\varepsilon_0}\frac{\varepsilon_1\ln\frac{r_2}{R} + \varepsilon_2\ln\frac{R}{r_1}}{\varepsilon_1\varepsilon_2}$$

静電容量を C とすると，以下の値になる．

$$C = \frac{\lambda}{V} = \frac{2\pi\varepsilon_2\varepsilon_1\varepsilon_0}{\varepsilon_1\ln\frac{r_2}{R} + \varepsilon_2\ln\frac{R}{r_1}} \ [\mathrm{F}]$$

[6] 真空中の平行平板の静電容量を C，比誘電率 ε_r を挿入したときの静電容量を C^* としたとき，それらは次式で求められる．

$$C = \varepsilon_0\frac{S}{d}$$
$$C^* = \varepsilon_r\varepsilon_0\frac{S}{d} = \varepsilon_r C$$

平行平板に比誘電率 ε_r を挿入することで静電容量は ε_r 倍になる．

[7] 誘電体挿入前の静電容量を C とする．図 1.17.1 に与えられる誘電体を挿入した後の静電容量を C^* とすると，C^* は，図 1.17.5 に示すように，静電容量 C_1 と C_2 の 2 つのコンデンサの直列接続と考えられる．それらを求めると次式のようになる．

$$C = \varepsilon_0\frac{S}{d}$$
$$C_1 = \varepsilon_0\frac{S}{d-t}, \quad C_2 = \varepsilon_r\varepsilon_0\frac{S}{t}$$
$$\therefore C^* = \frac{C_1 C_2}{C_1 + C_2} = \frac{\varepsilon_r\varepsilon_0 S}{\varepsilon_r(d-t)+t}$$

図 1.17.5

[8] 誘電体挿入前の静電容量を C とする．図 1.17.2 に与えられる誘電体を挿入した後の静電容量を C^* とすると，C^* は，図 1.17.6 に示すように，静電容量 C_1 と C_2 の 2 つのコンデンサの並列接続と考えられる．それらを求めると次式のようになる．

$$C = \varepsilon_0\frac{S}{d}$$
$$C_1 = \varepsilon_0\frac{S}{2d}, \quad C_2 = \varepsilon_r\varepsilon_0\frac{S}{2d}$$
$$\therefore C^* = C_1 + C_2 = \frac{(1+\varepsilon_r)\varepsilon_0 S}{2d}$$

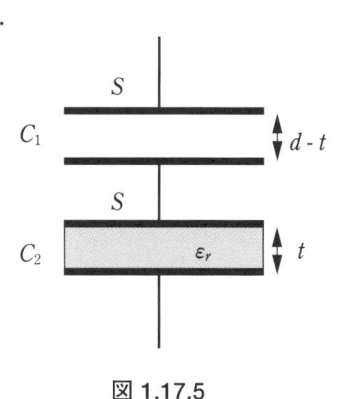

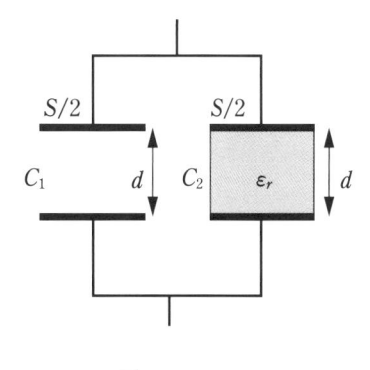

図 1.17.6

[9] 誘電体挿入前の静電容量を C とする．図 1.17.3 に与えられる誘電体を挿入した後の静電容量を C^* とすると，C^* は比誘電率 ε_1 が充填された部分（静電容量 C_1）と比誘電率 ε_2 が充填された

部分（静電容量 C_2）の2つのコンデンサの並列接続と考えられる．ここで，2種類の誘電体がちょうど半分ずつ挿入されていることより，C_1 と C_2 はそれぞれ比誘電率 ε_1，ε_2 をすべてに充填した場合の半分の静電容量である．拡張されたガウスの定理を用いてそれらを求めると次式のようになる．

まず，内球に Q [C]，外球殻に $-Q$ [C] を帯電させる．内球と外球殻との間の電束密度を D とする．そして比誘電率 ε_1 が充填された場合の電界の強さを E_1 とし，比誘電率 ε_2 が充填された場合の電界の強さを E_2 とする．

$$D \times S = Q, \quad S = 4\pi r^2$$
$$\therefore D = \frac{Q}{4\pi r^2}$$

ここで，比誘電率 ε_1 が充填された場合 $D = \varepsilon_1 \varepsilon_0 E_1$，比誘電率 ε_2 が充填された場合 $D = \varepsilon_2 \varepsilon_0 E_2$ の関係が成立していることより次式が求まる．

$$E_1 = \frac{Q}{4\pi \varepsilon_1 \varepsilon_0 r^2}, \quad E_2 = \frac{Q}{4\pi \varepsilon_2 \varepsilon_0 r^2}$$

比誘電率 ε_1 が充填された場合の内球と外球殻との電位差を V_1 とし，比誘電率 ε_2 の場合を V_2 とする．

$$V_1 = \int_{r_2}^{r_1} -E_1 dr = \int_{r_2}^{r_1} -\frac{Q}{4\pi \varepsilon_1 \varepsilon_0 r^2} dr = \frac{Q}{4\pi \varepsilon_1 \varepsilon_0} \frac{r_2 - r_1}{r_1 r_2}$$

$$\therefore 2C_1 = \frac{Q}{V_1} = \frac{4\pi \varepsilon_1 \varepsilon_0 r_1 r_2}{r_2 - r_1}$$

$$\therefore C_1 = \frac{2\pi \varepsilon_1 \varepsilon_0 r_1 r_2}{r_2 - r_1}$$

$$V_2 = \int_{r_2}^{r_1} -E_2 dr = \int_{r_2}^{r_1} -\frac{Q}{4\pi \varepsilon_2 \varepsilon_0 r^2} dr = \frac{Q}{4\pi \varepsilon_2 \varepsilon_0} \frac{r_2 - r_1}{r_1 r_2}$$

$$\therefore 2C_2 = \frac{Q}{V_2} = \frac{4\pi \varepsilon_2 \varepsilon_0 r_1 r_2}{r_2 - r_1}$$

$$\therefore C_2 = \frac{2\pi \varepsilon_2 \varepsilon_0 r_1 r_2}{r_2 - r_1}$$

$$\therefore C = C_1 + C_2 = \frac{2\pi (\varepsilon_2 + \varepsilon_1) \varepsilon_0 r_1 r_2}{r_2 - r_1} \quad [\text{F}]$$

[10] 誘電体挿入前の静電容量を C とする．図1.17.4 に与えられる誘電体を挿入した後の静電容量を C^* とすると，C^* は比誘電率 ε_1 が充填された部分（静電容量 C_1）と比誘電率 ε_2 が充填された部分（静電容量 C_2）の2つのコンデンサの並列接続と考えられる．ここで，2種類の誘電体がちょうど半分ずつ挿入されていることより，C_1 と C_2 はそれぞれ比誘電率 ε_1，ε_2 をすべてに充填した場合の半分の静電容量である．拡張されたガウスの定理を用いてそれらを求めると次式のようになる．

まず，内円柱に単位長さ当り λ [C/m]，外円筒に $-\lambda$ [C/m] を帯電させる．内円柱と外円筒との間の電束密度を D とする．そして比誘電率 ε_1 が充填された場合の電界の強さを E_1 とし，比誘電率 ε_2 が充填された場合の電界の強さを E_2 とする

$$D \times S = Q, \quad S = 2\pi rL, \quad Q = \lambda L$$
$$\therefore D = \frac{\lambda}{2\pi r}$$

ここで，比誘電率 ε_1 が充填された場合 $D = \varepsilon_1\varepsilon_0 E_1$，比誘電率 ε_2 が充填された場合 $D = \varepsilon_2\varepsilon_0 E_2$ の関係が成立していることより次式が求まる．

$$E_1 = \frac{\lambda}{2\pi\varepsilon_1\varepsilon_0 r}, \quad E_2 = \frac{\lambda}{2\pi\varepsilon_2\varepsilon_0 r}$$

比誘電率 ε_1 が充填された場合の内球と外球殻との電位差を V_1 とし，比誘電率 ε_2 の場合を V_2 とする．

$$V_1 = \int_{r_2}^{r_1}(-E_1)dr = \int_{r_2}^{r_1}\left(-\frac{\lambda}{2\pi\varepsilon_1\varepsilon_0 r}\right)dr = \frac{\lambda}{2\pi\varepsilon_1\varepsilon_0}\ln\frac{r_2}{r_1}$$

$$\therefore \quad 2C_1 = \frac{\lambda}{V_1} = \frac{2\pi\varepsilon_1\varepsilon_0}{\ln\dfrac{r_2}{r_1}}$$

$$\therefore \quad C_1 = \frac{\lambda}{V_1} = \frac{\pi\varepsilon_1\varepsilon_0}{\ln\dfrac{r_2}{r_1}}$$

$$V_2 = \int_{r_2}^{r_1}(-E_2)dr = \int_{r_2}^{r_1}\left(-\frac{\lambda}{2\pi\varepsilon_2\varepsilon_0 r}\right)dr = \frac{\lambda}{2\pi\varepsilon_2\varepsilon_0}\ln\frac{r_2}{r_1}$$

$$\therefore \quad 2C_2 = \frac{\lambda}{V_1} = \frac{2\pi\varepsilon_2\varepsilon_0}{\ln\dfrac{r_2}{r_1}}$$

$$\therefore \quad C_2 = \frac{\lambda}{V_2} = \frac{\pi\varepsilon_2\varepsilon_0}{\ln\dfrac{r_2}{r_1}}$$

静電容量を C とすると，以下の値になる．

$$\therefore \quad C = C_1 + C_2 = \frac{\pi(\varepsilon_2 + \varepsilon_1)\varepsilon_0}{\ln\dfrac{r_2}{r_1}} \quad [\text{F}]$$

覚えよう！　要点17における重要関係式

① 誘電体が金属表面あるいは電極間に存在しているとき
　拡張されたガウスの定理から電界 E を求め，そして電位 V（あるいは電位差 V_{ab}）を求める．

$$C = \frac{Q}{V} \quad \text{or} \quad \frac{Q}{V_{ab}} \quad [\text{F}]$$

　基本的な計算の仕方は，要点9を参照．

要点18　誘電体中の電荷に働く力

真空中に存在する電荷と電荷の間に働く力については要点1のクーロンの法則で学んだ．ここでは，誘電体中に2つの電荷が存在する場合について説明する．

電荷に働く力はクーロンの法則より $F = QE$ である．図1.18.1に示すように比誘電率 ε_r の誘電体中に2つの点電荷 $A(Q_1 [C])$ と $B(Q_2 [C])$ が距離 $r [m]$ 離れて置かれている．まず点電荷Aに働く力を F_A とすると，F_A は点電荷Bによって生じた電界 E_B と $Q_1 [C]$ の積に等しい．ここで電界の大きさ E_B を求めるには拡張されたガウスの定理を利用する．

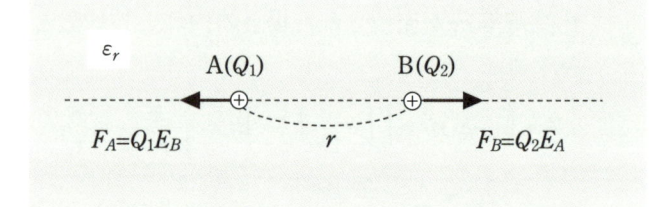

図1.18.1 誘電体（比誘電率 ε_r）中の電荷に働く力

まず点電荷Bを中心に半径 r の球を考える．その球表面での電束密度を D とすると，

$$D \times S = Q_2$$

ここで $S = 4\pi r^2$ より，$D = \dfrac{Q_2}{4\pi r^2}$ [C/m²]

$D = \varepsilon_r \varepsilon_0 E$ より　　$E_B = \dfrac{Q_2}{4\pi \varepsilon_0 \varepsilon_r r^2}$

$$\therefore F_A = \dfrac{Q_1 Q_2}{4\pi \varepsilon_0 \varepsilon_r r^2}$$

次に点電荷Bに働く力を F_B とすると，F_B は点電荷Aによって生じた電界 E_A と $Q_2 [C]$ の積に等しい．同様に考えて，

$$F_B = \dfrac{Q_1 Q_2}{4\pi \varepsilon_0 \varepsilon_r r^2} = F_A$$

演習問題18

[1] 絶縁油（比誘電率2.5）中に電子が2個，1 [m] 離れて存在する．この電子に働く力の大きさと向きを求めよ．

[2] 比誘電率 ε_1 と ε_2 の無限に広い誘電体が平面で接している．比誘電率 ε_1 の誘電体中に境界面から距離 $a [m]$ の位置に点電荷 $q [C]$ が存在しているとき，この点電荷に働く力の大きさと向きを求めよ．ただし，ε_1 は ε_2 より小さいとする．

[3] 比誘電率 ε_1 と ε_2 の無限に広い誘電体が平面で接している．比誘電率 ε_1 の誘電体中に境界面から距離 $a [m]$ の位置に点電荷 $Q_a [C]$ が存在し，比誘電率 ε_2 の誘電体中に境界面から距離 $b [m]$ の位置に点電荷 $Q_b [C]$ が存在しているとき，点電荷 $Q_a [C]$ に働く力の大きさと向きを求めよ．ただし，ε_1 は ε_2 より小さいとする．

解答 18

[1] $F = \dfrac{1}{4\pi\varepsilon_r\varepsilon_0}\dfrac{Q_A Q_B}{r^2} = 9\times 10^9 \times \dfrac{1}{2.5}\times \dfrac{(1.6\times 10^{-19})^2}{1^2} = 9.22\times 10^{-29}$ 〔N〕

[2] 演習問題 15-[5]で説明したが, 比誘電率 ε_1 の領域を A 領域, ε_2 の領域を B 領域とすると, 図 1.18.2(a) に示すように点電荷により境界面が誘電分極する. A 領域ではその分極電荷に対して電気力線が走り, B 領域では放射状に走るように変化する. したがって, A 領域と B 領域の電位を考える場合には, それぞれ別々に考える必要がある. この場合は点電荷が A 領域にあるため, A 領域についてのみ考えればよい.

この場合は, 図 1.18.2(b) に示すように, すべての領域が比誘電率 ε_1 の物質で覆われていて q〔C〕の他に, q〔C〕に対して境界面をはさんだちょうど反対位置に $-q^*$〔C〕の電荷が存在している場合の電気力線の分布と等しくなる.

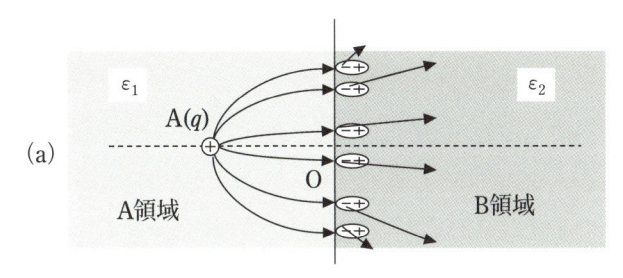

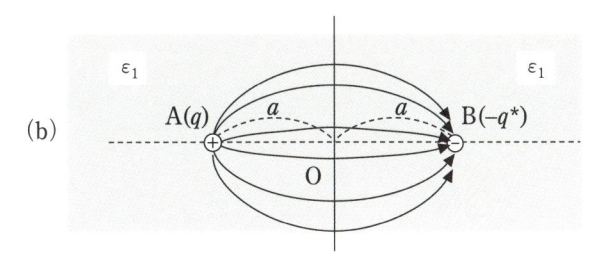

図 1.18.2

ここで q^*〔C〕は次式で与えられる.

$$q^* = \dfrac{\varepsilon_2 - \varepsilon_1}{\varepsilon_2 + \varepsilon_1} q \quad 〔C〕$$

したがって, 与えられた点電荷に働く力の大きさを F とすると次式で求められる.

$$F = \dfrac{q q^*}{4\pi\varepsilon_1\varepsilon_0 (2a)^2} = \dfrac{q^2}{16\pi\varepsilon_1\varepsilon_0 a^2}\dfrac{\varepsilon_2 - \varepsilon_1}{\varepsilon_2 + \varepsilon_1} \quad 〔N〕$$

力の向きは境界面に向かう方向である.

[3] この場合を図 1.18.3(a) に示す. これは図 1.18.3(b), 図 1.18.3(c) の 2 つの場合を別々に考えて, その後重ね合わせることで求まる. 求めるのは Q_a に働く力であるから, 比誘電率 ε_1 の領域のみ考慮すればよい. ここで Q_a に作用する電界は, 図 1.18.3(d) に示す Q_a の影像電荷 $-q^*$ が図中 P 点につくる電界 (E_1) と, 図 1.18.3(e) に示す電荷 Q_b による影像電荷 q^{**} が図中 P 点につくる電界 (E_2) の 2 つである. ここで q^* と q^{**} は次式で与えられる.

$$q^* = \dfrac{\varepsilon_2 - \varepsilon_1}{\varepsilon_2 + \varepsilon_1} Q_a$$

$$q^{**} = \dfrac{2\varepsilon_1}{\varepsilon_2 + \varepsilon_1} Q_b$$

$$\therefore E_1 = \dfrac{q^*}{4\pi\varepsilon_1\varepsilon_0 (2a)^2} = \dfrac{Q_a}{16\pi\varepsilon_1\varepsilon_0 a^2}\dfrac{\varepsilon_2 - \varepsilon_1}{\varepsilon_2 + \varepsilon_1}$$

$$\therefore E_2 = \dfrac{q^{**}}{4\pi\varepsilon_1\varepsilon_0 (a+b)^2} = \dfrac{Q_b}{4\pi\varepsilon_1\varepsilon_0 (a+b)^2}\dfrac{2\varepsilon_1}{\varepsilon_2 + \varepsilon_1} = \dfrac{2Q_b}{4\pi\varepsilon_0 (\varepsilon_2 + \varepsilon_1)(a+b)^2}$$

求める力Fの向きは境界面に向かう方向であり，大きさは次式で示される．

$$F = Q_a(E_1 - E_2) = \frac{Q_a}{4\pi\varepsilon_1\varepsilon_0(\varepsilon_1+\varepsilon_2)}\left\{-\frac{Q_a(\varepsilon_2-\varepsilon_1)}{2\varepsilon_1 a^2} + \frac{2Q_b}{(a+b)^2}\right\} \text{[N]}$$

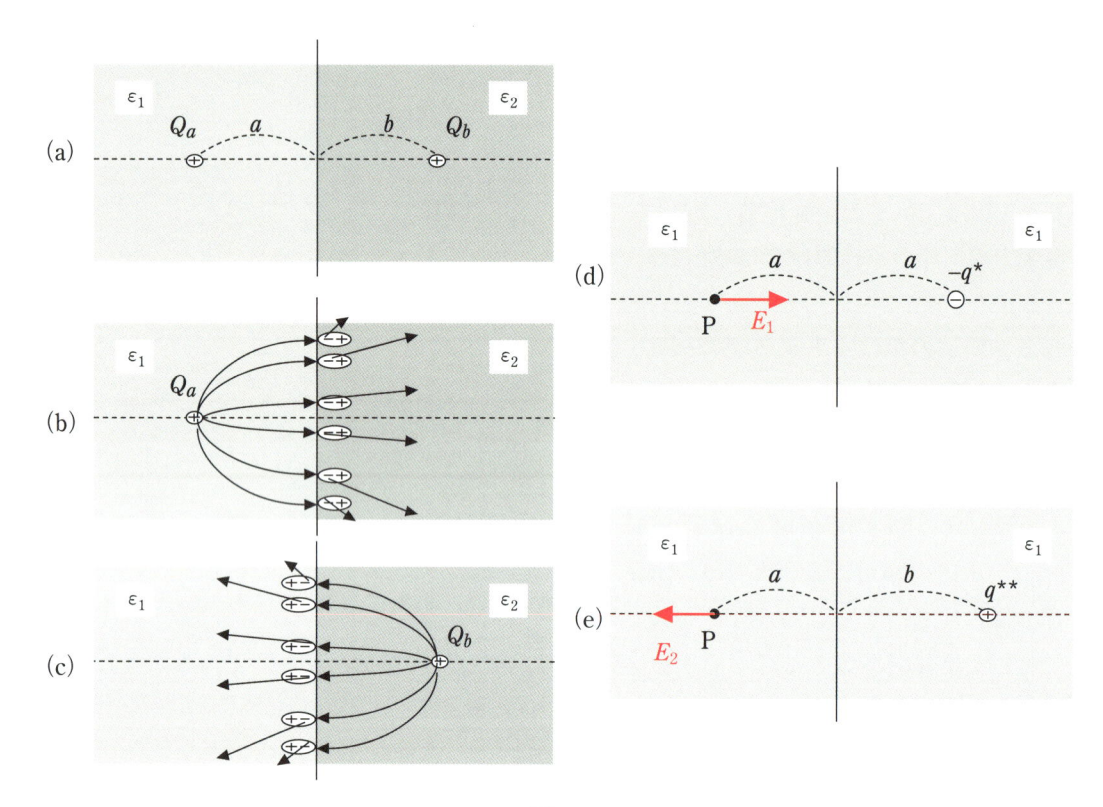

図 1.18.3

覚えよう！ 要点18における重要関係式

① 比誘電率ε_1とε_2（$\varepsilon_1 < \varepsilon_2$）の誘電体が平面で接しており，比誘電率$\varepsilon_1$中に$q$〔C〕の電荷が境界面から$r$〔m〕離れた点に存在する点電荷にかかる力

$$F = \frac{1}{4\pi\varepsilon_1\varepsilon_0}\frac{qq^*}{(2r)^2}, \text{ 向きは境界面の方向} \quad \text{（問2より）}$$

ただし， $q^* = \dfrac{\varepsilon_2-\varepsilon_1}{\varepsilon_2+\varepsilon_1}q$ 〔C〕

要点19　誘電体内に蓄えられるエネルギーとそこに働く力

すでに誘電体が存在しない場合の静電容量に蓄えられるエネルギー，平行平板間に蓄えられるエネルギー密度と平行平板電極に働く力については要点10で述べた．ここでは，誘電体内に蓄えられるエネルギー密度，誘電体が存在する場合の平行平板電極に働く力について説明する．

（1）誘電体中に蓄えらえられるエネルギー

「誘電体をもたない平行平板コンデンサ内部には，その電界の大きさがEで与えられる場所には，$w=\frac{1}{2}\varepsilon_0 E^2$〔J/m^3〕のエネルギー密度が蓄えられている」ことを要点10で学んだ．平行平板コンデンサ内部が比誘電率ε_rの誘電体で満たされているときには，ε_0を$\varepsilon=\varepsilon_r\varepsilon_0$で置き換えただけのエネルギー密度が蓄えられる．これを式で表すと，

$$w=\frac{1}{2}\varepsilon_r\varepsilon_0 E^2=\frac{1}{2}E\varepsilon_r\varepsilon_0 E=\frac{1}{2}ED=\frac{D^2}{2\varepsilon_r\varepsilon_0}\quad〔J/m^3〕 \tag{1.19.1}$$

この式は，電束密度がD〔C/m^2〕，電界の強さがE〔V/m〕で与えられる場所で蓄えられるエネルギー密度である．

（2）誘電体を満たした平行平板電極に働く力

面積S〔m^2〕，電極間隔d〔m〕で誘電体をもたない平行平板コンデンサの静電容量は$C=\frac{\varepsilon_0 S}{d}$であり，平行平板電極に$Q$〔C〕の電荷が与えられたとき，この中の電界の大きさは$E=\frac{Q}{\varepsilon_0 S}$であり，この電極の単位面積当りに働く力の大きさ$F_0$は以下の式で与えられることを要点10で学んだ．

$$F_0=\frac{F}{S}=\frac{1}{2\varepsilon_0}\left(\frac{Q}{S}\right)^2=\frac{\sigma^2}{2\varepsilon_0}=\frac{1}{2}\varepsilon_0 E^2=\frac{1}{2}\varepsilon_0\left(\frac{V}{d}\right)^2=\frac{1}{2}ED\quad〔N/m^2〕$$

平行平板コンデンサ内部が比誘電率ε_rの誘電体で満たされているときには，ε_0を$\varepsilon=\varepsilon_r\varepsilon_0$で置き換えただけの力が単位面積当りに働く．これを式で表すと，

$$F_0=\frac{1}{2\varepsilon_r\varepsilon_0}\left(\frac{Q}{S}\right)^2=\frac{\sigma^2}{2\varepsilon_r\varepsilon_0}=\frac{1}{2}\varepsilon_r\varepsilon_0 E^2=\frac{1}{2}\varepsilon_r\varepsilon_0\left(\frac{V}{d}\right)^2=\frac{1}{2}ED\quad〔N/m^2〕 \tag{1.19.2}$$

ここでσ〔C/m^2〕は電極に与えられている電荷密度である．

演習問題19

[1] 真空中にある電極間距離d〔m〕，電極面積S〔m^2〕の平行平板コンデンサに電圧V_s〔V〕を印加した．その状態で電極間全体に，比誘電率ε_rの誘電体を充填した．以下の問に答えよ．
　①誘電体の充填前と充填後でコンデンサに蓄えられる静電エネルギーがどう変化したかを求めよ．
　②誘電体の充填前と充填後で平行平板電極に働く力がどう変化したかを求めよ．

[2] 真空中にある電極間距離d〔m〕，電極面積S〔m^2〕の平行平板コンデンサに電圧V_s〔V〕を印加した．それから電源を外し，その後，電極間全体に比誘電率ε_rの誘電体を充填した．

以下の問に答えよ.
① 誘電体の充填前と充填後でコンデンサに蓄えられる静電エネルギーがどう変化したかを求めよ.
② 誘電体の充填前と充填後で平行平板電極に働く力がどう変化したかを求めよ.

[3] 真空中にある電極間距離 d [m], 電極面積 S [m^2] の平行平板コンデンサに電圧 V_s [V] を印加した. そして図 **1.19.1** に示すように, その状態で厚み t [m], 電極面積 S [m^2], 比誘電率 ε_r の誘電体を挿入した. 以下の問に答えよ.

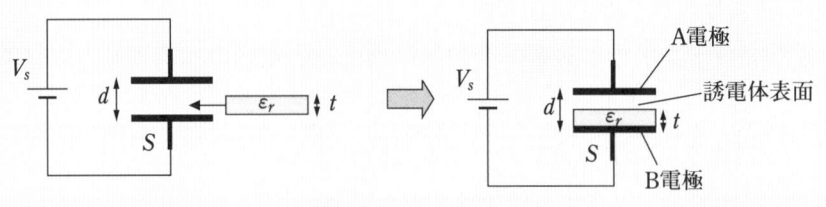

図 1.19.1

① 誘電体の挿入前と挿入後でコンデンサに蓄えられる静電エネルギーがどう変化したかを求めよ.
② 誘電体挿入後に真空部分の単位体積当りに蓄えられるエネルギーを w_v, 誘電体部分の単位体積当りに蓄えられるエネルギーを w_d とするとき, w_v, w_d を求めよ.
③ 誘電体の挿入前に平行平板電極に働く力を求めよ.
④ 誘電体の挿入後にA電極, B電極, 誘電体表面(図中に表示)に働く力を求めよ.

[4] 真空中にある電極間距離 d [m], 電極面積 S [m^2] の平行平板コンデンサに電圧 V_s [V] を印加した. そして, 図 **1.19.2** に示すように, その後電源を外し, 厚み t [m], 電極面積 S [m^2], 比誘電率 ε_r の誘電体を挿入した. 以下の問に答えよ.

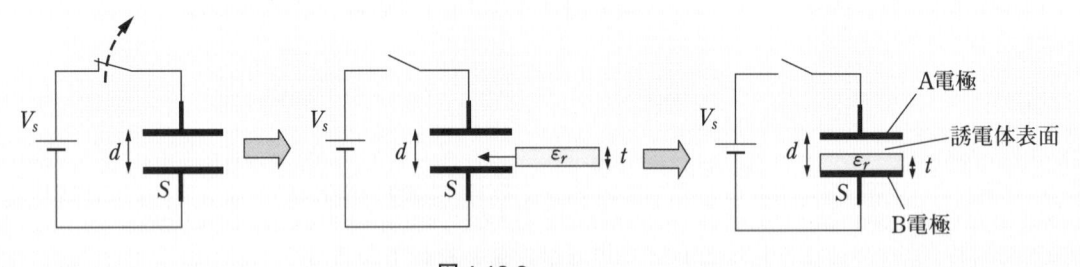

図 1.19.2

① 誘電体の挿入前と挿入後でコンデンサに蓄えられる静電エネルギーがどう変化したかを求めよ.
② 誘電体挿入後に真空部分の単位体積当りに蓄えられるエネルギーを w_v, 誘電体部分の単位体積当りに蓄えられるエネルギーを w_d とするとき, w_v, w_d を求めよ.
③ 誘電体の挿入前に平行平板電極に働く力を求めよ.
④ 誘電体の挿入後にA電極, B電極, 誘電体表面(図中に表示)に働く力を求めよ.

[5] 真空中にある電極間距離 d [m], 電極面積 S [m^2] の平行平板コンデンサに電圧 V_s [V] を印加した. そして図 **1.19.3** に示すように, その状態で厚み d [m], 電極面積 $S/2$ [m^2], 比誘

電率 ε_r の誘電体を挿入した．以下の問に答えよ．

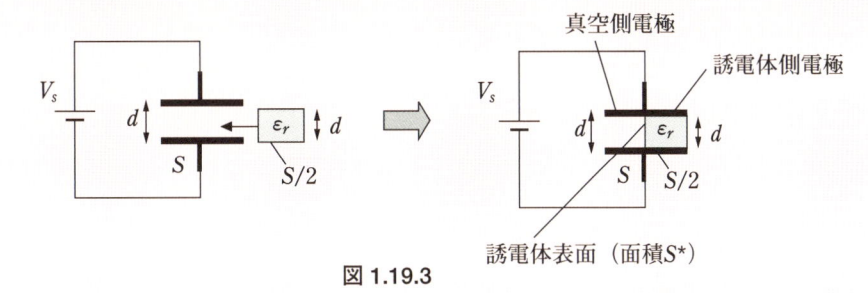

図 1.19.3

① 誘電体の挿入前と挿入後でコンデンサに蓄えられる静電エネルギーがどう変化したかを求めよ．
② 挿入前に真空部分の単位体積当りに蓄えられるエネルギーを w_v，挿入後の真空部分の単位体積当りに蓄えられるエネルギーを w^*_v，誘電体部分の単位体積当りに蓄えられるエネルギーを w^*_d とするとき，w_v, w^*_v, w^*_d を求めよ．
③ 誘電体の挿入前に平行平板電極に働く力を求めよ．
④ 誘電体の挿入後に誘電体側電極，真空側電極，誘電体表面（図中に表示）に働く力を求めよ．

[6] 真空中にある電極間距離 d [m]，電極面積 S [m²] の平行平板コンデンサに電圧 V_s [V] を印加した．そして，**図 1.19.4** に示すように，その後電源を外し，厚み d [m]，電極面積 $S/2$ [m²]，比誘電率 ε_r の誘電体を挿入した．以下の問に答えよ．

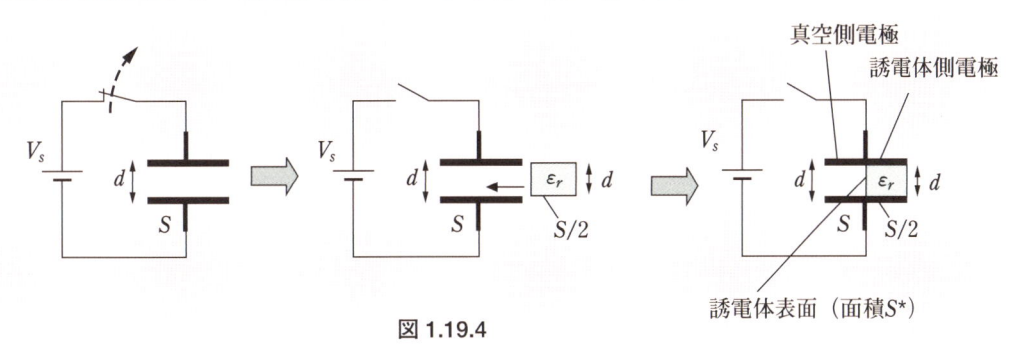

図 1.19.4

① 誘電体の挿入前と挿入後でコンデンサに蓄えられる静電エネルギーがどう変化したかを求めよ．
② 真空部分の単位体積当りに蓄えられるエネルギーを w_v，誘電体部分の単位体積当りに蓄えられるエネルギーを w_d とするとき，w_v, w_d を求めよ．
③ 誘電体の挿入前に平行平板電極に働く力を求めよ．
④ 誘電体の挿入後に誘電体側電極，真空側電極，誘電体表面（図中に表示）に働く力を求めよ．

解答 19

[1] この場合，電極間電圧は変化せず，蓄えられる電荷が変化する．誘電体を充填する前の静電容量を C，充填後を C^* とすると，次式で表される．

$$C = \varepsilon_0 \frac{S}{d}, \quad C^* = \varepsilon_r \varepsilon_0 \frac{S}{d}$$

① 充填前に蓄えられているエネルギーを W，充填後を W^* とすると，電極間電圧が V_s であることより次式になる．

$$W = \frac{1}{2} C V_s^2 = \frac{1}{2} \frac{\varepsilon_0 S}{d} V_s^2$$

$$W^* = \frac{1}{2} C^* V_s^2 = \frac{1}{2} \frac{\varepsilon_r \varepsilon_0 S}{d} V_s^2 = \varepsilon_r W$$

蓄えられるエネルギーは ε_r 倍になる．

② 電圧が変化しない場合に平行平板電極に働く力は式 (1.10.9) で求められる．充填前の力の大きさを F，充填後の力の大きさを F^* とすると，次式で求められる．

$$F = \left| \frac{\partial W}{\partial d} \right| = \left| -\frac{1}{2} \frac{\varepsilon_0 S}{d^2} V_s^2 \right| = \frac{1}{2} \frac{\varepsilon_0 S}{d^2} V_s^2$$

$$F^* = \left| \frac{\partial W^*}{\partial d} \right| = \left| -\frac{1}{2} \frac{\varepsilon_r \varepsilon_0 S}{d^2} V_s^2 \right| = \frac{1}{2} \frac{\varepsilon_r \varepsilon_0 S}{d^2} V_s^2 = \varepsilon_r F$$

ここで $\frac{\partial W}{\partial d}$ は W の d での偏微分を意味する．このように，電圧が変化しない場合は電極に働く力は誘電体を充填すると ε_r 倍になる．

[2] この場合，蓄えられた電荷 Q は変化せず，電極間電圧が変化する．誘電体を充填する前の静電容量を C，充填後を C^*，蓄えられた電荷を Q とすると次式で表される．

$$C = \varepsilon_0 \frac{S}{d}, \quad C^* = \varepsilon_r \varepsilon_0 \frac{S}{d}, \quad Q = \varepsilon_0 \frac{S}{d} V_s$$

① 充填前に蓄えられているエネルギーを W，充填後を W^* とすると次式になる．

$$W = \frac{1}{2} \frac{Q^2}{C} = \frac{1}{2} \frac{\varepsilon_0 S}{d} V_s^2$$

$$W^* = \frac{1}{2} \frac{Q^2}{C^*} = \frac{1}{2} \frac{\varepsilon_0 S}{\varepsilon_r d} V_s^2 = \frac{W}{\varepsilon_r}$$

蓄えられるエネルギーは $(1/\varepsilon_r)$ 倍になる．

② 電圧が変化する場合に平行平板電極に働く力は式 (1.10.5) で求められる．充填前の力の大きさを F，充填後の力の大きさを F^* とすると，次式で求められる．

$$F = \left| -\frac{\partial W}{\partial d} \right| = \left| \frac{1}{2} \frac{\varepsilon_0 S}{d^2} V_s^2 \right| = \frac{1}{2} \frac{\varepsilon_0 S}{d^2} V_s^2$$

$$F^* = \left| -\frac{\partial W^*}{\partial d} \right| = \left| \frac{1}{2} \frac{\varepsilon_0 S}{\varepsilon_r d^2} V_s^2 \right| = \frac{1}{2} \frac{\varepsilon_0 S}{\varepsilon_r d^2} V_s^2 = \frac{F}{\varepsilon_r}$$

ここで $\frac{\partial W}{\partial d}$ は W の d での偏微分を意味する．このように，電圧が変化する場合は電極に働く力は誘電体を充填すると $(1/\varepsilon_r)$ 倍になる．

[3] 電源が接続されたままであることから，誘電体を挿入した後も電極間電圧 V_s は変化しない．挿入前の静電容量を C とし，挿入後の静電容量を C^* とすると図 1.19.5 に示すように C^* は C_1 と C_2 の直列接続となる．

$$C = \varepsilon_0 \frac{S}{d}$$

$$C_1 = \varepsilon_0 \frac{S}{d-t}, \quad C_2 = \varepsilon_r \varepsilon_0 \frac{S}{t}, \quad C^\star = \frac{\varepsilon_r \varepsilon_0 S}{\varepsilon_r(d-t)+t}$$

ここで，C_1 と C_2 の電極間電圧の V_1，V_2 は次式で求められる．

$$C_1 V_1 = C_2 V_2, \quad V_1 + V_2 = V_s$$

$$\therefore \ (1 + \frac{d-t}{t}\varepsilon_r)V_2 = V_s$$

$$\therefore \ V_2 = \frac{t}{t+(d-t)\varepsilon_r}V_s, \quad V_1 = \frac{(d-t)\varepsilon_r}{t+(d-t)\varepsilon_r}V_s$$

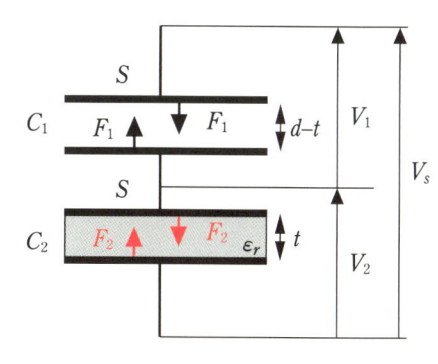

図 1.19.5

①挿入前に蓄えられていたエネルギーを W，挿入後を $W^\star$ とすると，それらは次式で求められる．

$$W = \frac{1}{2}CV_s^2 = \frac{1}{2}\frac{\varepsilon_0 S}{d}V_s^2$$

$$W^\star = \frac{1}{2}C^\star V_s^2 = \frac{1}{2}\frac{\varepsilon_r \varepsilon_0 S}{\varepsilon_r(d-t)+t}V_s^2$$

②挿入後に C_1 と C_2 に蓄えられるエネルギーを $W^\star_1$，$W^\star_2$ とすると，それらは次式で求められる．

$$W^\star_1 = \frac{1}{2}C_1 V_1^2 = \frac{1}{2}\frac{\varepsilon_0 S}{d-t}\left\{\frac{(d-t)\varepsilon_r}{t+(d-t)\varepsilon_r}V_s\right\}^2$$

$$W^\star_2 = \frac{1}{2}C_2 V_2^2 = \frac{1}{2}\frac{\varepsilon_r \varepsilon_0 S}{t}\left\{\frac{t}{t+(d-t)\varepsilon_r}V_s\right\}^2$$

ここで，w_v，w_d と $W^\star_1$，$W^\star_2$ との関係は次式で表される．

$$w_v = \frac{W^\star_1}{S(d-t)}, \quad w_d = \frac{W^\star_2}{St}$$

$$\therefore \ w_v = \frac{W^\star_1}{S(d-t)} = \frac{1}{2}\varepsilon_0 \left(\frac{\varepsilon_r V_s}{t+(d-t)\varepsilon_r}\right)^2$$

$$w_d = \frac{W^\star_2}{St} = \frac{1}{2}\varepsilon_r \varepsilon_0 \left(\frac{V_s}{t+(d-t)\varepsilon_r}\right)^2 = \frac{w_v}{\varepsilon_r}$$

③挿入前に電極に働く力の大きさを F とすると，式 (1.19.2) より次式で求められる（働く力の大きさは式 (1.10.9) からも求まるが，計算が複雑になるため式 (1.19.2) を使用する）．

$$F = \frac{1}{2}EDS = \frac{1}{2}\left(\frac{V_s}{d}\right)\left(\varepsilon_0 \frac{V_s}{d}\right)S = \frac{1}{2}\frac{\varepsilon_0 S}{2d^2}V_s^2$$

④図 1.19.5 に示すように，挿入後にA電極に働く力を F_1，B電極に働く力を F_2 とする．誘電体表面に働く力を F とすると，$F = F_1 - F_2$ であり，これらは次式で求められる．

$$F_1 = \frac{1}{2}E_1 D_1 S = \frac{1}{2}\left(\frac{V_1}{d-t}\right)\left(\varepsilon_0 \frac{V_1}{d-t}\right)S = \frac{1}{2}\varepsilon_0 \left(\frac{\varepsilon_r V_s}{t+(d-t)\varepsilon_r}\right)^2 S$$

$$F_2 = \frac{1}{2}E_2 D_2 S = \frac{1}{2}\left(\frac{V_2}{t}\right)\left(\varepsilon_r \varepsilon_0 \frac{V_2}{t}\right)S = \frac{1}{2}\varepsilon_r \varepsilon_0 \left(\frac{V_s}{t+(d-t)\varepsilon_r}\right)^2 S$$

$$F = F_1 - F_2 = \frac{1}{2}\varepsilon_r \varepsilon_0 (\varepsilon_r - 1)\left(\frac{V_s}{t+(d-t)\varepsilon_r}\right)^2 S$$

F_1 の方向はB電極方向，F_2 の方向はA電極方向，F の方向はA電極方向（つまり比誘電率の大きいものから小さいものへの方向）である．このことより，誘電体へ働く力は剥離する向きに働くことがわかる．

[4] この場合，蓄えられた電荷 Q は変化せず，電極間電圧が変化する．挿入前の静電容量を C とし，挿入後の静電容量を C^* とすると図 1.19.5 に示すように C^* は C_1 と C_2 の直列接続となる．

$$C = \varepsilon_0 \frac{S}{d}, \quad Q = CV_s = \varepsilon_0 \frac{S}{d} V_s$$

$$C_1 = \varepsilon_0 \frac{S}{d-t}, \quad C_2 = \varepsilon_r \varepsilon_0 \frac{S}{t}, \quad C^* = \frac{\varepsilon_r \varepsilon_0 S}{\varepsilon_r (d-t) + t}$$

ここで，C_1 と C_2 の電極間電圧の V_1，V_2 は次式で求められる．

$$C_1 V_1 = C_2 V_2 = Q$$

$$\therefore V_1 = \frac{Q}{C_1} = \frac{d-t}{d} V_s$$

$$V_2 = \frac{Q}{C_2} = \frac{t}{\varepsilon_r d} V_s$$

① 挿入前に蓄えられていたエネルギーを W，挿入後を W^* とするとそれらは次式で求められる．

$$W = \frac{1}{2} \frac{Q^2}{C_1} = \frac{1}{2} \frac{\varepsilon_0 S}{d} V_s^2$$

$$W^* = \frac{Q^2}{2C^*} = \frac{1}{2} \frac{\varepsilon_0}{\varepsilon_r} (\varepsilon_r (d-t) + t) \frac{V_s^2}{d^2} S$$

② 挿入後に C_1 と C_2 に蓄えられるエネルギーを W^*_1，W^*_2 とするとそれらは次式で求められる．

$$W^*_1 = \frac{1}{2} C_1 V_1^2 = \frac{1}{2} \frac{\varepsilon_0 S}{d-t} \left\{ \frac{d-t}{d} V_s \right\}^2 = \frac{1}{2} \varepsilon_0 S (d-t) \left(\frac{V_s}{d} \right)^2$$

$$W^*_2 = \frac{1}{2} C_2 V_2^2 = \frac{1}{2} \frac{\varepsilon_r \varepsilon_0 S}{t} \left(\frac{t}{\varepsilon_r d} V_s \right)^2 = \frac{1}{2} \frac{\varepsilon_0 S t}{\varepsilon_r} \left(\frac{V_s}{d} \right)^2$$

ここで，w_v，w_d と W^*_1，W^*_2 との関係は次式で表される．

$$w_v = \frac{W^*_1}{S(d-t)}, \quad w_d = \frac{W^*_2}{St}$$

$$\therefore w_v = \frac{W^*_1}{S(d-t)} = \frac{1}{2} \varepsilon_0 \left(\frac{V_s}{d} \right)^2$$

$$w_d = \frac{W^*_2}{St} = \frac{1}{2} \frac{\varepsilon_0}{\varepsilon_r} \left(\frac{V_s}{d} \right)^2 = \frac{w_v}{\varepsilon_r}$$

③ 挿入前に電極に働く力の大きさを F とすると，式 (1.19.2) より次式で求められる（働く力の大きさは式 (1.10.5) からも求まるが，計算が複雑になるため式 (1.19.2) を使用する）．

$$F = \frac{1}{2} EDS = \frac{1}{2} \left(\frac{V_s}{d} \right) \left(\varepsilon_0 \frac{V_s}{d} \right) S = \frac{1}{2} \frac{\varepsilon_0 S}{d^2} V_s^2$$

④ 図 1.19.6 に示すように，挿入後に A 電極に働く力を F_1，B 電極に働く力を F_2 とする．誘電体表面に働く力を F とすると，$F = F_1 - F_2$ であり，これらは次式で求められる．

$$F_1 = \frac{1}{2} E_1 D_1 S = \frac{1}{2} \left(\frac{V_1}{d-t} \right) \left(\varepsilon_0 \frac{V_1}{d-t} \right) S = \frac{1}{2} \varepsilon_0 \left(\frac{V_s}{d} \right)^2 S$$

$$F_2 = \frac{1}{2} E_2 D_2 S = \frac{1}{2} \left(\frac{V_2}{t} \right) \left(\varepsilon_r \varepsilon_0 \frac{V_2}{t} \right) S = \frac{1}{2} \frac{\varepsilon_0}{\varepsilon_r} \left(\frac{V_s}{d} \right)^2 S$$

$$F = F_1 - F_2 = \frac{1}{2} \varepsilon_0 \left(1 - \frac{1}{\varepsilon_r} \right) \left(\frac{V_s}{d} \right)^2 S$$

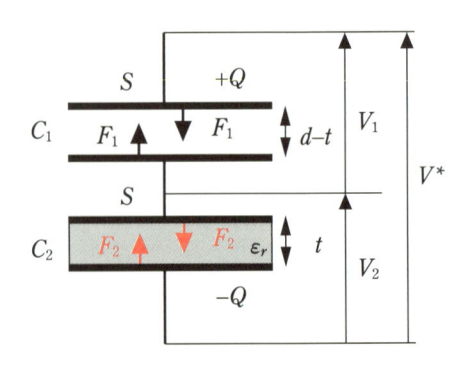

図 1.19.6

F_1 の方向は B 電極方向，F_2 の方向は A 電極方向，F の方向は A 電極方向（つまり比誘電率の

大きいものから小さいものへの方向）である．このことより，誘電体へ働く力は剥離する向きに働くことがわかる．

[5] 電源が接続されたままであることから，誘電体を挿入した後も電極間電圧V_sは変化しない．挿入前の静電容量をCとし，挿入後の静電容量をC^*とすると図1.19.7に示すようにC^*はC_1とC_2の並列接続となる．

$$C = \varepsilon_0 \frac{S}{d}$$

$$C_1 = \varepsilon_0 \frac{S}{2d}, \quad C_2 = \varepsilon_r \varepsilon_0 \frac{S}{2d}, \quad C^* = \frac{1}{2}(\varepsilon_r + 1)\varepsilon_0 \frac{S}{d}$$

① 挿入前に蓄えられていたエネルギーをW，挿入後をW^*とするとそれらは次式で求められる．

$$W = \frac{1}{2}CV_s^2 = \frac{1}{2}\frac{\varepsilon_0 S}{d}V_s^2$$

$$W^* = \frac{1}{2}C^* V_s^2 = \frac{1}{4}(\varepsilon_r + 1)\varepsilon_0 \frac{S}{d}V_s^2$$

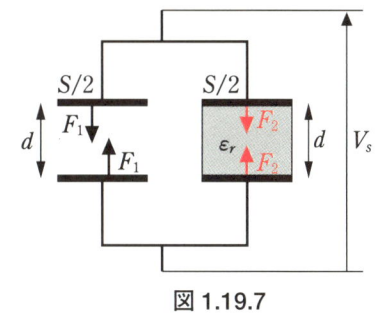

図1.19.7

② 挿入後にC_1とC_2に蓄えられるエネルギーをW^*_1，W^*_2とするとそれらは次式で求められる．

$$W^*_1 = \frac{1}{2}C_1 V_s^2 = \frac{1}{2}\frac{\varepsilon_0 S}{2d}V_s^2 = \frac{\varepsilon_0 S}{4d}V_s^2$$

$$W^*_2 = \frac{1}{2}C_2 V_s^2 = \frac{1}{2}\frac{\varepsilon_r \varepsilon_0 S}{2d}V_s^2 = \frac{\varepsilon_r \varepsilon_0 S}{4d}V_s^2$$

ここで，w_v，w^*_v，w^*_dとW，W^*_1，W^*_2との関係は次式で表される．

$$w_v = \frac{W}{Sd}, \quad w^*_v = \frac{2W^*_1}{Sd}, \quad w^*_d = \frac{2W^*_2}{Sd}$$

$$\therefore w_v = \frac{W}{Sd} = \frac{1}{2}\varepsilon_0 \left(\frac{V_s}{d}\right)^2$$

$$w^*_v = \frac{2W^*_1}{Sd} = \frac{1}{2}\varepsilon_0 \left(\frac{V_s}{d}\right)^2$$

$$w^*_d = \frac{2W^*_2}{Sd} = \frac{1}{2}\varepsilon_r \varepsilon_0 \left(\frac{V_s}{d}\right)^2 = \varepsilon_r w^*_v$$

③ 挿入前に電極に働く力の大きさをFとすると，式 (1.19.2) より次式で求められる．（働く力の大きさは式 (1.10.5) からも求まるが，計算が複雑になるため式 (1.19.2) を使用する）．

$$F = \frac{1}{2}EDS = \frac{1}{2}\left(\frac{V_s}{d}\right)\left(\varepsilon_0 \frac{V_s}{d}\right)S = \frac{1}{2}\varepsilon_0 \left(\frac{V_s}{d}\right)^2 S$$

④ 図1.19.7に示すように，挿入後にA電極に働く力をF_1，B電極に働く力をF_2とすると次式で求められる．

$$F_1 = \frac{1}{2}E_1 D_1 \frac{S}{2} = \frac{1}{4}\left(\frac{V_s}{d}\right)\left(\varepsilon_0 \frac{V_s}{d}\right)S = \frac{1}{4}\varepsilon_0 \left(\frac{V_s}{d}\right)^2 S$$

$$F_2 = \frac{1}{2}E_2 D_2 \frac{S}{2} = \frac{1}{4}\left(\frac{V_s}{d}\right)\left(\varepsilon_r \varepsilon_0 \frac{V_s}{d}\right)S = \frac{1}{4}\varepsilon_r \varepsilon_0 \left(\frac{V_s}{d}\right)^2 S$$

誘電体表面に働く力をFとすると，これは図1.19.7に示すように，誘電体から真空に（比誘電率の大きいほうから小さいほうへ）向かって作用する．大きさは次式で求められる．

$$F = \frac{1}{2}(\varepsilon_r \varepsilon_0 - \varepsilon_0)E^2 S^* = \frac{1}{2}\varepsilon_0(\varepsilon_r - 1)\left(\frac{V_s}{d}\right)^2 S^*$$

ここで，S^*は図1.19.3に示すように誘電体表面（境界面）の面積である．

[6] この場合，蓄えられた電荷 Q は変化せず，電極間電圧が変化する．挿入前の静電容量を C とし，挿入後の静電容量を $C*$ とすると図 1.19.7 に示すように $C*$ は C_1 と C_2 の並列接続となる．

$$C = \varepsilon_0 \frac{S}{d}, \quad Q = CV_s = \varepsilon_0 \frac{S}{d} V_s$$

$$C_1 = \varepsilon_0 \frac{S}{2d}, \quad C_2 = \varepsilon_r \varepsilon_0 \frac{S}{2d}, \quad C* = \frac{1}{2}(\varepsilon_r + 1)\varepsilon_0 \frac{S}{d}$$

ここで，挿入後の電圧 $V*$ は次式で求められる．

$$C * V* = Q$$

$$\therefore V* = \frac{2}{\varepsilon_r + 1} V_s$$

① 挿入前に蓄えられていたエネルギーを W，挿入後を $W*$ とするとそれらは次式で求められる．

$$W = \frac{1}{2} \frac{Q^2}{C_1} = \frac{1}{2} \frac{\varepsilon_0 S}{d} V_s^2$$

$$W* = \frac{Q^2}{2C*} = \frac{\left(\varepsilon_0 \frac{S}{d} V_s\right)^2}{(\varepsilon_r + 1)\varepsilon_0 \frac{S}{d}} = \frac{\varepsilon_0}{(\varepsilon_r + 1)} \frac{S}{d} V_s^2$$

② 挿入後に C_1 と C_2 に蓄えられるエネルギーを $W*_1$，$W*_2$ とするとそれらは次式で求められる．

$$W*_1 = \frac{1}{2} C_1 V*^2 = \frac{1}{2} \frac{\varepsilon_0 S}{2d} \left(\frac{2}{\varepsilon_r + 1} V_s\right)^2 = \frac{\varepsilon_0 S}{d(\varepsilon_r + 1)^2} V_s^2$$

$$W*_2 = \frac{1}{2} C_2 V*^2 = \frac{1}{2} \frac{\varepsilon_r \varepsilon_0 S}{2d} \left(\frac{2}{\varepsilon_r + 1} V_s\right)^2 = \frac{\varepsilon_r \varepsilon_0 S}{d(\varepsilon_r + 1)^2} V_s^2$$

ここで，w_v，$w*_v$，$w*_d$ と W，$W*_1$，$W*_2$ との関係は次式で表される．

$$w_v = \frac{W}{Sd}, \quad w*_v = \frac{2W*_1}{Sd}, \quad w*_d = \frac{2W*_2}{Sd}$$

$$\therefore w_v = \frac{W}{Sd} = \frac{1}{2} \varepsilon_0 \left(\frac{V_s}{d}\right)^2$$

$$w*_v = \frac{2W*_1}{Sd} = 2\varepsilon_0 \left(\frac{V_s}{d(\varepsilon_r + 1)}\right)^2$$

$$w*_d = \frac{2W*_2}{Sd} = \frac{1}{2} \varepsilon_r \varepsilon_0 \left(\frac{V_s}{d(\varepsilon_r + 1)}\right)^2 = \varepsilon_r w*_v$$

③ 図 1.19.7 に示すように，挿入後に A 電極に働く力を F_1，B 電極に働く力を F_2 とすると次式で求められる．

$$F_1 = \frac{1}{2} E_1 D_1 \frac{S}{2} = \frac{1}{4} \left(\frac{V*}{d}\right) \left(\varepsilon_0 \frac{V*}{d}\right) S = \frac{1}{4} \varepsilon_0 \left(\frac{2V_s}{d(\varepsilon_r + 1)}\right)^2 S = \varepsilon_0 \left(\frac{V_s}{d(\varepsilon_r + 1)}\right)^2 S$$

$$F_2 = \frac{1}{2} E_2 D_2 \frac{S}{2} = \frac{1}{4} \left(\frac{V*}{d}\right) \left(\varepsilon_r \varepsilon_0 \frac{V*}{d}\right) S = \varepsilon_r \varepsilon_0 \left(\frac{V_s}{d(\varepsilon_r + 1)}\right)^2 S$$

誘電体表面に働く力を F とすると，これは図 1.19.8 に示すように，誘電体から真空に（比誘電率の大きいほうから小さいほうへ）向かって作用する．大きさは次式で求められる．

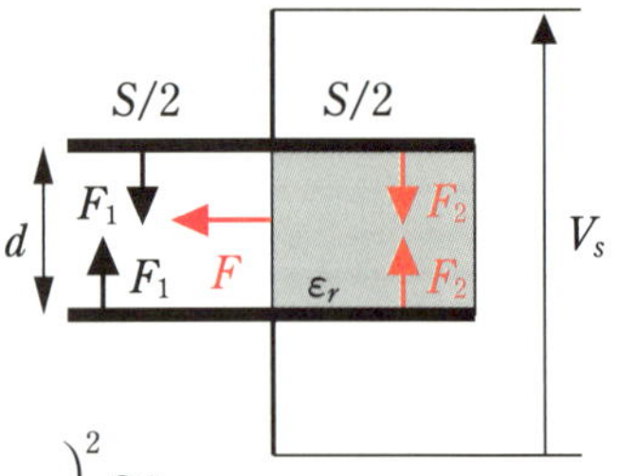

$$F = \frac{1}{2}(\varepsilon_r \varepsilon_0 - \varepsilon_0) E^2 S* = \frac{1}{2} \varepsilon_0 (\varepsilon_r - 1) \left(\frac{V*}{d}\right)^2 S* = 2\varepsilon_0 (\varepsilon_r - 1) \left(\frac{V_s}{d(\varepsilon_r + 1)}\right)^2 S*$$

図 1.19.8

ここで，$S*$ は図 1.19.3 に示すように誘電体表面（境界面）の面積である．

覚えよう！ 要点19における重要関係式

① 比誘電率 ε_r の誘電体中（内部電界 E）に蓄えられるエネルギー密度

$$w = \frac{1}{2}\varepsilon_0 E^2 \; [\text{J/m}^3] \tag{1.19.1}$$

② 電圧 V が印加された平行平板（電極間距離 d）の一部に比誘電率 ε_r の誘電体が挿入されたとき，電極および誘電体表面に働く力

空気と誘電体の境界面と電界の向きと垂直のとき

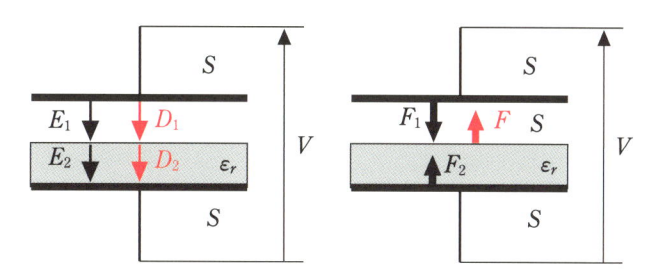

$$F_1 = \frac{1}{2}E_1 D_1 S = \frac{1}{2}E_1 D S$$

$$F_2 = \frac{1}{2}E_2 D_2 S = \frac{1}{2}E_2 D S$$

$$F = \frac{1}{2}(E_1 D_1 - E_2 D_2)S = \frac{1}{2}(E_1 - E_2)DS$$

（問3より）

向き：上図参照
S：電極および誘電体表面（境界面）の面積

空気と誘電体の境界面が電界の向きと平行のとき，誘電体表面に働く力

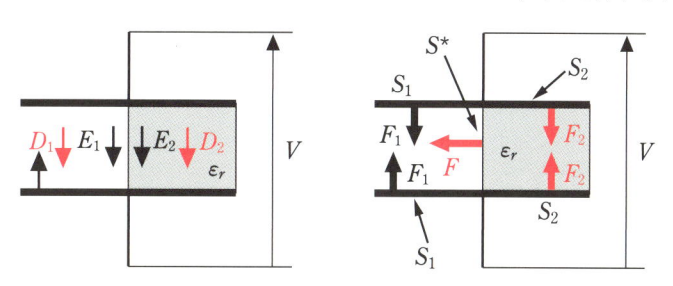

$$F_1 = \frac{1}{2}E_1 D_1 S_1 = \frac{1}{2}E D_1 S_1$$

$$F_2 = \frac{1}{2}E_2 D_2 S_2 = \frac{1}{2}E D_2 S_2$$

$$F = \frac{1}{2}(E_2 D_2 - E_1 D_1)S^* = \frac{1}{2}E(D_2 - D_1)S^*$$

（問5より）

向き：上図参照
S_1：空気部分の電極面積
S_2：誘電体部分の電極面積
S^*：誘電体表面（境界面）の面積

第2章
磁 気

要点1　磁界とアンペアの右ネジの法則

磁力線と磁界

① 磁石のN極からS極に向かって磁力線が出ている（図2.1.1 (a)）．
② 磁力線のある空間を磁界という．
③ 点磁極のN極同士またはS極同士は反発し，N極とS極は引きつけ合う．
④ 磁極同士に働く力は，磁極間の距離の二乗に反比例する．
⑤ 地表では南極から北極に向かって磁力線が走っている（図2.1.1 (b)）（これを地磁気という）．
⑥ このため地球は南極がN極，北極がS極になっている．
⑦ 地磁気により磁石の針は，Nが北，Sが南を指す．

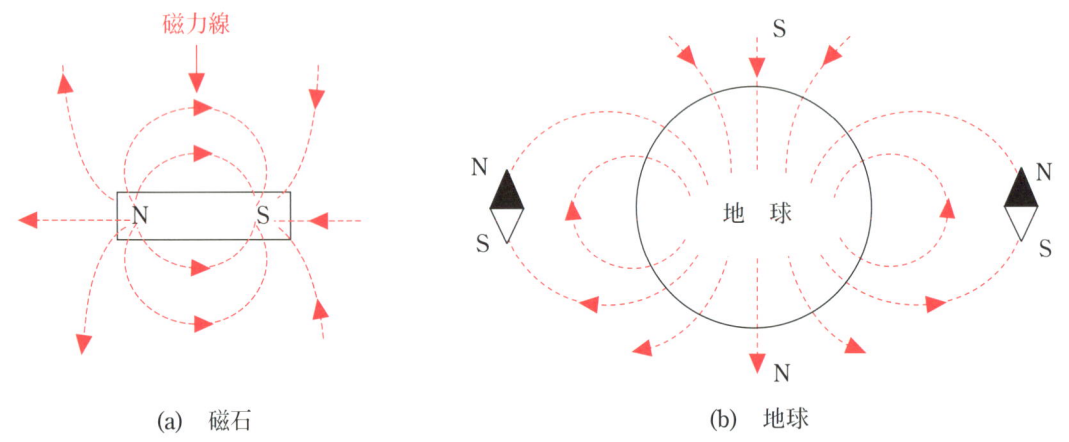

図2.1.1　磁石と地球の磁力線

アンペアの右ネジの法則と磁界

① 電流が流れていると，その回りを回転するように磁界が発生する．
② 右ネジを電流の方向にねじ込むとき，ネジの回転する方向が磁界の方向となる（図2.1.2）（アンペアの右ネジの法則という）．

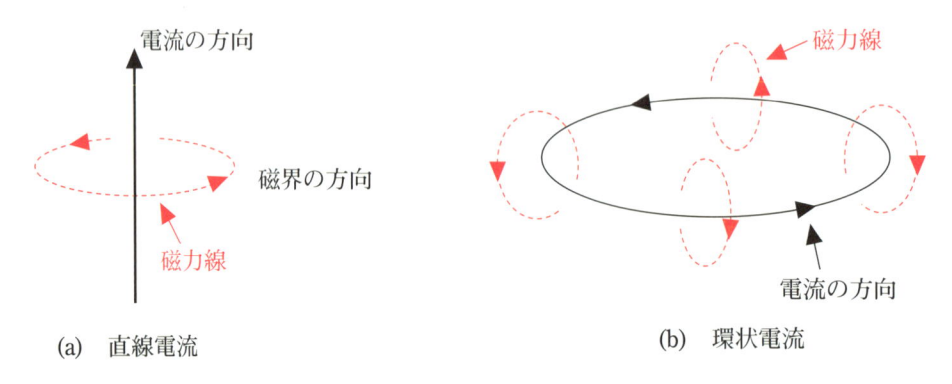

図2.1.2　電流と磁力線の向き

③ 平行な電流による磁力線は電流の方向により図2.1.3のようになる．

第 2 章 磁　気

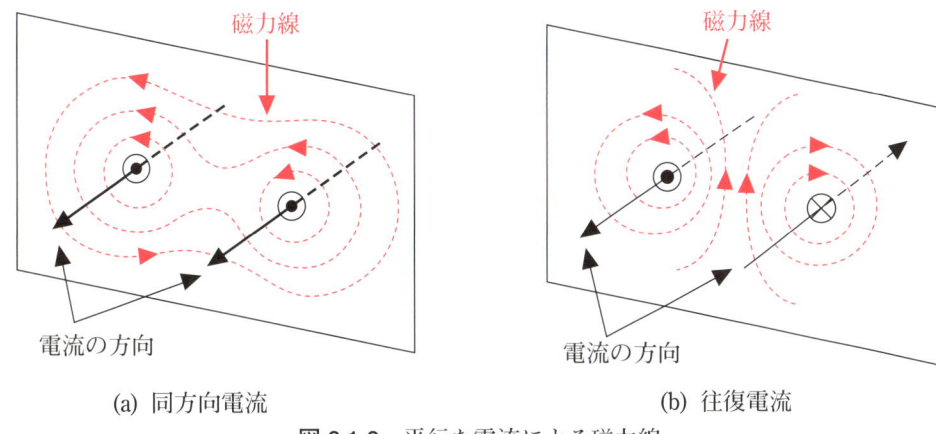

(a) 同方向電流　　　(b) 往復電流

図 2.1.3　平行な電流による磁力線

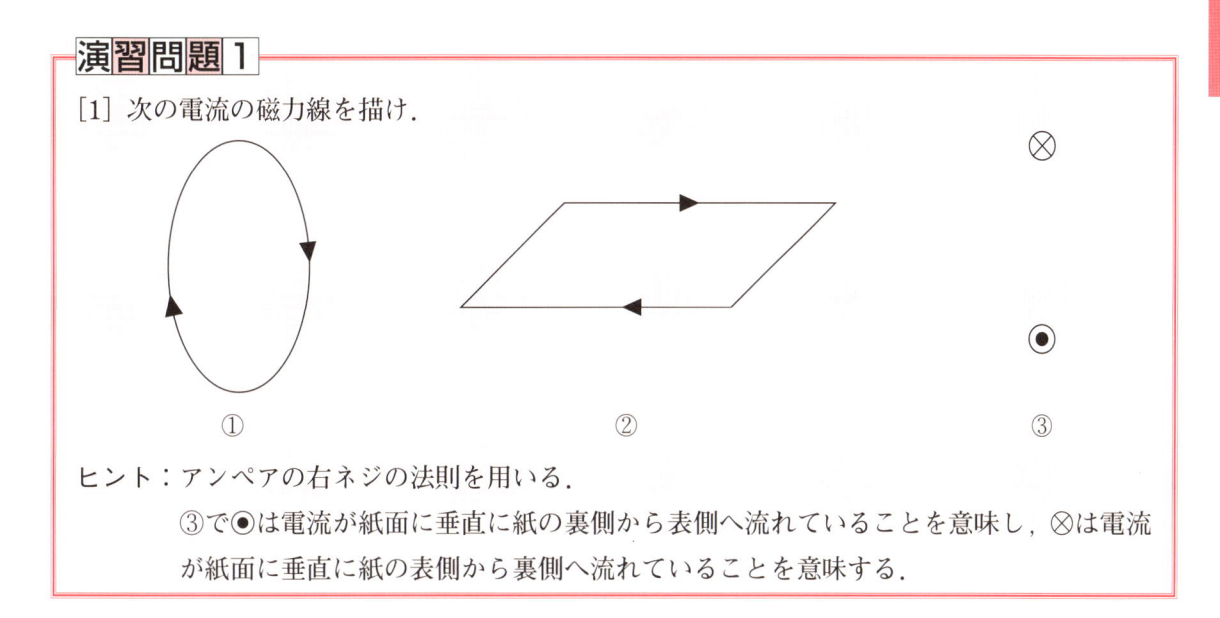

要点 1　磁界とアンペアの右ネジの法則

演習問題 1

[1] 次の電流の磁力線を描け．

① ② ③

ヒント：アンペアの右ネジの法則を用いる．
③で⊙は電流が紙面に垂直に紙の裏側から表側へ流れていることを意味し，⊗は電流が紙面に垂直に紙の表側から裏側へ流れていることを意味する．

解答 1

[1] 磁力線は図の赤線のようになる．

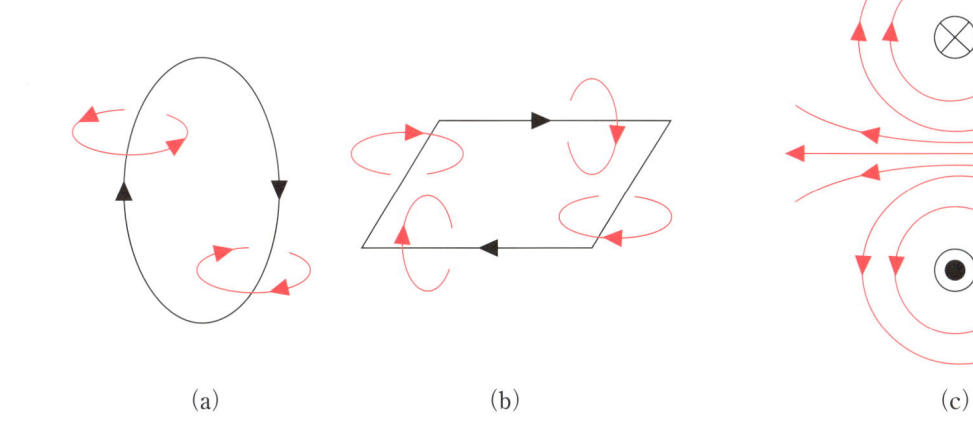

(a) (b) (c)

要点2　磁界と磁束密度

① 磁界：強さと方向がある　→　ベクトル H で表す（電界の E に相当）

② 磁界の強さ（スカラー）：H　単位は〔A/m（アンペア/m）〕または〔AT/m（アンペア×回数（ターン）/m）〕

③ 磁束密度（断面積 $1m^2$ を通る磁束の数：電界の電束密度に相当）

$B = \mu_0 H$ 〔Wb/m^2〕または〔T（テスラ）〕（電界の D に相当）　　　(2.2.1)

$\mu_0 = 4\pi \times 10^{-7}$〔H/m〕：真空中の透磁率（電界の ε_0 に相当）

④ 磁束密度ベクトル：$\boldsymbol{B} = \mu_0 \boldsymbol{H}$　　　(2.2.2)

⑤ 磁束（ある断面積を通る磁束数）：（図2.2.1）

ϕ（ファイと読む）$= BS_n = BS_0 \cos\theta$〔Wb（ウエーバ）〕
　　　　　　　　　　　　　　　　　　　　　　(2.2.3)

S_n：磁束密度に垂直な面積の大きさ〔m^2〕
θ：S_0 の法線方向（$\boldsymbol{n}$ 方向）と B のなす角度

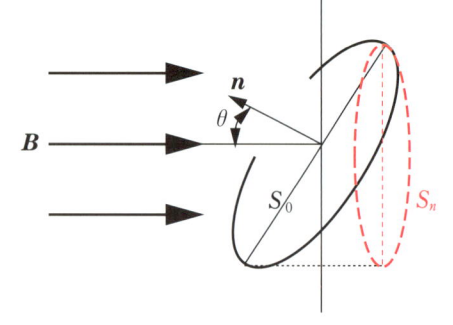

図 2.2.1　ある断面積を通る磁束数

演習問題2

[1] 4500〔A/m〕の磁界の真空中における磁束密度はいくらか．

[2] この磁界に垂直な直径30〔cm〕の円を通る磁束はいくらか．

[3] 円の軸がこの磁界の方向と30°をなすとき，円を通りぬける磁束はいくらか．

解答2

[1] 式(2.2.1)を用いて $B = \mu_0 H = 4\pi \times 10^{-7} \times 4500 = 5.65 \times 10^{-3}$〔T〕

[2] 円の半径は 15×10^{-2}〔m〕であるから円の面積 $S_0 = 0.15^2 \pi = 7.07 \times 10^{-2}$〔$m^2$〕

したがって，式(2.2.3)において $\theta = 0°$ とおいて $\phi = BS_0 = 5.65 \times 10^{-3} \times 7.07 \times 10^{-2} = 3.99 \times 10^{-4}$〔Wb〕

[3] 式(2.2.3)において $\theta = 30°$ とおいて $\phi = BS_0 \cos 30° = 3.99 \times 10^{-4} \times \dfrac{\sqrt{3}}{2} = 3.46 \times 10^{-4}$〔Wb〕

覚えよう！　要点1・2における重要関係式

① $B = \mu_0 H$〔T〕　　(2.2.1)　〔真空中での磁界と磁束密度の関係〕

② $\mu_0 = 4\pi \times 10^{-7}$〔H/m〕　〔真空中の透磁率〕

③ $\phi = BS_n$〔Wb〕　　(2.2.3)　〔ある断面積を通る磁束数〕

要点3　ビオ・サバール(Biot-Savart)の法則 (1)

微少長さの電流による磁界

① 直線電流 I が流れており，その微少長さを $d\ell$ とする．

② $d\ell$ を流れる電流による磁界の大きさ dH は次式で与えられる（これをビオ・サバールの法則といい，ビオ・サバールが実験的に確かめた）（図2.3.1）．

$$dH = \frac{I d\ell}{4\pi r^2}\sin\theta \quad [\text{A/m}] \tag{2.3.1}$$

r：dH と $d\ell$ との距離 [m]

θ：r と $d\ell$ のなす角

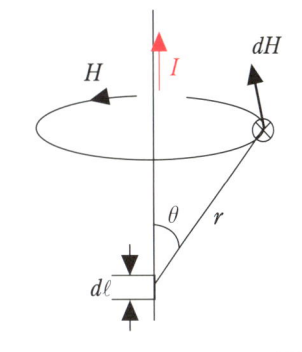

図2.3.1　ビオ・サバールの法則

演習問題3

[1] 長さ 1 [cm] の導体に電流 100 [A] が流れている．この電流から導体と垂直方向に 15 [cm] 離れた点の磁界の大きさはいくらか．

[2] この電流から導体と 30° をなす方向に 15 [cm] 移動した点の磁界の大きさと磁束密度はいくらか．

[3] [1] の点から導体の長さ方向に 10 [cm] 移動した点の磁界の大きさと磁束密度はいくらか．

解答3

[1] 長さ 1 [cm] に比べて距離 15 [cm] は十分に大きいと仮定できる．したがって，式 (2.3.1) で $\theta = 90°$ として dH を計算することができる．式 (2.3.1) を用いて，

$$dH = \frac{100 \times (1\times 10^{-2})}{4\pi \times (15\times 10^{-2})^2}\sin 90° = 3.54 \quad [\text{A/m}]$$

[2] 式 (2.3.1) で $\theta = 30°$ とすると $dH = \dfrac{100 \times (1\times 10^{-2})}{4\pi \times (15\times 10^{-2})^2}\sin 30° = 1.77$ [A/m]

$$dB = \mu_0 dH = 4\pi \times 10^{-7} \times 1.77 = 2.22 \times 10^{-6} \quad [\text{T}]$$

[3] 図 2.3.2 より $r = 18$ cm，$\sin\theta = 15/18 = 5/6$ となる．これらを式 (2.3.1) に代入すると，

$$dH_3 = \frac{100 \times (1\times 10^{-2})}{4\pi \times (18\times 10^{-2})^2} \times \frac{5}{6} = 2.05 \quad [\text{A/m}]$$

$$dB_3 = \mu_0 dH_3 = 4\pi \times 10^{-7} \times 2.05 = 2.57 \times 10^{-6} \quad [\text{T}]$$

磁界の方向は図のように紙面に垂直に紙の表側から裏側へ向かっている．

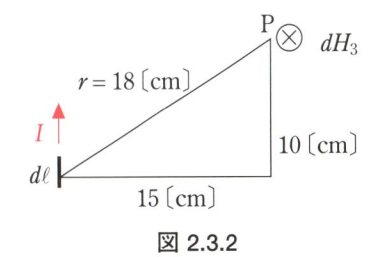

図2.3.2

要点4　ビオ・サバール(Biot-Savart)の法則(2)

無限長直線状電流による磁界

① 電流 I から a 離れた点を P，P から I に下した垂線の足を C，C から下方に距離 $-\ell$ にある微少長さを $d\ell$，$d\ell$ と P との距離を r，r と I のなす角を θ とする（図 2.4.1）．

② 点 P における磁界の大きさはビオ・サバールの法則から次式で表される．

$$dH = \frac{I d\ell}{4\pi r^2} \sin\theta$$

③ 図から，

$$-\ell \tan\theta = a$$

$$\therefore \ell = -\frac{a}{\tan\theta} = -\frac{\cos\theta}{\sin\theta} a$$

④ $$\frac{d\ell}{d\theta} = -\frac{-\sin^2\theta - \cos^2\theta}{\sin^2\theta} a = \frac{a}{\sin^2\theta}$$

$$\therefore d\ell = \frac{a}{\sin^2\theta} d\theta$$

⑤ $r\sin\theta = a$ より，$r = a/\sin\theta$

$$dH = \frac{I d\ell}{4\pi r^2}\sin\theta = \frac{I}{4\pi}\frac{a}{\sin^2\theta}d\theta \cdot \frac{\sin^2\theta}{a^2}\sin\theta = \frac{I}{4\pi a}\sin\theta d\theta \quad (2.4.1)$$

⑥ $\ell = -\infty$ で $\theta = 0$，$\ell = +\infty$ で $\theta = \pi$ となるから無限長電流による磁界は，

$$H = \int_{\ell=-\infty}^{\infty} \frac{I d\ell}{4\pi r^2}\sin\theta = \int_{\theta=0}^{\pi} \frac{I}{4\pi a}\sin\theta d\theta = \frac{I}{4\pi a}[-\cos\theta]_0^\pi$$

$$= \frac{I}{2\pi a} \quad \text{[A/m]} \quad (2.4.2)$$

⑦ 磁束密度は，

$$B = \mu_0 H = \frac{4\pi \times 10^{-7}}{2\pi}\frac{I}{a} = 2\times 10^{-7}\frac{I}{a} \quad \text{[T]} \quad (2.4.3)$$

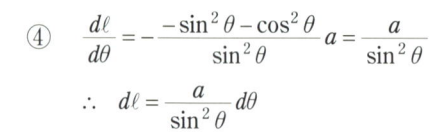

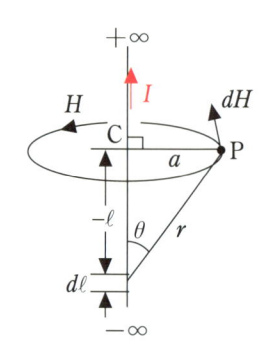

図 2.4.1　無限長直線電流による磁界

演習問題 4

[1] 500 [A] の電流が流れる無限長導線から 10 [cm] 離れた点の磁界の強さと磁束密度はいくらか．

[2] 電流値 200 [A]，電流間の距離 10 [cm] の無限長往復電流 A, B がある．
　① A, B のちょうど中間の位置の磁界の強さはいくらか．
　② A, B の延長上 B より 10 [cm] における位置の磁界の強さはいくらか．
　③ A, B と垂直な平面上で，AB を底辺とする正三角形の頂点における磁界の強さはいくらか．

[3] 図 2.4.2 のように一辺 a の正方形の電線に電流 I が流れている．
　① 正方形の中心 O に対して右図の角 θ_1，θ_2 を求めよ．

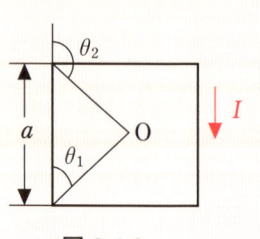

図 2.4.2

② 一辺 a の電流による O 点の磁界の大きさを求めよ．
③ 正方形電流による中心 O 点の磁界の大きさを求めよ．
④ 一辺 30〔cm〕の正方形の電線に電流 100〔A〕が流れているとき，正方形の中心における磁界の強さと磁束密度を求めよ．

解答 4

[1] 式 (2.4.2) において $a = 0.1$〔m〕，$I = 500$〔A〕を代入して，

$$H = \frac{500}{2\pi \times 0.1} = 796 \text{ 〔A/m〕}$$

この H を式 (2.4.3) に代入して，

$$B = \mu_0 H = 4\pi \times 10^{-7} \times 796 = 10^{-3} \text{ 〔T〕}$$

となる．

[2] ① 電流が図 2.4.3 の方向に流れているとき，中間の位置（各電線から 5〔cm〕の位置）における A および B の電流による磁界の方向は，アンペアの右ネジの法則よりどちらも紙面に垂直に紙の表側から裏側を向いている．したがって，磁界の強さ H は A, B のそれぞれの磁界の強さ H_A と H_B の和になり，その方向は手前から向こう向きである．

$$H = H_A + H_B = \frac{200}{2\pi \times 0.05} + \frac{200}{2\pi \times 0.05} = 1.274 \times 10^3 \text{ 〔A/m〕}$$

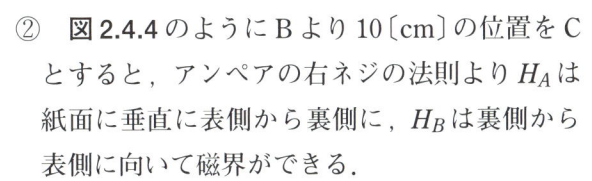

図 2.4.3

② 図 2.4.4 のように B より 10〔cm〕の位置を C とすると，アンペアの右ネジの法則より H_A は紙面に垂直に表側から裏側に，H_B は裏側から表側に向いて磁界ができる．

したがって，磁界の強さ H は H_B と H_A との差になり，

$$H = H_B - H_A = \frac{200}{2\pi \times 0.1} - \frac{200}{2\pi \times 0.2} = 159.3 \text{ 〔A/m〕}$$

で，方向は紙面に垂直に向こう側から手前方向に向く．

③ A, B の電流の流れを紙面に平行な方向で図 2.4.4 の矢印（⇨）の方向から見ると図 2.4.5 のようになる．正三角形の頂点においては，H_A および H_B は各電流線と頂点とを結んだ正三角形の 1 辺と直角方向に，アンペアの右ネジの法則にしたがい図の方向にできる．この磁界を AB 平面に平行な方向成分（破線矢印）と

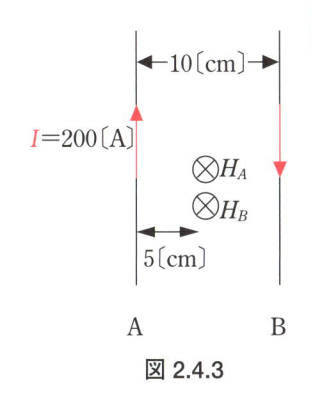

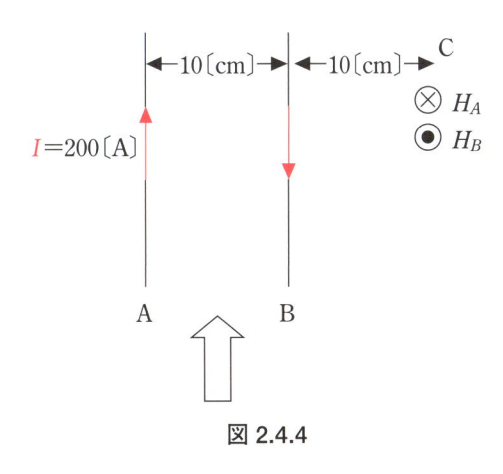

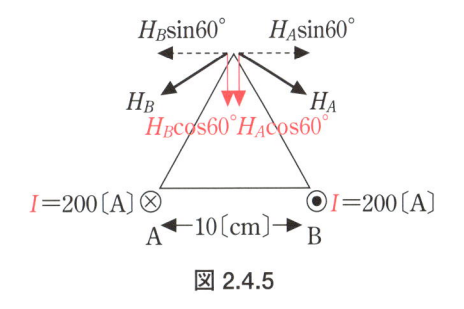

図 2.4.4

図 2.4.5

AB平面に垂直方向成分（赤色矢印）に分解すると，AB平面に平行な方向成分は互いに打ち消しあい，垂直方向成分同士が足し合わされる．したがって，磁界の強さHは，

$$H = H_A \cos 60° + H_B \cos 60° = 2H_A \cos 60° = 2 \times \frac{200}{2\pi \times 0.1} \times \frac{1}{2} = 318.5 \text{〔A/m〕}$$

[3] ① 図2.4.6より $\theta_1 = 45° = \dfrac{\pi}{4}$〔rad〕　　$\theta_2 = 135° = \dfrac{3\pi}{4}$〔rad〕

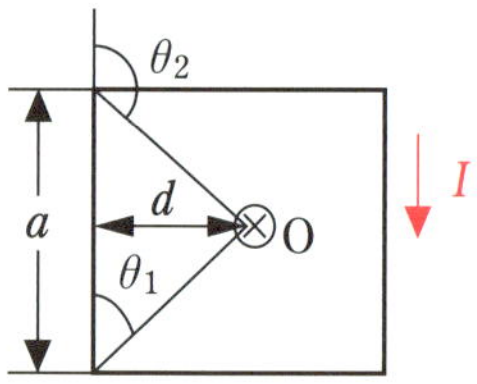

② 図において中心Oと一辺との距離dは$\dfrac{a}{2}$となる．したがって，式(2.4.1)においてaの代わりに$\dfrac{a}{2}$を代入すると，

$$dH_a = \frac{I}{4\pi \times \frac{a}{2}} \sin\theta d\theta = \frac{I}{2\pi a} \sin\theta d\theta$$

これをθを$\dfrac{\pi}{4}$〔rad〕から$\dfrac{3\pi}{4}$〔rad〕まで積分すると，

$$H_a = \int dH_a = \frac{I}{2\pi a} \int_{\frac{\pi}{4}}^{\frac{3\pi}{4}} \sin\theta d\theta = \frac{I}{2\pi a} [-\cos\theta]_{\frac{\pi}{4}}^{\frac{3\pi}{4}} = \frac{\sqrt{2}I}{2\pi a}$$

図2.4.6

④ 4辺に流れる電流はどの辺も同一方向に磁界をつくり，図2.4.6では紙面に垂直に紙の表側から裏側向きに磁界ができる．したがって，

$$H = 4H_a = \frac{2\sqrt{2}I}{\pi a}$$

⑤ ④で求めたHに，$a = 0.3$〔m〕, $I = 100$〔A〕を代入すると，

$$H = \frac{2\sqrt{2}}{\pi \times 0.3} \times 100 = 300 \text{〔A/m〕}$$
$$B = \mu_0 H = 4\pi \times 10^{-7} \times 300 = 3.77 \times 10^{-4} \text{〔T〕}$$

覚えよう！　要点3・4における重要関係式

① $dH = \dfrac{Id\ell}{4\pi r^2} \sin\theta$〔A/m〕　　(2.3.1)

　　$= \dfrac{I}{4\pi a} \sin\theta d\theta$〔A/m〕　　(2.4.1)　〔ビオ・サバールの法則〕

② $H = \dfrac{I}{2\pi a}$〔A/m〕　　(2.4.2)　〔無限長直線電流による磁界〕

③ $H = \dfrac{I(\cos\alpha + \cos\beta)}{4\pi a}$　　〔有限長の電流による磁界の強さ〕

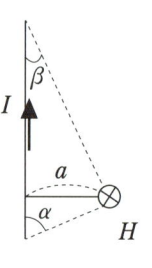

図2.4.7

要点5　ビオ・サバール(Biot-Savart)の法則(3)

円電流による磁界

① 円電流の半径を a，電流を I，円の中心 O より軸上 x の点 P の磁界の強さを H とする（図 2.5.1）．

② 円周上の微少長さ $d\ell$ と点 P を結ぶ直線は $d\ell$ の方向と直角である．ゆえに $d\ell$ の電流による P 点の磁界の大きさ dH は，P と $d\ell$ 間の距離を r とすればビオ・サバールの法則から，

$$dH = \frac{I d\ell}{4\pi r^2}\sin\theta = \frac{I d\ell}{4\pi r^2}\sin\frac{\pi}{2} = \frac{I d\ell}{4\pi r^2}$$

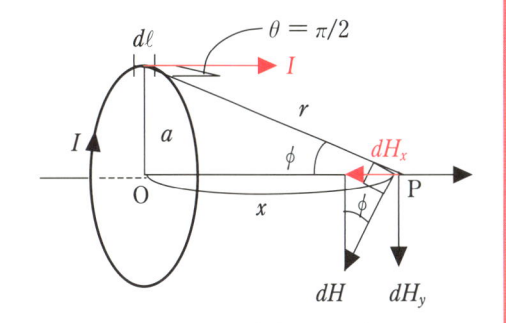

図 2.5.1　円電流による磁界

③ ϕ を r と円の中心軸のなす角すなわち dH と中心軸の垂線とのなす角とすれば，

$$dH_x = dH\sin\phi = dH\frac{a}{r} = \frac{aI}{4\pi r^3}d\ell$$

$$H_x = \int_{\ell=0}^{2\pi a}\frac{aI}{4\pi r^3}d\ell = \frac{aI}{4\pi r^3}2\pi a = \frac{a^2}{2r^3}I$$

④ $r = \sqrt{a^2 + x^2}$ より，

$$H_x = \frac{a^2}{2(a^2 + x^2)^{3/2}}I \tag{2.5.1}$$

⑤ 円の中心における磁界は $x = 0$ より，

$$H_0 = \frac{a^2}{2a^3}I = \frac{I}{2a} \tag{2.5.2}$$

⑥ 円電流による磁界の軸と垂直方向の成分は 0 になる．

演習問題5

[1] 半径 10〔cm〕，$I = 200$〔A〕の円電流 A がある．
① 円の中心の磁界の大きさと磁束密度はいくらか．
② 円の中心から軸上 10〔cm〕の点の磁界の大きさと磁束密度はいくらか．

[2] 円電流 A と同軸に，A から 15〔cm〕のところに半径 20〔cm〕の円電流 B があり，A と同方向に電流 100〔A〕が流れている．
① A の中心点の磁界の大きさと磁束密度はいくらか．
② B の中心点の磁界の大きさと磁束密度はいくらか．
③ A，B のちょうど中間点の軸上の磁界の大きさと磁束密度はいくらか．

[3] 半径 a の円電流の中心の磁界の強さは，同じ電流値の一辺の長さ a の正方形電流の中心の磁界の強さの何倍か．

解答5

[1] ① 式(2.5.2)において，$a = 0.1 \text{[m]}$, $I = 200 \text{[A]}$ を代入して，

$$H = \frac{I}{2a} = \frac{200}{2 \times 0.1} = 1000 \text{ [A/m]}$$

$$B = \mu_0 H = 4\pi \times 10^{-7} \times 1000 = 1.256 \times 10^{-3} \text{ [T]}$$

② 式(2.5.1)において，$a = 0.1 \text{[m]}$, $x = 0.1 \text{[m]}$, $I = 200 \text{[A]}$ を代入して，

$$H_x = \frac{0.1^2}{2(0.1^2 + 0.1^2)^{3/2}} \times 200 = 353.6 \text{ [A/m]}$$

$$B_x = \mu_0 H_x = 4\pi \times 10^{-7} \times 353.6 = 4.44 \times 10^{-4} \text{ [T]}$$

[2] ① 図2.5.2よりAの電流によるAの中心点の磁界 H_A は式(2.5.2)を用いて，

$$H_A = \frac{I_1}{2r_a} = \frac{200}{2 \times 0.1} = 1000 \text{ [A/m]}$$

Bの電流によるAの中心点の磁界 H_B は式(2.5.1)を用いて，

$$H_B = \frac{r_b^2}{2(r_b^2 + x^2)^{\frac{3}{2}}} I_2 = \frac{0.2^2 \times 100}{2 \times (0.2^2 + 0.15^2)^{\frac{3}{2}}} = 128 \text{ [A/m]}$$

電流が同一方向に流れており，Aの中心点の磁界 H_{A0} はアンペアの右ネジの法則により H_A と H_B の和となる．したがって，

$$H_{A0} = H_A + H_B = 1000 + 128 = 1128 \text{ [A/m]}$$

$$B_{A0} = \mu_0 H_{A0} = 4\pi \times 10^{-7} \times 1128 = 1.417 \times 10^{-3} \text{ [T]}$$

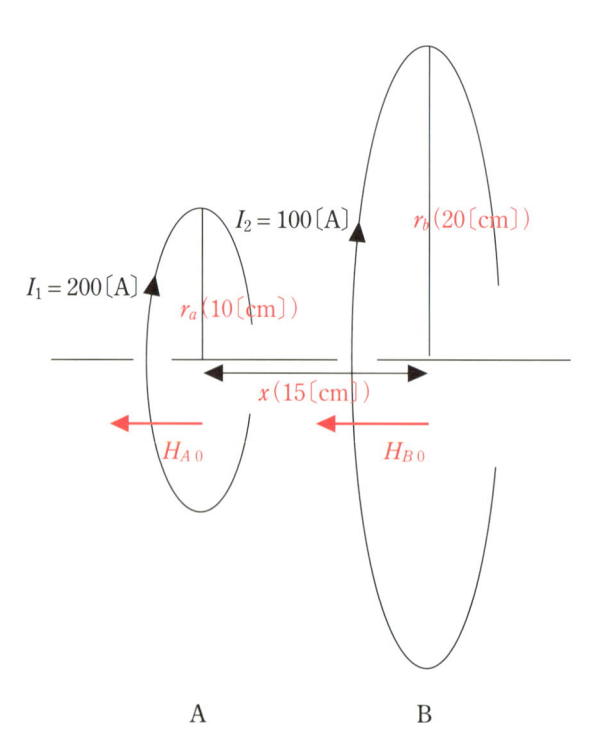

図 2.5.2

② 上記①と同様の計算方法を用いて，

$$H_B = \frac{I_2}{2r_b} = \frac{100}{2 \times 0.2} = 250 \ [\text{A/m}]$$

$$H_A = \frac{r_a^2}{2(r_a^2 + x^2)^{\frac{3}{2}}} I_1 = \frac{0.1^2 \times 200}{2 \times (0.1^2 + 0.15^2)^{\frac{3}{2}}} = 171 \ [\text{A/m}]$$

$$H_{B0} = H_B + H_A = 250 + 171 = 421 \ [\text{A/m}]$$

$$B_{B0} = \mu_0 H_{B0} = 4\pi \times 10^{-7} \times 421 = 5.29 \times 10^{-4} \ [\text{T}]$$

③ 中間点CはAおよびBの中心点より$7.5 \ [\text{cm}] = 0.075 \ [\text{m}]$の距離にある．したがって，$H_A$，$H_B$は式(2.5.1)において$x = 0.075 \ [\text{m}]$を代入して求められる．すなわち，

$$H_A = \frac{r_a^2}{2(r_a^2 + x^2)^{\frac{3}{2}}} I_1 = \frac{0.1^2 \times 200}{2 \times (0.1^2 + 0.075^2)^{\frac{3}{2}}} = 512 \ [\text{A/m}]$$

$$H_B = \frac{r_b^2}{2(r_b^2 + x^2)^{\frac{3}{2}}} I_2 = \frac{0.2^2 \times 100}{2 \times (0.2^2 + 0.075^2)^{\frac{3}{2}}} = 205 \ [\text{A/m}]$$

この場合もCにおける磁界H_Cは電流が同一方向なのでH_AとH_Bの和となる．すなわち，

$$H_C = H_A + H_B = 512 + 205 = 717 \ [\text{A/m}]$$

$$B_C = \mu_0 H_C = 4\pi \times 10^{-7} \times 717 = 9.0 \times 10^{-4} \ [\text{T}]$$

[3] 流れる電流値をIとすると半径aの円電流の中心の磁界の強さH_1は式(2.5.2)より$I/2a$となり，一辺aの正方形電流の中心の磁界は解答4の[3]の④より$2\sqrt{2}I/\pi a$となる．

したがって，H_1とH_2との比は，

$$\frac{H_1}{H_2} = \frac{\frac{I}{2a}}{\frac{2\sqrt{2}I}{\pi a}} = \frac{\pi}{4\sqrt{2}} = 0.555 \ [倍]$$

となる．

覚えよう！　要点5における重要関係式

① $Hx = \dfrac{a^2}{2(a^2 + x^2)^{\frac{3}{2}}} I \ [\text{A/m}]$　(2.5.1)　〔円電流による中心軸上の磁界〕

② $H_0 = \dfrac{I}{2a} \ [\text{A/m}]$　(2.5.2)　〔円電流の円の中心における磁界〕

要点6　ビオ・サバール(Biot-Savart)の法則(4)

無限長ソレノイドの中心軸上の磁界

① 細い電線をびっしりと筒状に巻いたコイルをソレノイドという．
② 円筒状ソレノイドの半径を a〔m〕，巻数を n〔ターン/m〕，電流を I〔A〕，中心軸上の一点をPとする（図2.6.1）．

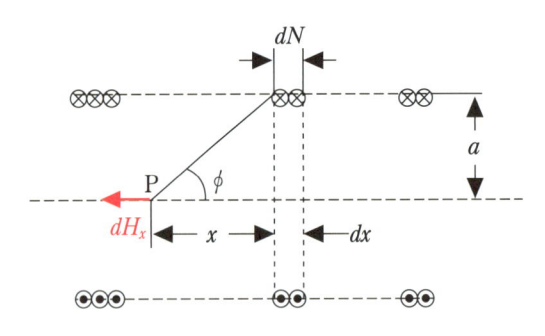

図2.6.1　ソレノイドによる磁界の計算

③ 点Pより x における微少長さ dx の巻数 dN は，
$$dN = ndx$$

④ dN ターン中を流れる電流 dI は，
$$dI = IdN = Indx$$

⑤ dI によるP点の磁界は式(2.5.1)から，
$$dH_x = \frac{a^2}{2(a^2+x^2)^{3/2}} dI = \frac{a^2 nI}{2(a^2+x^2)^{3/2}} dx$$

⑥ 図の角 ϕ を考えると $x\tan\phi = a$ より，
$$x = \frac{a}{\tan\phi} = \frac{\cos\phi}{\sin\phi}a$$

$$\therefore \frac{dx}{d\phi} = \frac{-\sin^2\phi - \cos^2\phi}{\sin^2\phi}a = -\frac{a}{\sin^2\phi}, \quad dx = -\frac{a}{\sin^2\phi}d\phi$$

⑦ $(a^2+x^2)^{3/2} = a^3\left(1+\frac{1}{\tan^2\phi}\right)^{3/2} = a^3\left(\frac{\sin^2\phi + \cos^2\phi}{\sin^2\phi}\right)^{3/2}$

$$= \frac{a^3}{\sin^3\phi}$$

⑧ $\therefore dH_x = \frac{a^2 nI}{2(a^2+x^2)^{3/2}}dx = \frac{\sin^3\phi}{2a^3}\cdot a^2 nI \cdot \left(-\frac{a}{\sin^2\phi}d\phi\right)$

$$= \frac{-nI\sin\phi d\phi}{2}$$

⑨ P点における磁界の大きさは，無限長ソレノイドにおいては $x = -\infty$ から $x = \infty$ まで dH_x を積分する．

⑩ $x = -\infty$ のとき $\phi = \pi$，$x = \infty$ のとき $\phi = 0$ となるから，中心軸上の磁界 H は，

$$H = \int_{x=-\infty}^{\infty} dH_x = \int_{-\infty}^{\infty} \frac{a^2 nI}{2(a^2+x^2)^{3/2}} dx = -\frac{nI}{2}\int_{\phi=\pi}^{0} \sin\phi d\phi$$

$$= \frac{nI}{2}[\cos\phi]_{\pi}^{0} = nI \;\;[\text{A/m}] \tag{2.6.1}$$

⑪ 磁束密度は，

$$B = \mu_0 H = \mu_0 nI \quad [\text{T}] \tag{2.6.2}$$

⑫ 点Pがソレノイドの端にあるときの端における磁界 H_e は図2.6.2より，

$$H_e = -\frac{nI}{2}\int_{\frac{\pi}{2}}^{0}\sin\phi d\phi = \frac{nI}{2}[\cos\phi]_{\frac{\pi}{2}}^{0}$$

$$= \frac{nI}{2} = \frac{H}{2} \;\;[\text{A/m}] \tag{2.6.3}$$

⑬ 磁束密度は，

$$B_e = \frac{\mu_0 nI}{2} = \frac{B}{2} \;\;[\text{T}] \tag{2.6.4}$$

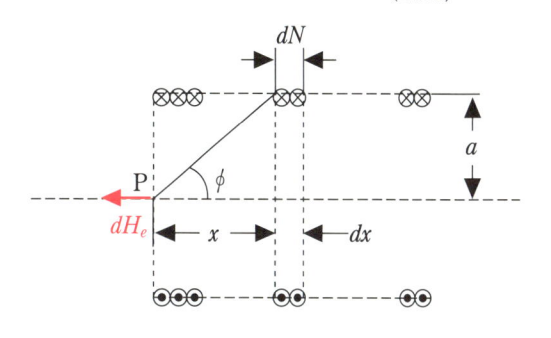

図2.6.2 ソレノイド端の磁界

演習問題6

[1] 半径0.5〔cm〕，巻数2000〔ターン/m〕で電流1〔A〕が流れる無限長ソレノイドがある．ソレノイド中およびソレノイド端における磁界の大きさと磁束密度を求めよ．

解答6

[1] ソレノイド中の磁界

ソレノイドの中の磁界 H および磁束密度 B は式(2.6.1)，(2.6.2)より，

$H = nI = 2000 \times 1 = 2000 \;[\text{A/m}]$

$B = \mu_0 H = 4\pi \times 10^{-7} \times 2000 = 2.51 \times 10^{-3} \;[\text{T}]$

ソレノイド端における磁界 H_e および磁束密度 B_e は式(2.6.3)，(2.6.4)より，

$H_e = \dfrac{H}{2} = \dfrac{2000}{2} = 1000 \;[\text{A/m}]$

$B_e = \dfrac{B}{2} = \dfrac{2.51 \times 10^{-3}}{2} = 1.26 \times 10^{-3} \;[\text{T}]$

覚えよう！ 要点6における重要関係式

① $H = nI$ 〔A/m〕 (2.6.1) 〔無限長ソレノイドの中心軸上の磁界〕

② $H_e = \dfrac{nI}{2}$ 〔A/m〕 (2.6.3) 〔ソレノイドの中心軸上端部の磁界〕

要点7　アンペアの周回積分の法則（1）

磁力線と周回積分の法則

(1) 磁力線の性質

① 電気力線は源泉（正電荷）から出発し，終端（負電荷）で終わり，閉曲線をつくらないので渦なしの場（電界）という．

② 磁力線は閉曲線をつくり，源泉も終端もないので泉なしの場（磁界）という．

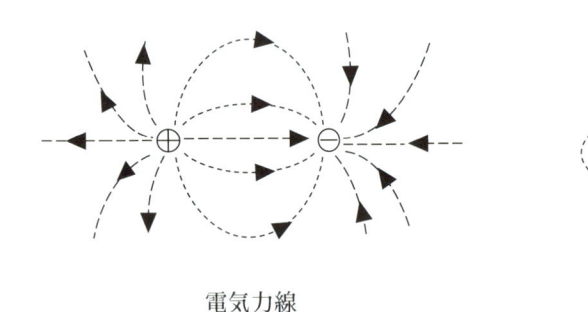

図2.7.1　電気力線と磁力線

(2) 周回積分の法則

① 無限長直線電流の磁界 H は次式で示される．

$$H = \frac{I}{2\pi r} \ \text{[A/m]} \quad (2.7.1)$$

$$\therefore \ 2\pi r \cdot H = I \ \text{[A]} \quad (2.7.2)$$

$2\pi r$：磁界の方向に磁力線を一周する長さ　　[m]

H：磁界の大きさ　　[A/m]

I：磁力線の内側の電流の全体の大きさ　　[A]

図2.7.2　無限長直線電流の磁界

② 一般に

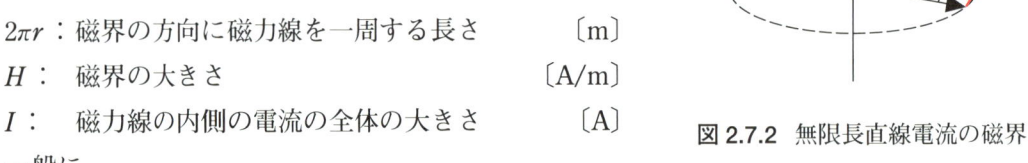

$$\oint H \cdot d\ell = \oint \boldsymbol{H} \cdot d\boldsymbol{\ell} = I \ \text{[A]} \quad \text{（アンペア周回積分の法則）} \quad (2.7.3)$$

H：磁力線の微小部分 $d\ell$ 方向の磁界の大きさ　[A/m]

$\oint$：磁力線に沿って $\boldsymbol{H} \cdot d\boldsymbol{\ell}$ を一周積分することを示す

$\boldsymbol{H} \cdot d\boldsymbol{\ell}$：ベクトル $\boldsymbol{H}$ とベクトル $d\boldsymbol{\ell}$ の内積

演習問題7

[1] 磁束密度が100〔ガウス〕(10^{-2}〔T〕) になるのは，100〔A〕の直線電流からどれだけ離れた点か．

[2] 磁束密度0.2〔T〕，半径10〔cm〕の円形の磁力線の内側を流れている電流は何〔A〕か．

[3] 100〔A〕と200〔A〕の平行直線電流が20〔cm〕離れて流れているとき，その中間の磁界の強さはいくらか．

[4] 無限長直線電流 I と同じ平面内にあり，I から d 離れた一辺 a の正方形がある．
① I から x 離れた点の磁束密度を求めよ．
② I から x 離れた位置の正方形の微小幅 dx を通る磁束 $d\phi$ を求めよ．
③ 正方形全体にわたり，$d\phi$ を積分する式を書け．
④ 積分を実行して正方形を通る磁束の大きさ ϕ を求めよ．

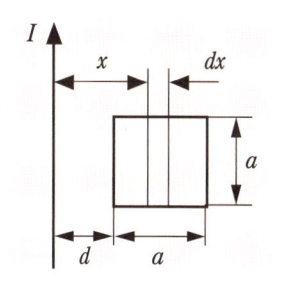

図 2.7.3　直線電流と正方形導体

解答 7

[1] 式 (2.7.1) を用いると，

$$r = \frac{I}{2\pi H} = \frac{I}{2\pi \times \frac{B}{\mu_0}} = \frac{\mu_0 I}{2\pi B} = \frac{4\pi \times 10^{-7} \times 100}{2\pi \times 10^{-2}} = 2 \times 10^{-3} \ [\text{m}]$$

[2] 式 (2.7.2) より，

$$I = 2\pi r H = 2\pi r \times \frac{B}{\mu_0} = \frac{2\pi \times 0.1 \times 0.2}{4\pi \times 10^{-7}} = 10^5 \ [\text{A}]$$

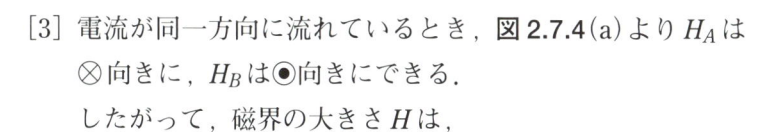

[3] 電流が同一方向に流れているとき，図 2.7.4(a) より H_A は ⊗ 向きに，H_B は ⊙ 向きにできる．

したがって，磁界の大きさ H は，

$$H = H_B - H_A = \frac{200}{2\pi \times 0.1} - \frac{100}{2\pi \times 0.1} = 159 \ [\text{A/m}]$$

となり，その向きは ⊙（手前向き）である．
電流がお互いに反対方向に流れているとき，図 2.7.4(b) より H_A, H_B ともに向きは ⊗ 方向であり磁界の大きさ H は，

$$H = H_B + H_A = \frac{200}{2\pi \times 0.1} + \frac{100}{2\pi \times 0.1} = 478 \ [\text{A/m}]$$

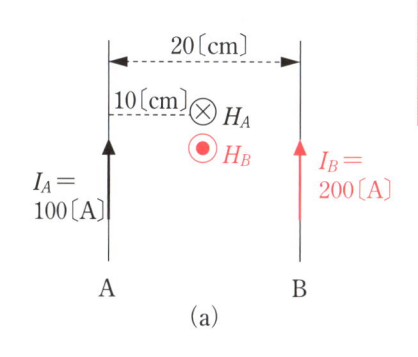

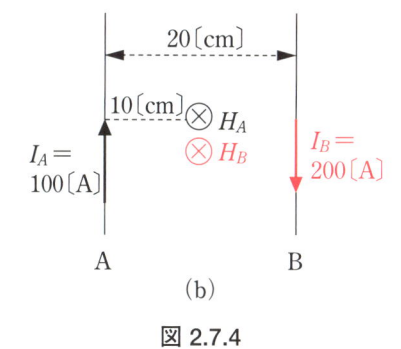

となり，その向きは ⊗（向こう向き）方向である．

図 2.7.4

[4] ① 式 (2.7.1) を用いると x 離れた点の磁界の大きさ H_x および磁束密度 B_x は，

$$H_x = \frac{I}{2\pi x} \qquad B_x = \mu_0 H_x = \frac{\mu_0 I}{2\pi x}$$

② 磁束 $d\phi$ は磁束密度 B_x と微小面積 adx との積である．したがって，

$$d\phi = B_x a\, dx = \frac{\mu_0 I}{2\pi x} \times a\, dx = \frac{\mu_0 aI}{2\pi} \frac{dx}{x}$$

③ 積分範囲は x が d から $d+a$ の範囲である．したがって，

$$\phi = \int_{x=d}^{d+a} d\phi = \frac{\mu_0 aI}{2\pi} \int_{x=d}^{d+a} \frac{dx}{x}$$

④ $\phi = \frac{\mu_0 aI}{2\pi} \int_{x=d}^{d+a} \frac{dx}{x} = \frac{\mu_0 aI}{2\pi} \left[\ln x\right]_d^{d+a} = \frac{\mu_0 aI}{2\pi} \ln \frac{d+a}{d}$

要点8　アンペアの周回積分の法則 (2)

磁束と電流の鎖交

① $\oint H \cdot d\ell = I \neq 0$ ：磁力線の中に電流 I がある → H と I は鎖交する（図2.8.1 (a)）．

② $\oint H \cdot d\ell = 0$ ：磁力線の中に電流 I がない → H と I は鎖交しない（図2.8.1 (b)）．

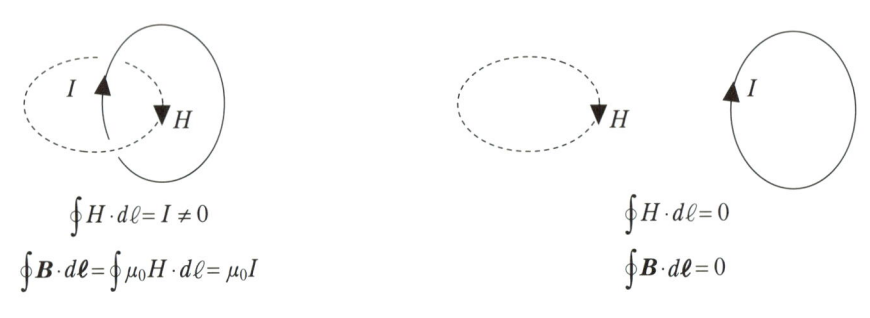

$\oint H \cdot d\ell = I \neq 0$

$\oint \boldsymbol{B} \cdot d\boldsymbol{\ell} = \oint \mu_0 H \cdot d\ell = \mu_0 I$

(a) 鎖交

$\oint H \cdot d\ell = 0$

$\oint \boldsymbol{B} \cdot d\boldsymbol{\ell} = 0$

(b) 鎖交せず

図 2.8.1　磁束と電流の鎖交

③　電界と磁界の比較

電界

$\oint_s \boldsymbol{E} \cdot d\boldsymbol{S} = \oint_s E_n dS = \dfrac{Q}{\varepsilon_0}$

［ガウスの定理］

磁界

$\oint_C \boldsymbol{H} \cdot d\boldsymbol{\ell} = \oint_C H_\ell d\ell = I$

［アンペアの周回積分の法則］

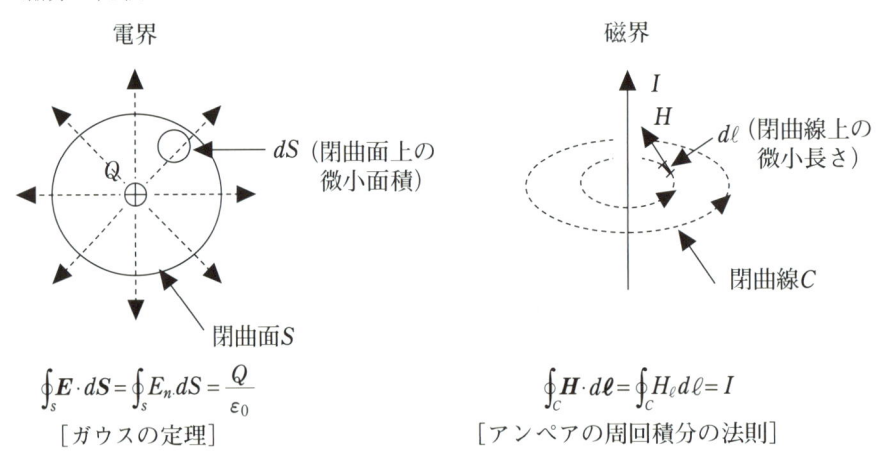

図 2.8.2　電界と磁界の比較

演習問題 8

[1] 平均半径 a，断面積 S，巻数 N で電流 I が流れている環状ソレノイドがある．

① $a_1 - a_2 \ll a$ のときソレノイド内の磁界 H は一定である．このとき中心線 C に対して H に周回積分の法則を適用せよ．

② 周回積分の法則から H と磁束密度 B を求めよ．

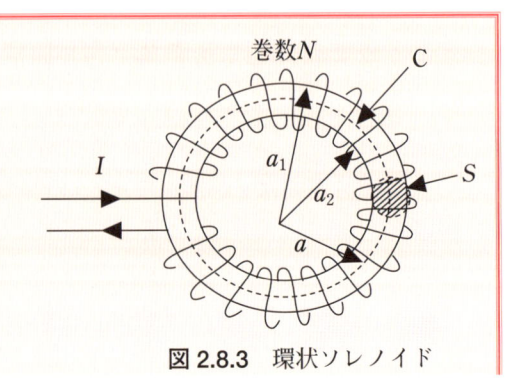

図 2.8.3　環状ソレノイド

③ ソレノイド内の磁束ϕと鎖交磁束数ψを求めよ．

[2] ソレノイドの内半径r，厚さa，高さb，巻数Nの矩形断面ソレノイドがあり，電流Iが流れている．

① アンペア周回積分の法則により，ソレノイドの中心軸からxにおける磁界と磁束密度の大きさを求めよ．

② xにおけるソレノイドの微小幅dxを通る磁束$d\phi$を求めよ．

③ $d\phi$を積分してソレノイドの断面全体を通る磁束ϕを求めよ．

④ ソレノイドの鎖交磁束数ψを計算せよ．

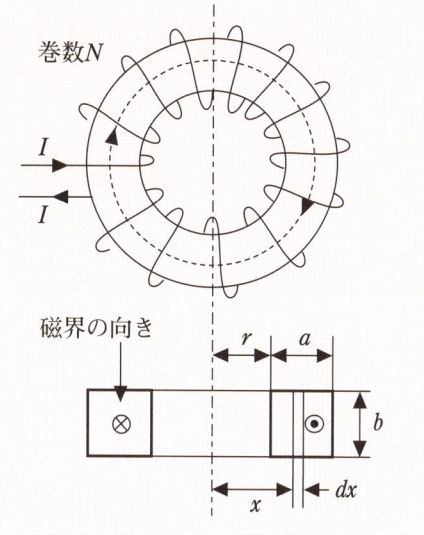

図 2.8.4 矩形断面の環状ソレノイド

解答8

[1] ① 式(2.7.3)を用いる．この問題では磁界は電流とN回鎖交しているので，

$\int H d\ell = NI$ （Hの方向は積分路に平行なので内積$\mathbf{H} \cdot d\boldsymbol{\ell} = H d\ell$となる）

$\therefore 2\pi a H = NI$

② 上の式より $H = \dfrac{NI}{2\pi a}$ $B = \mu_0 H = \dfrac{\mu_0 NI}{2\pi a}$

③ $\phi = BS = \dfrac{\mu_0 NIS}{2\pi a}$ 鎖交磁束数 $\psi = N\phi = \dfrac{\mu_0 N^2 IS}{2\pi a}$

[2] ① 式(2.7.3)を用いる．[1]の問題と同じく磁界Hは電流IとN回鎖交しているので，

$2\pi x H = NI$ $\therefore H = \dfrac{NI}{2\pi x}$ $B = \mu_0 H = \dfrac{\mu_0 NI}{2\pi x}$

② $d\phi = BdS = Bbdx = \dfrac{\mu_0 NIb}{2\pi x} dx$

③ $\phi = \int d\phi = \dfrac{\mu_0 NIb}{2\pi} \int_r^{r+a} \dfrac{dx}{x} = \dfrac{\mu_0 NIb}{2\pi} [\ln x]_r^{r+a} = \dfrac{\mu_0 NIb}{2\pi} \ln \dfrac{r+a}{r}$

④ $\psi = N\phi = \dfrac{\mu_0 N^2 Ib}{2\pi} \ln \dfrac{r+a}{r}$

覚えよう！ 要点7・8における重要関係式

① $\oint H \cdot d\ell = \oint \mathbf{H} \cdot d\boldsymbol{\ell} = I$ [A]   (2.7.3)   〔アンペアの周回積分の法則〕

② $\psi = N\phi$ [Wb]   〔磁束と鎖交磁束数の関係〕

要点9　電磁力（1）

磁界中の電流の受ける力

① 電流 I [A] の流れる導線の長さを ℓ [m]，磁束密度を B [T]，ℓ と B のなす角を θ とする．導線に働く力は，
$$F = IB\ell \sin\theta \ [\text{N}] \quad (2.9.1)$$

② F の方向：I から B の方向に右ネジを回すとき，ネジの進む方向（右ネジの法則）．

③ $\theta = 90°$ のとき，
$$F = IB\ell \ [\text{N}] \quad (2.9.2)$$

④ I，B，F の方向：フレミングの左手の法則という．

⑤ 単位長さ（1 [m]）に働く力のベクトル表示
$$\boldsymbol{F} = \boldsymbol{I} \times \boldsymbol{B} \quad (2.9.3)$$

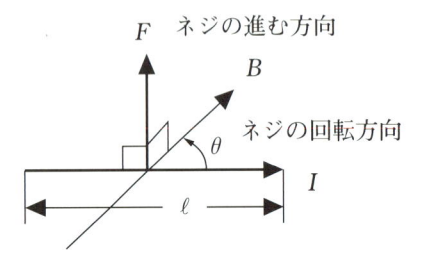

図 2.9.1　右ネジの法則

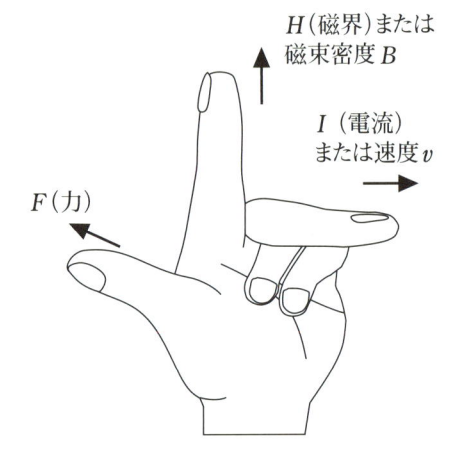

図 2.9.2　フレミングの左手の法則

演習問題 9

[1] 0.05 [T] の磁束と直角方向にある長さ 2 [m] の導体に電流 300 [A] が流れているとき働く力はいくらか．

[2] 2500 [A/m] の磁界と $\theta = 60°$ の方向にある長さ 80 [cm] の導体に電流 100 [A] が流れているとき働く力はいくらか．またその力の方向を右図に示せ．

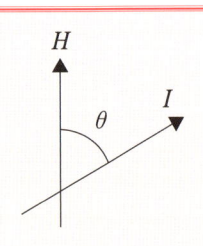

解答 9

[1] 式 (2.9.1) で $\theta = 90°$ とおくことにより求められる．
$$F = 300 \times 0.05 \times 2 \times \sin 90° = 30 \ [\text{N}]$$

[2] 式 (2.9.1) で $\theta = 60°$ とおくことにより求められる．
$$F = IB\ell \sin 60° = I\mu_0 H\ell \sin 60° = 100 \times 4\pi \times 10^{-7} \times 2500 \times 0.8 \times \frac{\sqrt{3}}{2} = 0.218 \ [\text{N}]$$

また，力の方向はフレミングの左手の法則より，紙面に垂直に手前向き（⊙の方向）となる．

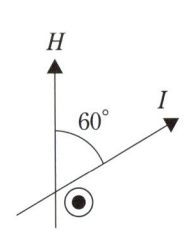

要点10 電磁力(2)

速さ v [m/s] で動いている電荷 q [C] に働く力

① 力の大きさ
$$F = qvB\sin\theta \text{ [N]} \quad (2.10.1)$$
θ：運動方向と B のなす角

② ベクトル表示
$$\boldsymbol{F} = q\boldsymbol{v} \times \boldsymbol{B} \quad (2.10.2)$$

③ 速度 $\boldsymbol{v}$ (電流 $\boldsymbol{I}$), 磁束密度 $\boldsymbol{B}$, 力の方向 $\boldsymbol{F}$ を x, y, z 軸方向に取り, 図2.10.1のようにそれぞれ左手の親指, 人差し指, 中指の方向と一致させた場合を左手系という.

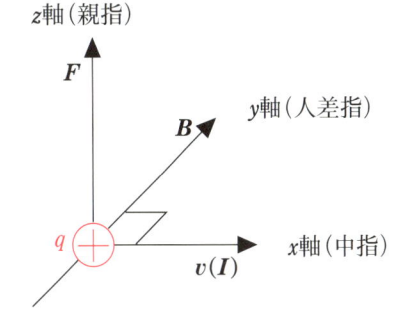

図2.10.1　左手系

演習問題10

[1] 磁束密度 B の平等磁界中で, 電子が速度 v で磁界と垂直方向に移動している (図2.10.2).
　① 電子の電荷量を e として働く力 F を求めよ.
　② B と v の方向が図のとき, 力 F の方向を示せ.
　③ v, F の方向から電子の軌道を描け.
　④ 電子の質量を m, 軌道円の半径を r として, 電子に働く遠心力の大きさ F' を求めよ.
　⑤ F と F' のつりあいから軌道円の半径を求めよ.
　⑥ 電子は軌道円を1秒間に何回転するか.
　⑦ $e = -1.6 \times 10^{-19}$ [C], $m = 9.1 \times 10^{-31}$ [kg] とし, 0.1 [T] の磁界中を 1000 [km/s] で電子が動く場合の軌道円の半径と回転数を求めよ.

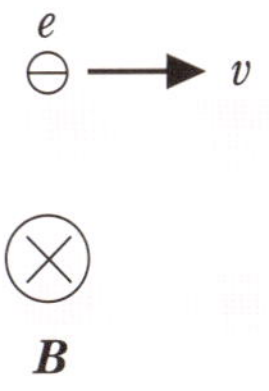

[2] 磁束密度 B の平等磁界中で, 電子が速度 v で磁界と角 θ 方向に移動するときの, 電子の運動について上記 [1] と同様に考察せよ.

図2.10.2

解答10

[1] ① 式(2.10.1)で $\theta = 90°$ とおくことにより, $F = evB$

② 電子は負の電荷をもっているので電子が図2.10.2のように右方向に運動するとき, 電流は左向けに流れることになる. したがって, 図2.10.1において電流の向き ($v(I)$の方向) を x 軸のマイナス方向にとると, F の方向は z 軸のマイナス方向, すなわち下向きになる. すなわち図2.10.3の方向に力 F は働く.

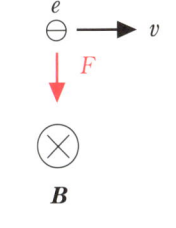

③ 電子は F の力を受け軌道を曲げられる. すなわち速度 v は変わらないが

図2.10.3

F を受け続けて軌道も曲げられ続けるので，最終的には図2.10.4に示す円軌道となる．

④ 遠心力 F' は $F' = \dfrac{mv^2}{r}$ となる．

⑤ $F = F'$ とおくと，

$evB = \dfrac{mv^2}{r}$ となり，これより半径 $r = \dfrac{mv}{eB}$ となる．

⑥ 回転の角周波数を ω，回転数を毎秒 n 回転とすると，

$v = r\omega = 2\pi n r$ が成り立つ．したがって，これを⑤の v に代入すると，

$r = \dfrac{mv}{eB} = \dfrac{2\pi n r m}{eB}$ ∴ $n = \dfrac{eB}{2\pi m}$ となる．

⑦ 半径は⑤で求めた式に数値を代入して，

$r = \dfrac{mv}{eB} = \dfrac{9.1 \times 10^{-31} \times 1000 \times 10^3}{1.6 \times 10^{-19} \times 0.1} = 5.69 \times 10^{-5}$ 〔m〕 = 56.9 〔μm〕

回転数は⑥で求めた式に数値を代入して

$n = \dfrac{eB}{2\pi m} = \dfrac{1.6 \times 10^{-19} \times 0.1}{2\pi \times 9.1 \times 10^{-31}} = 2.8 \times 10^9$ 〔s^{-1}〕

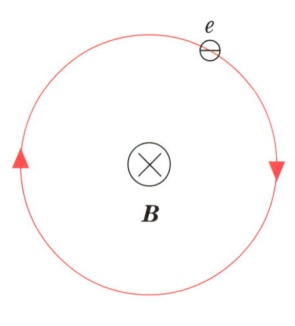

図 2.10.4

[2] 図2.10.5 (b) に示すように磁界 B は右方向に向いており，電子は速度 v で磁界の方向と θ の角度をなして移動しているとする．電子の速度を磁界に平行な方向成分 v_p と，垂直な方向成分 v_q とに分解すると，電磁力は v_q にのみ発生する．電子はこの電磁力 F と遠心力 F' とでつりあい，円運動をするのは [1] の場合と同じであり，その運動の様子を磁界に垂直方向に左側から見たのが図2.10.5 (a) である．[1] の場合と同様にして円の半径 r を求める．

$ev_q B = \dfrac{m v_q^2}{r}$ ∴ $r = \dfrac{mv_q}{eB} = \dfrac{mv\sin\theta}{eB}$

また，回転数を n とすると，$v_q = \omega r = 2\pi n r$ となるので上式に代入して，

$r = \dfrac{m v_q}{eB} = \dfrac{2\pi n r m}{eB}$ ∴ $n = \dfrac{eB}{2\pi m}$

となり，[1] の場合と同じになり θ に依存しない．
円運動が1回転するに要する時間（周期）は，

$T = \dfrac{1}{n} = \dfrac{2\pi m}{eB}$ 〔s〕

となり，これも θ に依存しない．
一方，B に平行方向には v_p の速さで等速運動をする．1周期の時間の間に B 方向に進む距離を L_B とすると，$L_B = v_p \times \dfrac{2\pi m}{eB} = \dfrac{2\pi m v \cos\theta}{eB}$ となり，電子は図2.10.5 (c) のようにらせん運動をする．

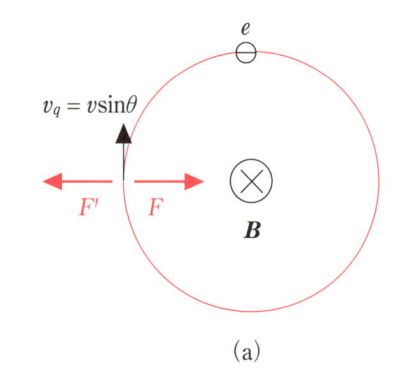

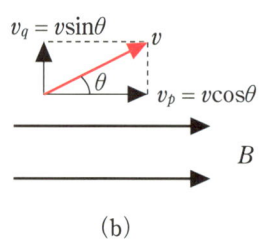

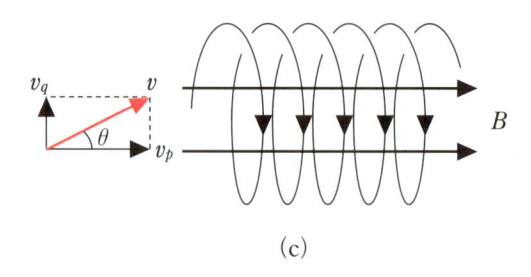

図 2.10.5

要点 11　電磁力(3)

平等磁界中にある電流の流れている長方形のコイルに働く力，トルク

① 長方形の 2 辺を a, b，コイルの巻数を 1，電流を I，磁界の磁束密度を B，コイル面と磁界の方向とのなす角を θ' とし，水平な長さ a の 2 辺の中点を結ぶコイルの回転軸が磁界の方向と垂直とする（図 2.11.1）．

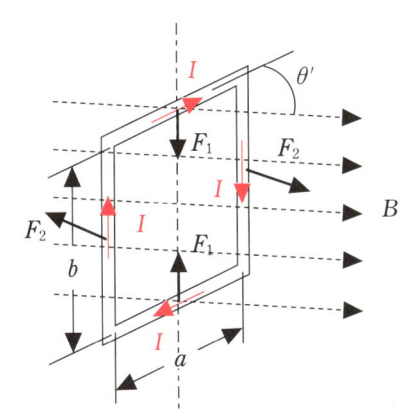

図 2.11.1　平等磁界中の矩形コイルに働く力

② コイルの水平な辺 a に働く力の大きさは，
$$F_1 = IBa\sin\theta' \; [\text{N}] \tag{2.11.1}$$

③ 上下の辺には逆向きに同じ大きさの力 F_1 が働くから外力は発生しない．

④ コイルの垂直な辺 b に働く力の大きさは長さ b の辺が磁界の方向と垂直であるから，
$$F_2 = IBb \; [\text{N}] \tag{2.11.2}$$

⑤ この力 F_2 はコイルの回転軸に対して偶力になるから，コイルには次のトルクが働く（図 2.11.2）．
$$T = a \cdot F_2 \cos\theta' = IBab\sin\theta \; [\text{N}\cdot\text{m}] \tag{2.11.3}$$

ただし $\theta = \dfrac{\pi}{2} - \theta'$ はコイル面の法線が磁界の方向となす角．

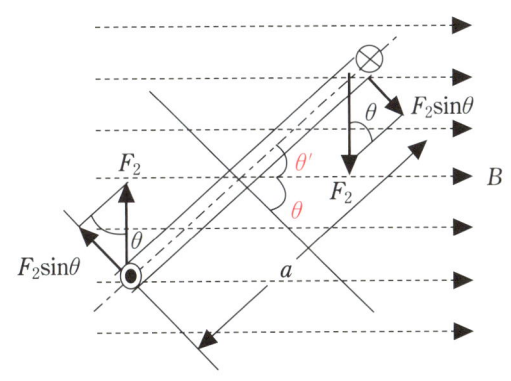

図 2.11.2　矩形コイルに働くトルク

⑥ コイルの巻数を N，面積を $S = ab$〔m²〕とすると，
$$T = NIBab\sin\theta$$
$$= NISB\sin\theta \quad 〔\text{N·m}〕 \qquad (2.11.4)$$

⑦ 式(2.11.4)はコイルが任意の形でも成り立つ．$N = 1$ とおくと，
$$T = ISB\sin\theta \quad 〔\text{N·m}〕 \qquad (2.11.5)$$
これをベクトル表記すると，
$$\boldsymbol{T} = I\boldsymbol{S} \times \boldsymbol{B} = \boldsymbol{m} \times \boldsymbol{B} \qquad (2.11.6)$$
と書くことができる．

$\boldsymbol{m} = I\boldsymbol{S}$〔A·m²〕を磁気モーメント（磁気双極子モーメントともいう）と呼ぶ（図2.11.3参照）．

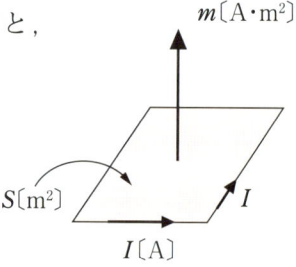

図2.11.3 ループ電流による磁気モーメント

演習問題11

[1] 巻数100ターン，一辺1〔cm〕の正方形の電流計のコイルが0.5〔T〕の磁界中にあり，電流10〔mA〕が流れている．コイルに働く最大のトルクはいくらか．

[2] 一辺の長さが a，巻数 N で電流 I が流れる正六角形のコイルが磁束密度 B の平等磁界と θ' をなす平面内にある．
 ① 一辺 a の正六角形の面積を求めよ．
 ② コイルに働くトルクの大きさを計算せよ．

[3] 半径 a，巻数 N で電流 I が流れる円形のコイルが磁束密度 B の平等磁界と角 θ をなす平面内にあるときコイルに働くトルクを求めよ．

解答11

[1] 式(2.11.4)において $\theta = 90°$ のとき最大のトルクが得られる．
$$T = NISB\sin\theta = 100 \times 0.5 \times (10 \times 10^{-3}) \times (10^{-2})^2 = 5 \times 10^{-5} 〔\text{N·m}〕$$

[2] ①一辺が a の正六角形の面積は一辺が a の正三角形の面積の6倍である．
$$\therefore S = 6 \times \left(\frac{a}{2} \times \frac{\sqrt{3}a}{2}\right) = \frac{3\sqrt{3}}{2}a^2$$

②式(2.11.4)はコイルが任意の形でも成り立つので図2.11.2の角度と照合することにより，
$$T = NBIS\cos\theta' = \frac{3\sqrt{3}}{2}a^2 NBI\cos\theta' \text{ となる．}$$

[3] 半径 a の円の面積は $S = \pi a^2$ となるので上記[2]と同様に，
$$T = NBIS\cos\theta = \pi a^2 NBI\cos\theta \text{ となる．}$$

覚えよう！ 要点9・10・11における重要関係式

①	$F = IB\ell\sin\theta$ 〔N〕	(2.9.1)	〔磁界中の電流の受ける力〕
②	$F = qvB\sin\theta$ 〔N〕	(2.10.1)	〔磁界中の電荷が受ける力〕
③	$T = NISB\sin\theta$ 〔N·m〕	(2.11.4)	〔磁界中のコイルに働くトルク〕
④	$\boldsymbol{m} = I\boldsymbol{S}$ 〔A·m²〕	(2.11.6)	〔ループ電流による磁気モーメント〕

要点 12　電磁力 (4)

平行導線の電流間に働く力

① 電流 I_1, I_2 間の距離を a〔m〕とする．
　I_1 による I_2 の位置の磁束密度は，
$$B_{12} = \mu_0 H_{12} = \mu_0 \frac{I_1}{2\pi a} \quad (I_2 と直角)$$

② B_{12} により長さ ℓ の電流 I_2 に働く力は，
$$F_{12} = B_{12} I_2 \ell = \mu_0 \frac{I_1 I_2}{2\pi a} \ell = 2 \times 10^{-7} \frac{I_1 I_2}{a} \ell \ 〔\text{N}〕 \quad (2.12.1)$$

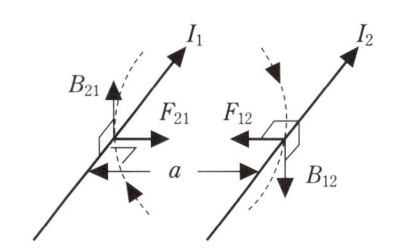

図 2.12.1　平行導線の電流間に働く力

③ I_2 による I_1 の位置の磁束密度は，
$$B_{21} = \mu_0 H_{21} = \mu_0 \frac{I_2}{2\pi a}$$

④ B_{21} により長さ ℓ の電流 I_1 に働く力は，
$$F_{21} = B_{21} I_1 \ell = \mu_0 \frac{I_1 I_2}{2\pi a} \ell = 2 \times 10^{-7} \frac{I_1 I_2}{a} \ell = F_{12} \ 〔\text{N}〕 \quad (2.12.2)$$

⑤ フレミングの左手の法則より，電流の向きが同じ場合は吸引力（図 2.12.1），反対の場合は反発力（図 2.12.2）となる．

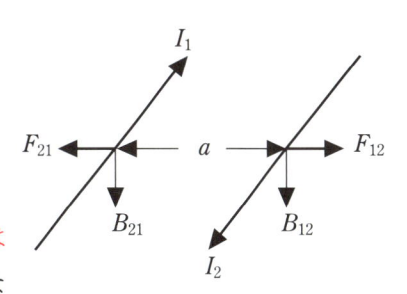

図 2.12.2　反対方向の電流間に働く力

演習問題 12

[1] 500〔A〕の電流が流れる平行な導線間の距離が 30〔cm〕のとき，導線 1〔m〕当りに働く力はいくらか．

[2] 2〔cm〕離れた長さ 15〔cm〕の平行導体に，60〔Hz〕の往復大電流が短時間流れたら，最大 500〔kg〕の反発力が生じた．電流の実効値はいくらか．

解答 12

[1] 式 (2.12.1) で $a = 0.3$〔m〕を代入すると
$$F = \mu_0 \frac{I_1 I_2}{2\pi a} \ell = 4\pi \times 10^{-7} \times \frac{500^2 \times 1}{2\pi \times 0.3} = 0.167 \ 〔\text{N/m}〕 \text{となる．}$$

[2] 電流の実効値を I_e とすると電流の瞬時値は，
$$I = \sqrt{2} I_e \sin \omega t \qquad \omega = 2\pi f = 120\pi$$
で与えられる．
したがって，図 2.12.2 で I_1 による B_{12} は，
$$B_{12} = \mu_0 \frac{\sqrt{2} I_e \sin \omega t}{2\pi a} \text{となり，} F_{12} \text{は，}$$
$$F_{12} = B_{12} I_2 \ell = \mu_0 \frac{\sqrt{2} I_e \sin \omega t}{2\pi a} \times \sqrt{2} I_e \sin \omega t \times \ell = \frac{\mu_0 I_e^2 \ell \sin^2 \omega t}{\pi a}$$

反発力の最大値は $\sin \omega t = 1$ のときに得られる．1〔kgw〕= 9.8〔N〕なので，
$$500 \times 9.8 = 4\pi \times 10^{-7} \times \frac{I_e^2 \times 0.15}{\pi \times 0.02}$$
$$\therefore I_e = 4.04 \times 10^4 \ 〔\text{A}〕 \text{となる．}$$

要点13 電磁力(5)

ホール効果

① 磁束密度 B〔T〕の磁界中にある細長い角型をした金属内に，磁界と垂直方向に速度 v〔m/s〕で電子が流れるとき電子に働く力の大きさは，

$$F = evB \text{ 〔N〕} \tag{2.13.1}$$

e：電子の電荷量〔C〕

Fの方向：vとBに垂直（図2.13.1では上向けの方向に力が働く）

この力により図2.13.1の電子は上へ押しやられ，相対的に下面は正の電荷が存在することになる．これにより下から上に向かう電界 E_H が発生する．

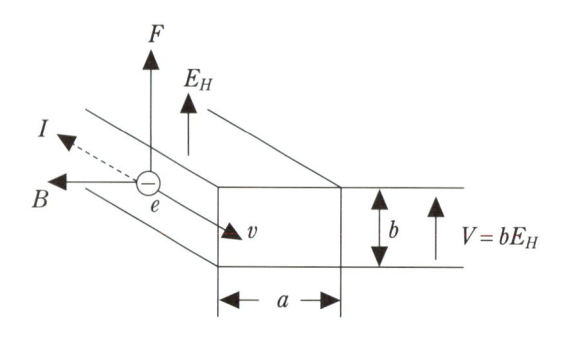

図 2.13.1

② 強さ E_H〔V/m〕の電界中に電荷 e〔C〕の電子があるとき，電子に働く力の大きさは，

$$F' = eE_H \text{ 〔N〕} \tag{2.13.2}$$

となり，これは電子を下へ押し下げる力である．定常状態ではFとF'とがつりあうため，

$$evB = eE_H, \tag{2.13.3}$$

$$\therefore \ E_H = vB \quad (B と垂直方向) \tag{2.13.4}$$

③ この電界 E_H が発生する現象をホール効果という．

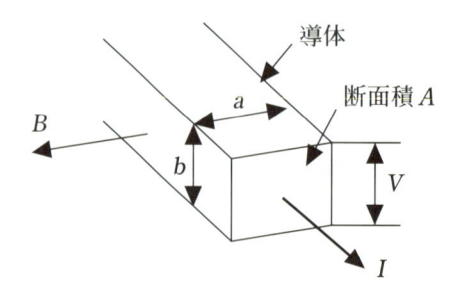

図 2.13.2　ホール効果による電圧

④ 単位体積当たり n 個の電子が速度 v で動いているときの電流密度 j は，

$$j = nev \text{ 〔A/m}^2\text{〕} \tag{2.13.5}$$

$$\therefore \quad v = \frac{j}{ne}$$

$$\therefore \quad E_H = \frac{jB}{ne} = R_H \cdot jB \ [\text{V/m}] \tag{2.13.6}$$

⑤ $R_H = \dfrac{1}{ne} = \dfrac{E_H}{jB}$ は**ホール定数**といい物質により決まる値で，電子の場合は $R_H < 0$ である．

⑥ ホール定数の単位は，

$$[R_H] = \left[\frac{\text{m}^3}{\text{C}}\right]$$

⑦ 式 (2.13.6) より

$$B = \frac{1}{R_H}\frac{E_H}{j} = \frac{1}{R_H}\frac{E_H}{I/A}$$

$$= \frac{1}{R_H}\frac{V/b}{I/A} \ [\text{T}] \tag{2.13.7}$$

A：導体の断面積 $[\text{m}^2]$，b：導体の高さ $[\text{m}]$

⑧ 式 (2.13.7) より，導体に既知の電流 I を流して電圧 V を測れば磁束密度 B が測定できる．

演習問題 13

[1] $10\,000\,[\text{A/m}]$ の磁界中を $v = 5\,000\,[\text{km/s}]$ で移動する電子に働く力を求めよ．また B と垂直方向に生ずる電界の大きさを求めよ．

[2] $R_H = 6\times 10^{-6}\,[\text{m}^3/\text{C}]$ で，断面が $2\times 5\,[\text{mm}^2]$ の長方形の導体を磁界と垂直方向に置き，直流電流 $1.5\,[\text{A}]$ を流したところ，幅 $5\,[\text{mm}]$ の2面間に電圧 $30\,[\text{mV}]$ が生じた．磁束密度と磁界の大きさを求めよ．

解答 13

[1] 式 (2.13.1) より，

$$F = evB = ev\mu_0 H = (1.6\times 10^{-19})\times(5\,000\times 10^3)\times(4\pi\times 10^{-7})\times 10\,000 = 1.005\times 10^{-14} \ [\text{N}]$$

$$E_H = vB = (5\,000\times 10^3)\times 4\pi\times 10^{-7}\times 10^4 = 6.28\times 10^4 \ [\text{V/m}]$$

[2] 式 (2.13.7) を用いて，

$$B = \frac{1}{R_H}\frac{V/b}{I/A} = \frac{1}{6\times 10^{-6}}\times \frac{\dfrac{30\times 10^{-3}}{5\times 10^{-3}}}{\dfrac{1.5}{2\times 5\times 10^{-6}}} = 6.67 \ [\text{T}]$$

$$H = \frac{B}{\mu_0} = \frac{6.67}{4\pi\times 10^{-7}} = 5.3\times 10^6 \ [\text{A/m}]$$

覚えよう！　要点 12・13 における重要関係式

① $F_{12} = \mu_0 \dfrac{I_1 I_2}{2\pi a}\ell \ [\text{N}]$ 　　(2.12.1)　〔平行導線の電流間に働く力〕

② $E_H = \dfrac{jB}{ne} = R_H \cdot jB \ [\text{V/m}]$ 　　(2.13.6)　〔ホール係数 R_H とホール電界との関係〕

要点14　電磁力(6)

電磁力による仕事

① 磁束密度Bと垂直な方向に長さℓの導線があり，電流Iが流れているとき導線に働く力は，
$$F = IB\ell \text{ [N]}$$

② この導線がFの方向に距離x動いたとき，電磁力が導線になした仕事は，
$$W = F \cdot x = IB\ell x \text{ [J]} \quad (2.14.2)$$

③ 面積$\ell \cdot x$を通る磁束は$\phi = B \cdot \ell \cdot x$であるから，
$$W = I\phi \text{ [J]} \quad (2.14.3)$$
ϕは導線が移動するときに横切った磁束数を表す．

④ 導線になされる単位時間当りの仕事量は，
$$P = \frac{W}{t} = I\frac{\phi}{t} = F\frac{x}{t} = Fv = IB\ell \cdot v \text{ [W]} \quad (2.14.4)$$

$v = \dfrac{x}{t}$：導体の運動速度

Pは電磁力による**機械的動力**を表す．

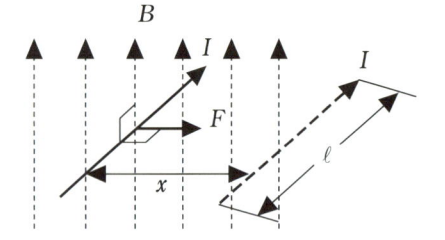

図2.14.1　磁界中の電流の移動

演習問題14

[1] $B = 0.5$ [T] の磁界と垂直な方向にあり電流100 [A] が流れる長さ1 [m] の導体が，電流および磁界と垂直な方向に10秒間で5 [m] 移動した場合になされる仕事と機械的動力はいくらか．

[2] 同じ方向に電流1000 [A] が流れる距離20 [cm] の2本の細い平行導体がある．
　① 電流をI [A]，導体間の距離をx [m] としたとき，導体に働く力の大きさと方向を示せ．
　② 片方の導体を微小距離dx [m] だけ引き離すに要する仕事dWを求めよ．
　③ dWを積分して導体を距離d_1からd_2まで引き離すのに要する仕事Wを求めよ．
　④ 長さ1 [m] の平行導体を距離20 [cm] から1 [m] まで引き離すのに要する仕事を求めよ．

解答14

[1] 式(2.14.3)を用いて，なされる仕事 $W = I\phi = 100 \times (0.5 \times 1 \times 5) = 250$ [J]

式(2.14.4)を用いて，機械的動力 $P = \dfrac{W}{t} = \dfrac{250}{10} = 25$ [W]

[2] ① 式(2.12.1)より平行導体の長さをℓ [m] として $F = \dfrac{\mu_0 I^2 \ell}{2\pi x}$ [N]

その方向は図2.12.1より互いに吸引力となる方向である．

② 式(2.14.2)より $dW = Fdx = \dfrac{\mu_0 I^2 \ell}{2\pi x} dx$ [J]

③ $W = \displaystyle\int_{d_1}^{d_2} dW = \dfrac{\mu_0 I^2 \ell}{2\pi} \int_{d_1}^{d_2} \dfrac{dx}{x} = \dfrac{\mu_0 I^2 \ell}{2\pi} \ln \dfrac{d_2}{d_1}$ [J]

④ 上記③に値を代入して $W = \dfrac{\mu_0 I^2 \ell}{2\pi} \ln \dfrac{d_2}{d_1} = \dfrac{4\pi \times 10^{-7} \times 1000^2 \times 1}{2\pi} \ln \dfrac{1}{0.2} = 0.32$ [J]

覚えよう！　要点14における重要関係式

① $P = IB\ell \cdot v$ [W] 　　(2.14.3) 〔電磁力による単位時間当りの仕事量〕

要点 15　電磁誘導（1）

ファラデーの法則

① 回路に鎖交する磁束が変化すると回路に電圧が誘起する．

② 回路の誘起電圧は鎖交磁束の減少の割合に等しい．

$$e = -\frac{d\phi}{dt} \text{ [V]} \tag{2.15.1}$$

　　ϕ：鎖交磁束の大きさ [Wb]

式 (2.15.1) をファラデーの法則という．

③ 回路が n ターンのコイルのとき，

$$e = -n\frac{d\phi}{dt} = -\frac{d\psi}{dt} \text{ [V]} \tag{2.15.2}$$

　　ψ：コイルの鎖交磁束数 [Wb]

④ 電磁誘導により，回路に鎖交磁束の変化を打ち消す向きに電流が流れる．これをレンツの法則という．

演習問題 15

[1] ① 直径 10 [cm] の円形回路が 0.5 [T] の磁束密度と垂直な面内にあるとき，回路の鎖交磁束はいくらか．
② この磁束が 0.2 秒間で 0 になるとき，回路の誘起電圧はいくらか．
③ 回路が 150 ターンのコイルのとき，誘起電圧はいくらか．
④ 回路の磁束密度が $B = B_m \sin 2\pi f t$ で表されるとき，誘起電圧の式を書け．
⑤ $B_m = 0.8$ [T]，$f = 60$ [Hz] のとき，誘起電圧の実効値を求めよ．

[2] 図 2.15.1 の鎖交磁束 ϕ が増加するとき，回路に流れる電流の向きを書け．
また 0.3 [Wb] の磁束が 0.5 秒間で 0.5 [Wb] になった．回路の抵抗が 10 [Ω] のとき，電流はいくらか．

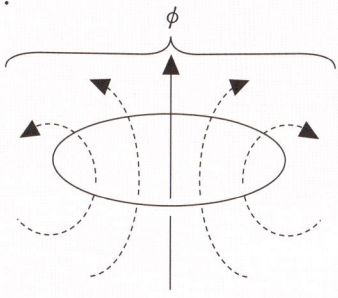

図 2.15.1

解答 15

[1] ① 式 (2.2.3) より $\phi = BS_n = B\pi r^2 = 0.5 \times 3.14 \times \left(\dfrac{10 \times 10^{-2}}{2}\right)^2 = 3.925 \times 10^{-3}$ [Wb]

② 式 (2.15.1) より $e = -\dfrac{d\phi}{dt} = -\dfrac{0 - 3.925 \times 10^{-3}}{0.2 - 0} = 1.96 \times 10^{-2}$ [V]

③ 式 (2.15.2) に②の結果を用いて $e = -n\dfrac{d\phi}{dt} = 150 \times 1.96 \times 10^{-2} = 2.94$ [V]

④　$B = B_m \sin 2\pi ft$ なので $\phi = BS_n = B\pi r^2 = \pi r^2 B_m \sin 2\pi ft$

この値を式（2.15.2）に代入して，

$$e = -n\frac{d\phi}{dt} = -n\pi r^2 \frac{d}{dt}(B_m \sin 2\pi ft) = -n\pi r^2 2\pi f B_m \cos 2\pi ft = -7.4 f B_m \cos 2\pi ft$$

⑤　B_m, f の値を上式に代入すると $e = -7.4 f B_m \cos 2\pi ft = -355 \cos 2\pi ft$

この式の − は電圧の方向を表わすだけなので，実効値 E_e は $E_e = \dfrac{355}{\sqrt{2}} = 251$ 〔V〕となる．

[2] 回路に流れる電流の向きは磁束の変化を妨げる方向に流れる．したがって，この場合は磁束 ϕ の増加を妨げる方向，すなわち反対方向に磁束 ϕ' ができる方向に電流が流れるので，図 2.15.2 の i のように流れる．このとき回路に生ずる電圧は式（2.15.1）より $e = -\dfrac{d\phi}{dt} = -\dfrac{0.5 - 0.3}{0.5 - 0} = -0.4$ 〔V〕となり，この式の − は電圧の方向を表わすだけなので流れる電流値は $i = \dfrac{0.4}{10} = 0.04$ 〔A〕となる．

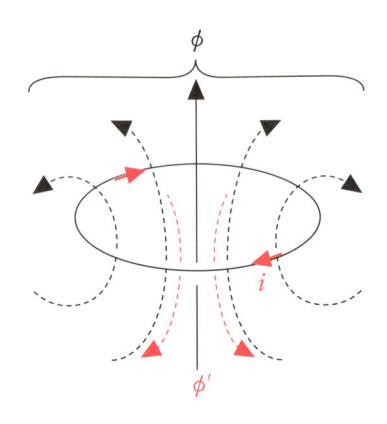

図 2.15.2

覚えよう！　要点 15 における重要関係式

①　$e = -n\dfrac{d\phi}{dt} = -\dfrac{d\psi}{dt}$ 〔V〕　　　（2.15.2）

〔ファラデーの法則……鎖交磁束数と誘起電圧の関係〕

要点16　電磁誘導(2)

交流の発生

① 磁束密度 B の平等磁界中に巻数 n，面積 S 〔m²〕のコイルがあるとき鎖交磁束の最大値は，
$\psi_m = nBS$ 〔Wb〕

② コイル面の法線が磁界と角 θ 傾いているときの鎖交磁束は，
$\psi = nBS\cos\theta$ 〔Wb〕　　　　　　　　　　　　　　　　　　　　(2.16.1)

③ コイルが毎秒 f 回転しているとき，時刻 t における傾き角は，
$\theta = 2\pi ft = \omega t$ 〔rad〕

④ 時刻 t における鎖交磁束は，
$\psi = nBS\cos\theta = nBS\cos\omega t$ 〔Wb〕

⑤ コイルの**誘起電圧**は，
$e = -\dfrac{d\psi}{dt} = -nBS\dfrac{d(\cos\omega t)}{dt} = nBS\omega\sin\omega t$ 〔V〕　　　　(2.16.2)

⑥ e の**実効値**は，
$E_e = \dfrac{E_m}{\sqrt{2}} = \dfrac{2\pi fnBS}{\sqrt{2}} = \sqrt{2}\pi fnBS$ 〔V〕　　　　　　　　(2.16.3)

演習問題 16

[1] 直径 8〔cm〕，巻き数 30 ターンの円形コイルが 0.2〔T〕の磁束密度の磁束と垂直に鎖交しているとき，次の問に答えよ．
　① 磁束と垂直に鎖交しているとき鎖交磁束数はいくらか．
　② コイル面が磁束の方向から 30°傾いているとき鎖交磁束数はいくらか．
　③ コイル面が磁束の方向と垂直にあり，$t = 0$ において角速度 15〔°/s〕で回転し始めるとき，10秒後の鎖交磁束数はいくらか．
　④ 問③のコイルの誘起電圧はいくらか．
　⑤ 問①のコイルが毎秒 30 回転しているとき，誘起電圧の瞬時値と実効値はいくらか．

[2] 0.5〔T〕の平等磁界中で，縦 3〔cm〕，横 4〔cm〕，巻数 60 ターンの矩形状コイルが毎秒 50 回転しているときの誘起電圧はいくらか．

[3] 直径 1〔cm〕，巻数 200 ターンの小さな円形コイルを，60〔Hz〕の磁界中に磁界と垂直方向に入れ誘起電圧を測定したら，0.6〔V〕となった．磁束密度はいくらか．
（誘起電圧により直流磁界を測定するコイルをサーチコイルという）

解答 16

[1] ① 式(2.16.1) で $n = 30$, $B = 0.2$〔T〕, $S = \pi\left(\dfrac{8\times 10^{-2}}{2}\right)^2$〔m²〕, $\theta = 0$ を代入すると，
$\psi = 30\times 0.2\times\pi\times(4\times 10^{-2})^2 = 3\times 10^{-2}$〔Wb〕となる．

② 式(2.16.1)で $\theta = 60°$ を代入すると，$\psi = 3\times 10^{-2}\cos 60° = 3\times 10^{-2}\times \dfrac{1}{2} = 1.5\times 10^{-2}$ 〔Wb〕となる（磁束の方向から 30°傾いているということは，コイル面の法線が磁界の方向と 60°傾いていることと同じである．**図 2.11.2** 参照）．

③ 角速度 $\omega = 15° = \dfrac{\pi}{12}$ 〔rad/s〕であり，10 秒後の位相角 $\theta = \omega t = \dfrac{\pi}{12}\times 10 = \dfrac{5\pi}{6}$ 〔rad〕となる．

したがって，式(2.16.1)に代入すると，$\psi = 3\times 10^{-2}\cos\dfrac{5\pi}{6} = -2.6\times 10^{-2}$ 〔Wb〕となり，この式で − は磁束の方向を表わすだけなので鎖交磁束数は 2.6×10^{-2} 〔Wb〕となる．

④ 式(2.16.2)において $\omega = \dfrac{\pi}{12}$ 〔rad/s〕および $\theta = \omega t = \dfrac{5\pi}{6}$ 〔rad〕を代入すると，
$$e = 3\times 10^{-2}\times \dfrac{\pi}{12}\times \sin\dfrac{5\pi}{6} = 3.93\times 10^{-3}\ \text{〔V〕}$$
となる．

⑤ 角速度 $\omega = 2\pi f = 60\pi$ 〔rad〕となる．ここで f は周波数であり，この場合毎秒の回転数と等しい．したがって，これを式(2.16.2)に代入すると瞬時値は，
$$e = 3\times 10^{-2}\times 60\pi \sin 60\pi t = 1.8\pi \sin 60\pi t = 5.65\sin 60\pi t\ \text{〔V〕}$$
となり，実効値 $E_e = \dfrac{5.65}{\sqrt{2}} = 4$ 〔V〕となる．

[2] 矩形コイルの面積は $S = 3\times 10^{-2}\times 4\times 10^{-2} = 12\times 10^{-4}$ 〔m²〕であり，角速度 ω は $\omega = 2\pi f = 2\times 50\pi = 100\pi$ 〔rad〕となる．条件とこれらを式(2.16.2)に代入して，
$$e = 60\times 0.5\times 12\times 10^{-4}\times 100\pi \sin 100\pi t = 11.3\sin 100\pi t\ \text{〔V〕}$$
となる．

[3] 式(2.16.3)に $E_e = 0.6$ 〔V〕とその他の条件を代入すると，
$$0.6 = \sqrt{2}\pi\times 60\times 200\times \left(\pi\times \left(\dfrac{1\times 10^{-2}}{2}\right)^2\right)\times B$$
これより $B = 0.14$ 〔T〕となる．

覚えよう！　要点 16 における重要関係式

① $e = -\dfrac{d\psi}{dt} = -nBS\omega \sin\omega t$ 〔V〕　　　(2.16.2)

〔電磁誘導によるコイルの誘起電圧〕

② $E_e = \sqrt{2}\pi fnBS$ 〔V〕　　　(2.16.3)

〔誘起電圧の実効値〕

要点17　電磁誘導 (3)

磁界中を移動する導体

① 図 2.17.1 のように磁界中を長さ ℓ の導体が速度 v [m/s] で移動するとき，導体の両端間の起電力：

$E = vB\ell \sin\theta$ [V]　　　(2.17.1)

　　B：磁界の磁束密度 [T]
　　θ：v の方向と B のなす角
　　E の向き：v より B の方向に右ネジを
　　　　　　　回すとき，ネジの進む方向
　　　　　　　（フレミングの右手の法則）

② 導体単位長の起電力のベクトル表示：

$\boldsymbol{E} = \boldsymbol{v} \times \boldsymbol{B}$

③ $\theta = \pi/2$（v と B が直角）のとき，

$E = vB\ell$ [V]　　　(2.17.2)

　　v, B, E の方向：フレミングの右手の法則（図 2.17.2）

④ 起電力 E は，導体が磁束を切ることにより発生する．

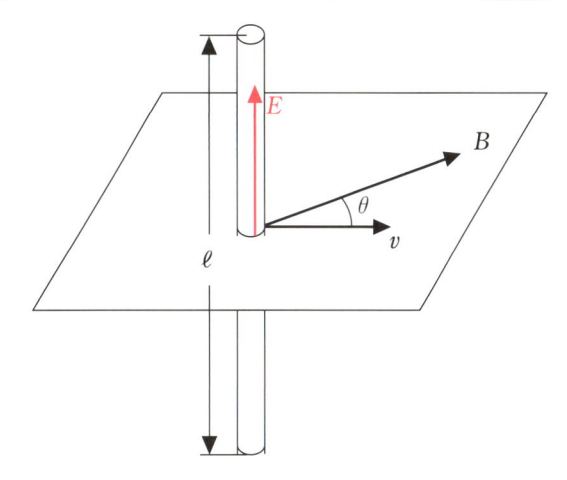

図 2.17.1　磁界中を移動する導体

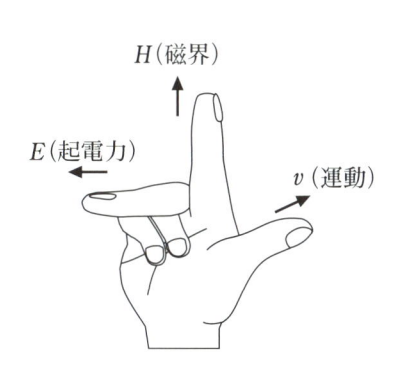

図 2.17.2　フレミングの右手の法則

演習問題17

[1] 長さ 50 [cm] の導体が 0.3 [T] の磁界中を磁界の方向から 30°の角度で 2 [m/s] の速度で移動しているとき，導体の誘起電圧はいくらか．また導体が1秒間に切る磁束はいくらか．

解答17

[1] 式 (2.17.1) より誘起電圧 $E = vB\ell \sin\theta = 2 \times 0.3 \times 0.5 \sin 30° = 0.15$ [V] となる．

導体が1秒間に切る磁束 $\phi = B \times v\ell \sin 30° = 0.3 \times 2 \times 0.5 \times \dfrac{1}{2} = 0.15$ [Wb] となる．

（誘起電圧 $E = -\dfrac{d\phi}{dt} = -\dfrac{0.15 - 0}{1 - 0} = -0.15$ [V] となり，$E = vB\ell \sin 30°$ から求めた値と一致する．これより起電力は導体が磁束を切ることにより発生するということがわかる）

覚えよう！　要点17における重要関係式

①　$E = vB\ell \sin\theta$ [V]　　　(2.17.1)
　　〔磁界中を移動する導体間の起電力〕

要点18　電磁誘導(4)

電気・機械エネルギー変換（発電機・モータの原理）

① 磁界中を移動する長さ ℓ の導体の両端に抵抗接続する（図2.18.1）．

R を流れる電流：式(2.17.2) から，
$$I = \frac{E}{R} = \frac{vB\ell}{R} \ [\text{A}] \tag{2.18.1}$$

② 磁界により I には v と反対方向に次の力が働く．
$$F = IB\ell \ [\text{N}] \tag{2.18.2}$$

③ 力 F に逆らって導体が t 秒間に距離 s 移動したときの仕事（F に等しい力 F_m で右へ動かす）は，
$$W_m = F \cdot s = F \cdot vt = IB\ell vt \tag{2.18.3}$$

④ $vB\ell = E = IR$ より，
$$W_m = vB\ell \cdot It = EI \cdot t = RI^2 t = W_e \ [\text{W} \cdot \text{s}] = [\text{J}] \tag{2.18.4}$$

W_m（導体に与えた機械的エネルギー）$= W_e$（抵抗 R に供給する電気的エネルギー）

式(2.18.4) の関係を電気・機械エネルギー変換という．

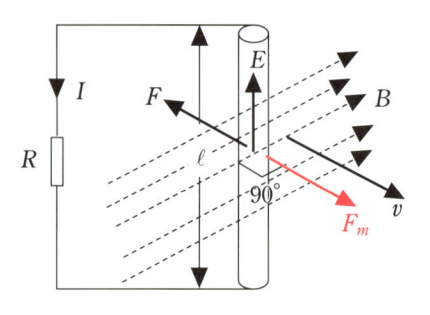

図2.18.1 磁界中を移動する導体に働く力

演習問題 18

[1] 長さ50[cm]の導体（抵抗0）が0.2[T]の磁界中を磁界に垂直に6[m/s]の速度で移動しており，導体に抵抗5[Ω]が接続されているとき，次の問に答えよ．
　① 導体の電流はいくらか．
　② この時導体に働く力はいくらか．
　③ 導体が30[m]移動したときの仕事はいくらか．
　④ このときの仕事率は何[W]か．

[2] 両端間に抵抗10[Ω]を接続した長さ30[cm]の導体が1[T]の磁界を直角に切りながら5[m/s]の速度で10[m]移動した．
　① 導体に発生する起電力はいくらか．
　② 抵抗に消費されるエネルギーはいくらか．

解答 18

[1] ① 式(2.18.1) より $I = \dfrac{E}{R} = \dfrac{vB\ell}{R} = \dfrac{6 \times 0.2 \times 0.5}{5} = 0.12 \ [\text{A}]$

② 式(2.18.2) より $F = IB\ell = 0.12 \times 0.2 \times 0.5 = 0.012 \ [\text{N}]$

③ 式(2.18.3) より $W_m = F \cdot s = 0.012 \times 30 = 0.36 \ [\text{J}]$

④ 30[m]移動するのに要した時間 $t = \dfrac{30}{6} = 5 \ [\text{s}]$　したがって，仕事率 P は，

$P = \dfrac{W}{t} = \dfrac{0.36}{5} = 0.072 \ [\text{W}]$ となる．

[2] ① 式(2.17.2) より $E = vB\ell = 5 \times 1 \times 0.3 = 1.5 \ [\text{V}]$

② 式(2.18.4) より $W = RI^2 t = 10 \times \left(\dfrac{1.5}{10}\right)^2 \times \dfrac{10}{5} = 0.45 \ [\text{J}]$

要点 19　電磁誘導 (5)

渦電流

① 場所的に変化する磁界（不平等磁界）中を導体が移動するか，時間的に変化する磁界中に導体があると，導体を貫通する磁束が変化する．

② このため導体中に起電力が発生し，導体に電流が流れる．

③ この電流は導体中を渦巻き状に流れるので渦電流という．

④ IHクッキングヒーターは，磁力発生用コイルから発生した磁力線が金属製のなべ底に渦電流を生じさせ，その電流をジュール熱に変えてなべそのものを発熱させている．

演習問題 19

[1] 不平等磁界 B 中にある導体Aが矢印の方向に動くとき，導体に流れる渦電流の向きを示せ（図 2.19.1 (a)）．

[2] 平等磁界 B' 中に導体A′がある．B' が増加するとき，A′中に流れる電流の向きを示せ（図 2.19.1 (b)）．

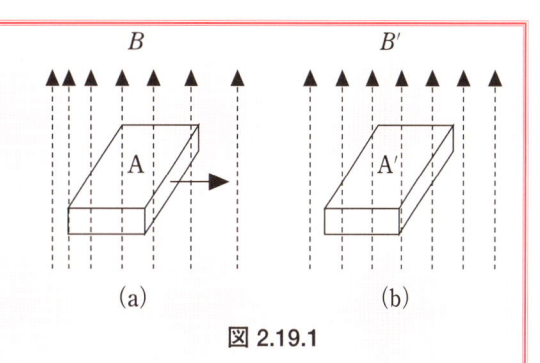

図 2.19.1

解答 19

[1] →の方向に動くと，導体Aを横切る磁束数は減少する．磁束数の減少を抑えようとして導体には図 2.19.2 (a) のように電流が流れる．

[2] 磁束密度 B' が増加しようとすると，その増加を妨げるように導体には図 2.19.2 (b) のように電流が流れる．

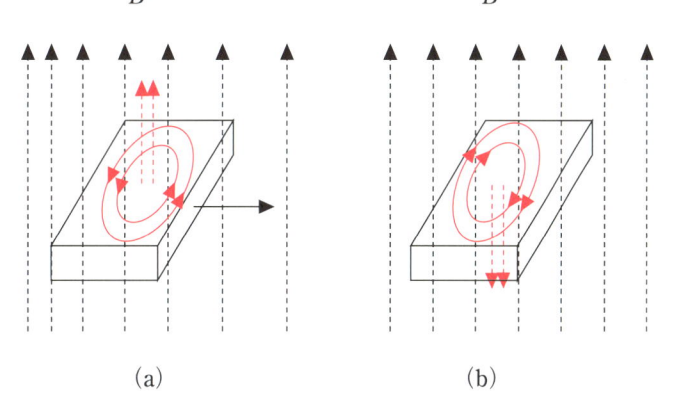

図 2.19.2

覚えよう！ 要点 18・19 における重要関係式

① $W_m = vB\ell \cdot It = RI^2 t = W_e$ 〔J〕　　(2.18.4)

〔電気・機械エネルギー変換〕

要点20　インダクタンス(1)

自己インダクタンス

① 図 2.20.1 のように巻数 N ターンのコイルに電流 i 〔A〕が流れている．

② 電流により発生した磁束のうち ϕ〔Wb〕の磁束がコイルと鎖交しているとすると鎖交磁束数 $\psi = N\phi$〔Wb〕となる．

③ ϕ は i に比例し，ψ も i に比例する．すなわち，

$$\psi = N\phi = Li \text{ 〔Wb〕} \tag{2.20.1}$$

④ 式(2.20.1)で L はコイルの巻数と寸法で決まる比例定数で，自己インダクタンスと呼び次式で表わされる．

$$L = \frac{\psi}{i} = \frac{N\phi}{i} \text{ 〔H（ヘンリー）〕} \tag{2.20.2}$$

⑤ 式(2.20.1)より ψ が変化するとき次の電圧が誘起される．

$$e = -\frac{d\psi}{dt} = -L\frac{di}{dt} \text{ 〔V〕} \tag{2.20.3}$$

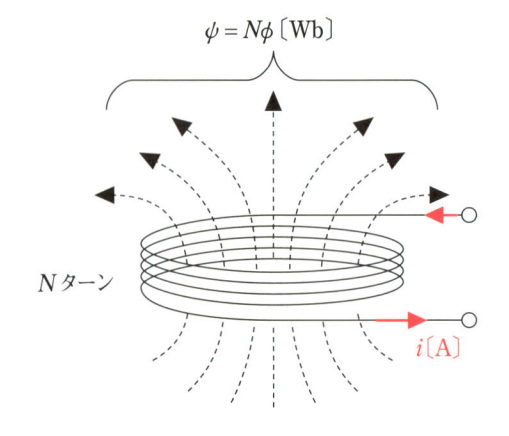

図 2.20.1　コイルの鎖交磁束

演習問題20

[1] 電流 5〔A〕が流れているコイルの鎖交磁束数が 0.2〔Wb〕のとき，自己インダクタンスはいくらか．

[2] 上記[1]のコイルで電流が 2.5 秒間で 0 になるとき，誘起電圧はいくらか．

[3] 自己インダクタンス 15〔mH〕のコイルに 3〔A〕が流れているとき，鎖交磁束数はいくらか．

[4] インダクタンスが 1〔H〕のコイルに 60〔Hz〕の電流が 1〔A〕流れたときの誘起電圧はいくらか．また電圧の実効値はいくらか．

解答20

[1] 式(2.20.1)において $\psi = 0.2$〔Wb〕，$i = 5$〔A〕を代入して $L = \dfrac{\psi}{i} = \dfrac{0.2}{5} = 0.04$〔H〕

[2] 式(2.20.3)を用いて $e = -L\dfrac{di}{dt} = -0.04 \times \dfrac{0-5}{2.5-0} = 0.08$〔V〕

[3] 式(2.20.1)を用いて $\psi = Li = 0.015 \times 3 = 0.045$〔Wb〕

[4] 電流の瞬時値 i は $i = \sqrt{2}\sin\omega t = \sqrt{2}\sin 120\pi t$〔A〕で表される．

これを式(2.20.3)に代入すると誘起電圧 e は，

$$e = -L\frac{di}{dt} = -\frac{d(\sqrt{2}\sin 120\pi t)}{dt} = -\sqrt{2}L \times 120\pi \cos 120\pi t = -533\cos 120\pi t \text{ 〔V〕}$$

となり，- の符号は電圧の方向を示しているだけなので，電圧の実効値 E_e は，

$$E_e = \frac{533}{\sqrt{2}} = 377 \text{ 〔V〕}$$

となる．

要点21　インダクタンス（2）

相互インダクタンス

① 巻数 N_1 のコイル1に電流 i_1〔A〕が流れ，これによる磁束 ϕ_1〔Wb〕とコイル1が鎖交している（図2.21.1）．

② コイル1の鎖交磁束数は
$$\psi_1 = N_1\phi_1 = L_1 i_1 \text{〔Wb〕} \tag{2.21.1}$$

③ ϕ_1 のうちコイル2と鎖交する磁束を ϕ_{21} とする．コイル2の巻数を N_2 とすると，ϕ_1 によるコイル2の全鎖交磁束数 ψ_{21} は i_1 に比例して，
$$\psi_{21} = N_2\phi_{21} = M_{21}i_1 \text{〔Wb〕} \tag{2.21.2}$$
となる．

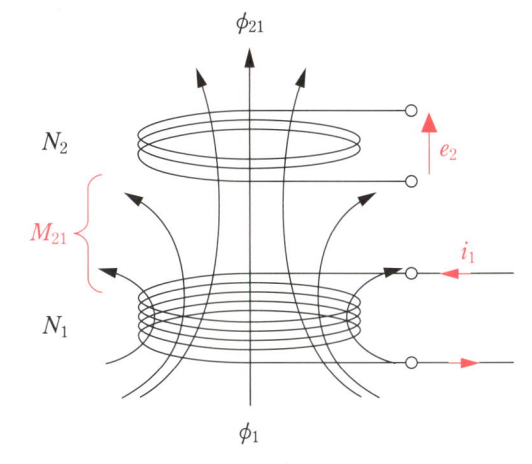

図 2.21.1　2個のコイルの鎖交磁束

④ M_{21} はコイル1，2の巻数，位置，形状，寸法で決まる比例定数で，**相互インダクタンス**と呼び次式で表わされる．
$$M_{21} = \frac{\psi_{21}}{i_1} = \frac{N_2\phi_{21}}{i_1} \text{〔H〕} \tag{2.21.3}$$

⑤ ψ_{21} が変化すると，コイル2に次の電圧が誘起される．
$$e_2 = -\frac{d\psi_{21}}{dt} = -M_{21}\frac{di_1}{dt} \text{〔V〕} \tag{2.21.4}$$

⑥ コイル2に電流 i_2 を流したとき，コイル1の全鎖交磁束数を ψ_{12} とすれば，コイル1の誘起電圧 e_1 は，
$$e_1 = -\frac{d\psi_{12}}{dt} = -M_{12}\frac{di_2}{dt} \text{〔V〕} \tag{2.21.5}$$

⑦ M_{12} と M_{21} の間には，
$$M_{12} = M_{21} = M \tag{2.21.6}$$
が成り立つ．すなわち，2つの相互インダクタンスは，両コイルの形状や配置に無関係に等しい値を持つ．

演習問題 21

[1] コイル1に電流2〔A〕が流れ，これにより巻数30ターンのコイル2に0.02〔Wb〕の磁束が鎖交している．コイル1，2の相互インダクタンスはいくらか．

[2] コイル1，2の相互インダクタンスが30〔mH〕で，コイル2に電流0.2〔A〕が流れている．コイル1の巻数を10ターンとすると，コイル1の鎖交磁束数および鎖交磁束はいくらか．

[3] コイル1，2の巻数がともに100ターン，自己インダクタンスがともに0.2〔H〕とし，コイ

ル1の電流によりコイル1との鎖交磁束の30％がコイル2と鎖交している．
① コイル1, 2の相互インダクタンスはいくらか．
② コイル1の電流が2〔A〕のとき，コイル2の鎖交磁束数はいくらか．
③ コイル1の電流が0.4秒間で0になるとき，コイル2の誘起電圧はいくらか．
④ コイル1の電流が50〔Hz〕，波高値20〔A〕の交流のとき，コイル2の誘起電圧の瞬時値および実効値はいくらか．
⑤ コイル1の巻数が100ターン，コイル2の巻数が200ターンで他の条件は同じとすると，相互インダクタンスはいくらか．

[4] コイル1に60〔Hz〕，1〔A〕の電流を流したとき，コイル2に実効値10〔V〕の電圧が誘起した．相互インダクタンスはいくらか．

解答21

[1] 式(2.21.2)より $M_{21} = \dfrac{N_2 \phi_{21}}{i_1} = \dfrac{30 \times 0.02}{2} = 0.3$ 〔H〕

[2] 式(2.21.2)より鎖交磁束数 $\psi_{12} = N_1 \phi_{12} = M i_2 = 0.03 \times 0.2 = 0.006$ 〔Wb〕

したがって鎖交磁束 $\phi_{12} = \dfrac{\psi_{12}}{N_1} = \dfrac{0.006}{10} = 0.0006$〔Wb〕$= 0.6$〔mWb〕となる．

[3] ①式(2.20.1)より $\psi_1 = N_1 \phi_1 = L_1 i_1$　これより $100\phi_1 = 0.2 i_1$ 　　　　　　　　(2.21.7)

したがって $\phi_{21} = 0.3\phi_1 = 0.3 \times \dfrac{0.2 i_1}{100} = 6 \times 10^{-4} i_1$ 　　　　　　　　(2.21.8)

式(2.21.2)および式(2.21.8)より $M = \dfrac{N_2 \phi_{21}}{i_1} = 100 \times \dfrac{\phi_{21}}{i_1} = 6 \times 10^{-2}$〔H〕

②式(2.21.2)より $\psi_{21} = N_2 \phi_{21} = N_2 \times 6 \times 10^{-4} i_1 = 100 \times 6 \times 10^{-4} \times 2 = 0.12$〔Wb〕

③式(2.21.4)より $e_2 = -M \dfrac{di_1}{dt} = -6 \times 10^{-2} \times \dfrac{0-2}{0.4-0} = 0.3$〔V〕

④コイル1の電流は $i_1 = 20 \sin 2\pi f t = 20 \sin 100\pi t$ で表わされる．式(2.21.4)より，

$$e_2 = -M \dfrac{di_1}{dt} = -M \dfrac{d(20 \sin 100\pi t)}{dt} = -20 M \times 100\pi \cos 100\pi t = -2000 M\pi \cos 100\pi t$$

となり，$M = 6 \times 10^{-2}$〔H〕を代入すると誘起電圧の瞬時値は，

$$e_2 = (2000 \times 6 \times 10^{-2} \times 3.14) \cos 100\pi t = 377 \cos 100\pi t \text{〔V〕で与えられる．}$$

その実効値 $E_e = \dfrac{377}{\sqrt{2}} = 267$〔V〕となる．

⑤式(2.21.2)，(2.21.8)を用いて $M = N_2 \dfrac{\phi_{21}}{i_1} = 200 \times 6 \times 10^{-4} = 0.12$〔H〕となる．

[4] コイル1の電流は $i_1 = \sqrt{2} \sin 2\pi f t = \sqrt{2} \sin 120\pi t$〔A〕で表わされる．

式(2.21.4)を用いると $e_2 = -M \dfrac{d(\sqrt{2} \sin 120\pi t)}{dt} = -120\pi \sqrt{2} M \cos 120\pi t$〔V〕となる．

実効値が10〔V〕であるので最大値は $10\sqrt{2}$〔V〕である．

したがって $10\sqrt{2} = 120\pi \sqrt{2} M$ より $M = \dfrac{10}{120\pi} = 0.0265$〔H〕$= 26.5$〔mH〕となる．

要点22　インダクタンス（3）

自己インダクタンスと相互インダクタンスの関係

① コイル1の鎖交磁束の一部がコイル2と鎖交するとき，

$$\phi_{21} = k_1 \phi_1 \qquad k_1 \leq 1 \qquad (2.22.1)$$

② コイル2の鎖交磁束の一部がコイル1と鎖交するとき，

$$\phi_{12} = k_2 \phi_2 \qquad k_2 \leq 1 \qquad (2.22.2)$$

③ コイル1と2の電流を i_1, i_2 とし，巻数を N_1, N_2 とすると，

$$L_1 = \frac{N_1 \phi_1}{i_1} \qquad L_2 = \frac{N_2 \phi_2}{i_2} \tag{2.22.3}$$

$$M_{21} = \frac{N_2 \phi_{21}}{i_1} = \frac{N_2 k_1 \phi_1}{i_1} \qquad M_{12} = \frac{N_1 \phi_{12}}{i_2} = \frac{N_1 k_2 \phi_2}{i_2} \tag{2.22.4}$$

④ $M_{21} = M_{12} = M$ なので式 (2.22.4) より，

$$M^2 = M_{21} M_{12} = \frac{N_1 k_1 \phi_1 N_2 k_2 \phi_2}{i_1 i_2} = k_1 k_2 \frac{N_1 \phi_1}{i_1} \frac{N_2 \phi_2}{i_2} = k_1 k_2 L_1 L_2 \tag{2.22.5}$$

したがって $M = \pm \sqrt{k_1 k_2 L_1 L_2} = \pm k \sqrt{L_1 L_2} \qquad k = \sqrt{k_1 k_2} \tag{2.22.6}$

ここで k は結合係数と呼ばれ，大きさはコイルの位置と形状で決まる．

⑤ $k = 1$ のとき $M = \pm \sqrt{L_1 L_2}$ となり，これを完全結合という．

⑥ $k < 1$ のとき，相手側のコイルと鎖交しない磁束があり，この鎖交していない磁束のことを漏れ磁束という．

⑦ M はコイルの位置により図 2.22.1 に示すように正，0，負になる．

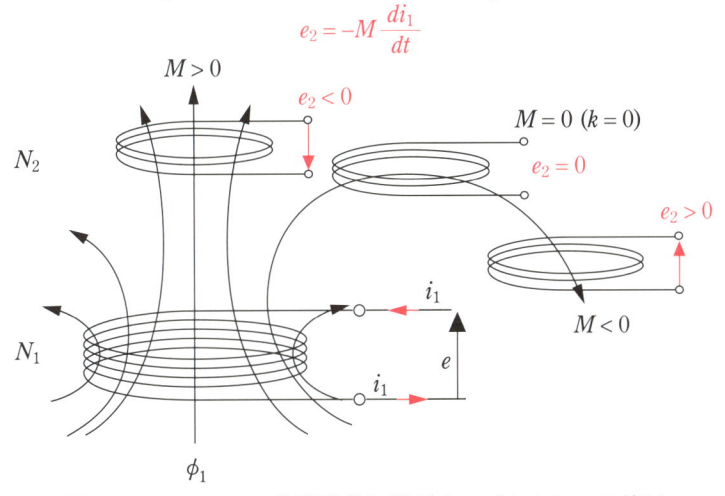

図 2.22.1　コイルの位置関係と相互インダクタンスの符号

演習問題22

[1] コイル1に電流5〔A〕が流れており，それにより生ずる0.2〔Wb〕の磁束の40％が巻数200ターンのコイル2に鎖交しているとき，相互インダクタンスはいくらか．

[2] 上記[1]においてコイル2を移動して相互インダクタンスが0.6〔H〕となったとき，コイル1の磁束の何％がコイル2と鎖交しているか．

[3] コイル1に電流2〔A〕が流れており，それにより発生する0.05〔Wb〕の磁束の30％がコイル2に鎖交しているときの相互インダクタンスが30〔mH〕である．コイル2の巻数はいくらか．

[4] ① コイル1の磁束の30％がコイル2に鎖交し，コイル2の磁束の20％がコイル1に鎖交している．結合係数はいくらか．

② 上記①でコイル1と2の自己インダクタンスがそれぞれ30〔mH〕と100〔mH〕のとき，相互インダクタンスはいくらか．

③ $L_1 = 5$〔mH〕，$L_2 = 2$〔mH〕，$k = 0.4$ のとき M はいくらか．

④ 上記③で L_1 の巻数が200ターン，L_2 の巻数が100ターンである．L_1 に電流を流したとき，L_1 に鎖交する磁束の何％が L_2 に鎖交するか．

⑤ 上記④で L_2 に電流を流したとき，L_2 に鎖交する磁束の何％が L_1 に鎖交するか．

解答22

[1] $\phi_{21} = 0.4\phi_1 = 0.4 \times 0.2 = 0.08$〔Wb〕であるので，式(2.21.2)より，

$$M = \frac{N_2 \phi_{21}}{i_1} = \frac{200 \times 0.08}{5} = 3.2 \text{〔H〕} \text{となる．}$$

[2] 式(2.21.2)より $\phi_{21} = \frac{Mi_1}{N_2} = \frac{0.6 \times 5}{200} = 1.5 \times 10^{-2}$〔Wb〕となるので，

$$k_1 = \frac{1.5 \times 10^{-2}}{0.2} = 0.075 \text{ となり，7.5％がコイル2と鎖交している．}$$

[3] 式(2.21.2)より $N_2 = \frac{Mi_1}{\phi_{21}} = \frac{Mi_1}{k_1 \phi_1} = \frac{0.03 \times 2}{0.3 \times 0.05} = 4$ すなわち4ターンである．

[4] ① 式(2.22.6)より $k = \sqrt{k_1 k_2} = \sqrt{0.3 \times 0.2} = 0.245$ すなわち24.5％となる．

② 式(2.22.6)より $M = \pm k \sqrt{L_1 L_2} = \pm 0.245 \sqrt{0.03 \times 0.1} = \pm 1.34 \times 10^{-2}$〔H〕となる．

③ 式(2.22.6)より $M = \pm 0.4 \sqrt{5 \times 10^{-3} \times 2 \times 10^{-3}} = \pm 1.26 \times 10^{-3}$〔H〕$= \pm 1.26$〔mH〕

④ 式(2.22.3)より $\frac{i_1}{\phi_1} = \frac{N_1}{L_1} = \frac{200}{5 \times 10^{-3}} = 4 \times 10^4$ (2.22.7)

式(2.22.4), (2.22.7)より $k_1 = \frac{Mi_1}{N_2 \phi_1} = \frac{1.26 \times 10^{-3}}{100} \times 4 \times 10^4 = 0.504$

すなわち50.4％が鎖交する．

⑤ 上記④と同様に $\frac{i_2}{\phi_2} = \frac{N_2}{L_2} = \frac{100}{2 \times 10^{-3}} = 5 \times 10^4$ (2.22.8)

式(2.22.4), (2.22.8)より $k_2 = \frac{Mi_2}{N_1 \phi_2} = \frac{1.26 \times 10^{-3}}{200} \times 5 \times 10^4 = 0.315$

すなわち31.5％が鎖交する．

なお $\sqrt{k_1 k_2} = \sqrt{0.504 \times 0.315} = 0.4$ となり，③の $k = 0.4$ という条件と一致する．

要点23　インダクタンス (4)

インダクタンスの接続

(1) 相互インダクタンス無しの直列接続（図 2.23.1）

① L_1 の電圧　$e_1 = -L_1 \dfrac{di}{dt}$

　L_2 の電圧　$e_2 = -L_2 \dfrac{di}{dt}$

② L_1, L_2 の合成インダクタンスを L, L の誘起電圧を e とすれば、

$$e = -L\dfrac{di}{dt} = e_1 + e_2 = -L_1\dfrac{di}{dt} - L_2\dfrac{di}{dt} = -(L_1 + L_2)\dfrac{di}{dt}$$

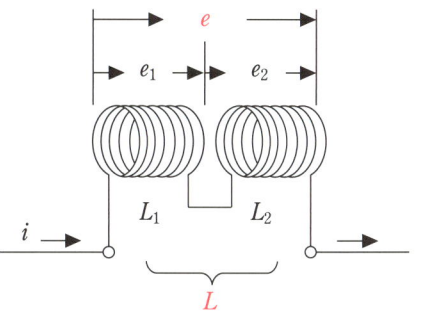

したがって　$L = L_1 + L_2$ 　　　　　(2.23.1)

図 2.23.1　インダクタンスの直列接続

(2) 相互インダクタンスありの同極性直列接続（図 2.23.2）

① コイル1の電圧

$$e_1 = -L_1\dfrac{di}{dt} - M\dfrac{di}{dt} = -(L_1 + M)\dfrac{di}{dt} \quad (2.23.2)$$

② コイル2の誘起電圧

$$e_2 = -L_2\dfrac{di}{dt} - M\dfrac{di}{dt} = -(L_2 + M)\dfrac{di}{dt} \quad (2.23.3)$$

③ 合成インダクタンスを L, 合成電圧を e とすれば、

$$e = e_1 + e_2 = -(L_1 + L_2 + 2M)\dfrac{di}{dt} = -L\dfrac{di}{dt} \quad (2.23.4)$$

したがって、合成インダクタンスは、

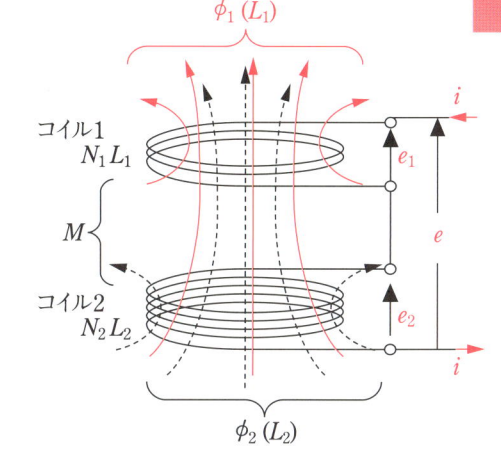

$L = L_1 + L_2 + 2M$ 　　　　　(2.23.5)

図 2.23.2　同極性直列接続

(3) 相互インダクタンスありの逆極性直列接続（図 2.23.3）

① コイル1の電圧

$$e_1 = -L_1\dfrac{di}{dt} - M\dfrac{d(-i)}{dt} = -(L_1 - M)\dfrac{di}{dt} \quad (2.23.6)$$

② コイル2の電圧

$$e_2 = -L_2\dfrac{d(-i)}{dt} - M\dfrac{di}{dt} = (L_2 - M)\dfrac{di}{dt} \quad (2.23.7)$$

③ 合成インダクタンスを L, 合成電圧を e とすれば、

$$e = e_1 - e_2 = -(L_1 + L_2 - 2M)\dfrac{di}{dt} = -L\dfrac{di}{dt} \quad (2.23.8)$$

④ したがって合成インダクタンスは、

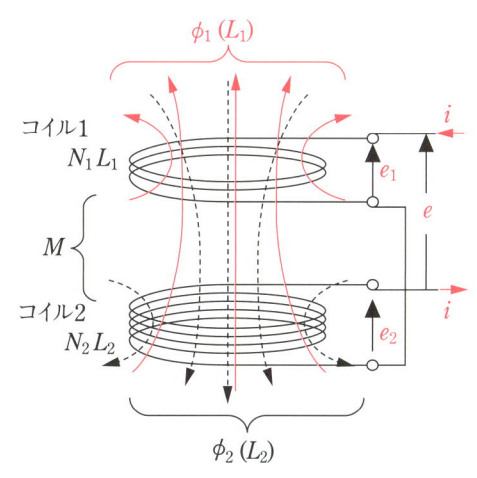

$L = L_1 + L_2 - 2M$ 　　　　　(2.23.9)

図 2.23.3　逆極性直列接続

(4) 相互インダクタンス無しの並列接続（図 2.23.4）

① コイルの誘起電圧は、

$$e = -L_1\dfrac{di_1}{dt} = -L_2\dfrac{di_2}{dt} \quad (2.23.10)$$

② 合成電流を i,合成インダクタンスを L とすると,

$$i = i_1 + i_2 \tag{2.23.11}$$

$$e = -L\frac{di}{dt} = -L\left(\frac{di_1}{dt} + \frac{di_2}{dt}\right) = -L\left(\frac{e}{-L_1} + \frac{e}{-L_2}\right) = Le\left(\frac{1}{L_1} + \frac{1}{L_2}\right) \tag{2.23.12}$$

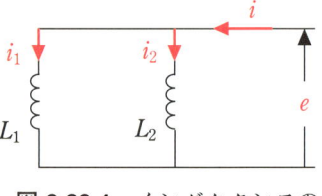

③ したがって合成インダクタンスは,

$$L = \frac{1}{\dfrac{1}{L_1} + \dfrac{1}{L_2}} = \frac{L_1 L_2}{L_1 + L_2} \tag{2.23.13}$$

図 2.23.4 インダクタンスの並列接続

演習問題 23

[1] $L_1 = 20\,[\mathrm{mH}]$ のコイル 1 と $L_2 = 30\,[\mathrm{mH}]$ のコイル 2 が直列に順極性につながれており,$M = 15\,[\mathrm{mH}]$ で電流 $5\,[\mathrm{A}]$ が流れている.電流が 0.5 秒間で $2\,[\mathrm{A}]$ まで減少したとき,

① L_1 の誘起電圧はいくらか.
② L_2 の誘起電圧はいくらか.
③ 合成インダクタンスはいくらか.

[2] 上記 [1] のコイル 1 とコイル 2 が直列に逆極性につながれ,結合係数は 0.6 で電流 $3\,[\mathrm{A}]$ が流れており,電流が 0.2 秒間で $5\,[\mathrm{A}]$ まで増加した.

① L_1 の誘起電圧はいくらか.
② L_2 の誘起電圧はいくらか.
③ 合成インダクタンスはいくらか.

[3] $L_1 = 20\,[\mathrm{mH}]$ のコイル 1 と $L_2 = 30\,[\mathrm{mH}]$ のコイル 2 が並列につながれており,$M = 0\,[\mathrm{mH}]$ で L_1 に電流 $5\,[\mathrm{A}]$,L_2 に電流 $3\,[\mathrm{A}]$ が流れている.L_1 の電流が 0.5 秒間で $2\,[\mathrm{A}]$ まで減少したとき,

① L_1 の誘起電圧はいくらか.
② L_2 の電流は何 $[\mathrm{A}]$ まで減少するか.
③ 合成インダクタンスはいくらか.

解答 23

[1] ① 式 (2.23.2) より,

$$e_1 = -(L_1 + M)\frac{di}{dt} = -(20 + 15) \times 10^{-3} \times \frac{2 - 5}{0.5 - 0} = 0.21\,[\mathrm{V}]$$

② 式 (2.23.3) より,

$$e_2 = -(L_2 + M)\frac{di}{dt} = -(30 + 15) \times 10^{-3} \times \frac{2 - 5}{0.5 - 0} = 0.27\,[\mathrm{V}]$$

③ 式 (2.23.5) より,

$$L = L_1 + L_2 + 2M = (20 + 30 + 2 \times 15) \times 10^{-3} = 0.08\,[\mathrm{H}] = 80\,[\mathrm{mH}]$$

[2] ① 式 (2.22.6) より $M = k\sqrt{L_1 L_2} = 0.6 \times \sqrt{20 \times 10^{-3} \times 30 \times 10^{-3}} = 1.47 \times 10^{-2}\,[\mathrm{H}]$

式 (2.23.6) より，

$$e_1 = -(L_1 - M)\frac{di}{dt} = -(20 - 14.7) \times 10^{-3} \times \frac{5-3}{0.2-0} = -5.3 \times 10^{-2} \text{ [V]}$$

② 式 (2.23.7) 式より，

$$e_2 = (L_2 - M)\frac{di}{dt} = (30 - 14.7) \times 10^{-3} \times \frac{5-3}{0.2-0} = 0.153 \text{ [V]}$$

③ 式 (2.23.9) 式より，

$$L = L_1 + L_2 - 2M = (20 + 30 - 2 \times 14.7) \times 10^{-3} = 20.6 \text{ [mH]}$$

[3] ① L_1 の誘起電圧 $e_1 = -L_1 \frac{di_1}{dt} = -20 \times 10^{-3} \times \frac{2-5}{0.5-0} = 0.12$ [V]

② 並列回路であるので，L_2 の両端の電圧は L_1 の誘起電圧 e_1 と等しくならなければいけない．

したがって $e_1 = 0.12 = -L_2 \frac{di_2}{dt} = -30 \times 10^{-3} \times \frac{i_{0.5s} - 3}{0.5 - 0}$

これより $i_{0.5s} = 1$ [A] となる．すなわち L_2 の電流は 1 [A] まで減少する．

③ 式 (2.23.13) より $L = \frac{L_1 L_2}{L_1 + L_2} = \frac{20 \times 30}{20 + 30} = 12$ [mH] となる．

覚えよう！　要点 20・21・22・23 における重要関係式

① $e = -\frac{d\psi}{dt} = -L\frac{di}{dt}$ [V]　　　　(2.20.3)　〔自己インダクタンスによる誘起電圧〕

② $e_2 = -\frac{d\psi_{21}}{dt} = -M_{21}\frac{di_1}{dt}$ [V]　　(2.21.4)　〔相互インダクタンスによる誘起電圧〕

③ $M = \pm\sqrt{k_1 k_2 L_1 L_2} = \pm k\sqrt{L_1 L_2}$ [H]　(2.22.6)
〔自己インダクタンスと相互インダクタンスの関係〕

④ $L = L_1 + L_2 + 2M$ [H]　　　　(2.23.5)　〔同極性直列接続時の合成インダクタンス〕

⑤ $L = L_1 + L_2 - 2M$ [H]　　　　　　　　〔逆極性直列接続時の合成インダクタンス〕

⑥ $L = \frac{L_1 L_2}{L_1 + L_2}$ [H]　　　　(2.23.13)
〔相互インダクタンスなしの並列接続時の合成インダクタンス〕

要点24　インダクタンス (5)

インダクタンスの計算手順

① コイルの鎖交磁束の磁界の大きさ H と磁束密度 B を求める．

② 鎖交磁束 $\phi = B \cdot S$ を求める．B が場所により異なるときは，dS を鎖交部分の微少面積とし，鎖交範囲全体にわたって BdS を積分して ϕ を求める（図2.24.1）．

③ コイルが N ターンのときは鎖交磁束数 $\psi = N\phi$ を求める．

④ コイルの場所により鎖交磁束が異なるときは，コイルの微小部分の巻数 dN の鎖交磁束 ϕdN を求め，これをコイル全体にわたって積分して ψ を求める（図2.24.2）．

⑤ 自己インダクタンス L を次式から計算する．

$$L = \frac{\psi}{i} = \frac{N\phi}{i} \ [\mathrm{H}] \tag{2.24.1}$$

⑥ 相互インダクタンス M は，コイル1の電流 i_1 によるコイル2の鎖交磁束数を ψ_{21} として，次式から計算する．

$$M = \frac{\psi_{21}}{i_1} = \frac{N_2 \phi_{21}}{i_1} \ [\mathrm{H}] \tag{2.24.2}$$

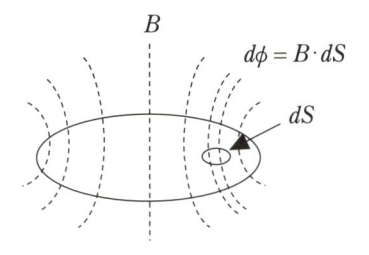

図2.24.1 微小面積を通る磁束

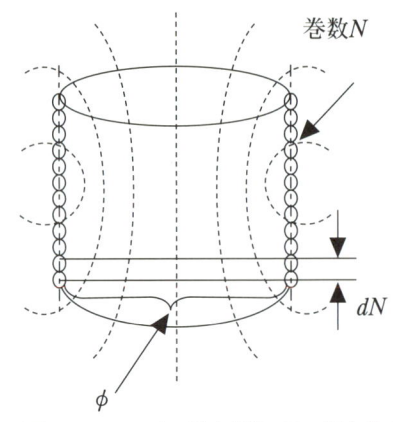

図2.24.2 コイル微小巻数 dN の鎖交磁束

演習問題24

[1] 巻数100ターンのコイル1と巻数50ターンのコイル2があり，コイル1に電流2[A]が流れている．

　① コイル1の鎖交磁束の大きさ ϕ が0.004[Wb]のとき自己インダクタンスはいくらか．

　② コイル2の鎖交磁束の大きさ ϕ が0.0016[Wb]のとき，相互インダクタンスはいくらか．ただし ϕ_1 はコイル1のすべての巻数と，ϕ_2 はコイル2のすべての巻数と鎖交しているとする．

解答24

[1] ① 式(2.24.1)より $L_1 = \dfrac{N_1 \phi_1}{i_1} = \dfrac{100 \times 0.004}{2} = 0.2 \ [\mathrm{H}]$

　② 式(2.24.2)より $M = \dfrac{N_2 \phi_{21}}{i_1} = \dfrac{50 \times 0.0016}{2} = 0.04 \ [\mathrm{H}]$

要点25　インダクタンス(6)

環状ソレノイドの自己インダクタンス

① 環状ソレノイドの巻数を N，平均半径を a [m]，断面積を S [m²]，平均長さを ℓ [m]，電流を i [A] とし，ソレノイド内の磁束密度は均一とする．

② ソレノイドの中心線を一周する磁束は N ターンの電流と鎖交するから，ソレノイド内の磁束密度はアンペアの周回積分の法則から，
$$B = \mu_0 H = \frac{\mu_0 N i}{\ell} = \frac{\mu_0 N i}{2\pi a} \text{ [T]} \quad (2.25.1)$$

③ ソレノイド内の磁束は　$\phi = BS$ [Wb]

④ ϕ はソレノイドのどの巻数とも鎖交しているから，鎖交磁束数 ψ は，
$$\psi = N\phi = NBS = \frac{\mu_0 N^2 i}{2\pi a} S \text{ [Wb]} \quad (2.25.2)$$

⑤ インダクタンスは，
$$L = \frac{\psi}{i} = \frac{\mu_0 N^2}{2\pi a} S = \frac{4\pi N^2 S}{2\pi a} \times 10^{-7} = \frac{2N^2 S}{a} \times 10^{-7} \text{ [H]} \quad (2.25.3)$$

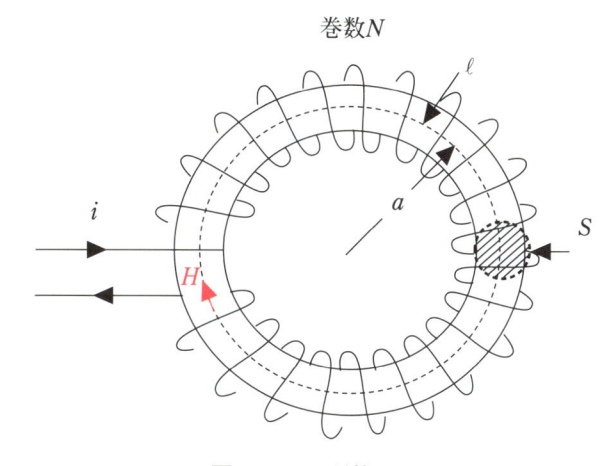

図 2.25.1　環状ソレノイド

演習問題25

[1] 巻数200ターン，断面積の半径2 [cm]，一周の半径10 [cm] の環状ソレノイドがあり，電流3 [A] が流れている．
　① ソレノイド中の磁界の大きさと磁束密度はいくらか．
　② 鎖交磁束の大きさと鎖交磁束数はいくらか．
　③ ソレノイドの自己インダクタンスはいくらか．

解答25

[1] ① 式(2.25.1)を用いて，
$$H = \frac{Ni}{2\pi a} = \frac{200 \times 3}{2\pi \times 0.1} = 955 \text{ [A/m]} \quad B = \mu_0 H = 4\pi \times 10^{-7} \times 955 = 1.2 \times 10^{-3} \text{ [T]}$$

② 鎖交磁束の大きさ $\phi = BS = 1.2 \times 10^{-3} \times \pi \times (2 \times 10^{-2})^2 = 1.51 \times 10^{-6}$ [Wb]

式(2.25.2)より鎖交磁束数 $\psi = N\phi = 200 \times 1.51 \times 10^{-6} = 3 \times 10^{-4}$ [Wb]

③ 式(2.25.3)より $L = \dfrac{\psi}{i} = \dfrac{3 \times 10^{-4}}{3} = 1 \times 10^{-4}$ [H]

要点26　インダクタンス (7)

無限長ソレノイドの自己インダクタンス

① まっすぐな無限長ソレノイドの単位長当りの巻数を n〔m^{-1}〕，断面積を S〔m^2〕とする（図 2.26.1）．

② ソレノイド内の磁束密度は式 (2.6.2) より $B = \mu_0 ni$，鎖交磁束の大きさは $\phi = BS = \mu_0 niS$ となり，単位長当りの鎖交磁束数は $\psi = n\phi = \mu_0 n^2 iS$ である．

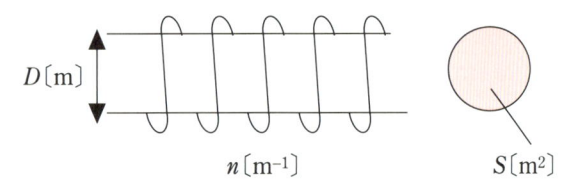

③ ゆえに単位長当りの自己インダクタンスは，

$$L = \frac{\psi}{i} = \mu_0 n^2 S = 4\pi n^2 S \times 10^{-7} \text{〔H/m〕} \tag{2.26.1}$$

④ ソレノイドの直径を D〔m〕とすると長さ ℓ〔m〕の自己インダクタンスは巻数が $n\ell$ となるから，

$$L = \frac{\psi}{i} = \frac{n\ell\phi}{i} = \frac{n\ell \cdot \mu_0 niS}{i} = 4\pi n^2 \ell S \times 10^{-7} = 4\pi n^2 \ell \frac{\pi D^2}{4} \times 10^{-7}$$
$$= (\pi n D)^2 \ell \times 10^{-7} \text{〔H〕} \tag{2.26.2}$$

演習問題26

[1] 1〔m〕当りの巻数500ターン，断面積5〔cm^2〕の無限長ソレノイドがあり，電流2〔A〕が流れている．
　① ソレノイド中の磁界の大きさと磁束密度はいくらか．
　② 鎖交磁束の大きさと1〔m〕当りの鎖交磁束数はいくらか．
　③ 1〔m〕当りのソレノイドの自己インダクタンスはいくらか．

[2] 1〔m〕当りの巻数200ターン，断面積の直径3〔cm〕の無限長ソレノイドの長さ50〔cm〕当りの自己インダクタンスはいくらか．

解答26

[1] ① 式 (2.6.2) より $H = ni = 500 \times 2 = 1000$〔A/m〕
　　　 $B = \mu_0 H = 4\pi \times 10^{-7} \times 1000 = 1.256 \times 10^{-3}$〔T〕
　② 鎖交磁束の大きさ $\phi = BS = 1.256 \times 10^{-3} \times 5 \times 10^{-4} = 6.28 \times 10^{-7}$〔Wb〕
　　　1〔m〕あたりの鎖交磁束数 $\psi = n\phi = 500 \times 6.28 \times 10^{-7} = 3.14 \times 10^{-4}$〔Wb/m〕
　③ 式 (2.26.1) を用いて $L = \dfrac{\psi}{i} = \dfrac{3.14 \times 10^{-4}}{2} = 1.57 \times 10^{-4}$〔H/m〕

[2] 式 (2.26.2) を用いて，
$$L = (\pi n D)^2 \ell \times 10^{-7} = (\pi \times 200 \times 3 \times 10^{-2})^2 \times 0.5 \times 10^{-7} = 1.78 \times 10^{-5} \text{〔H〕}$$

要点27 インダクタンス(8)

有限長ソレノイドの自己インダクタンス

① 有限長ソレノイドの長さを ℓ [m]，直径を D [m]，巻数を N とする（図2.27.1）．

② 電流による磁束がすべてコイルと鎖交するときは，コイルのインダクタンスは $n = N/\ell$ から

$$L = \{\pi(N/\ell)D\}^2 \cdot \ell \times 10^{-7}$$
$$= \frac{(\pi ND)^2}{\ell} \times 10^{-7} \text{ [H]} \quad (2.27.1)$$

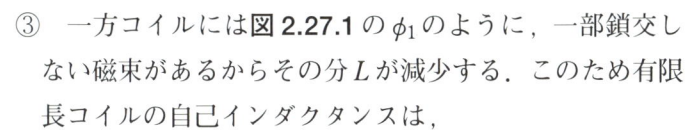

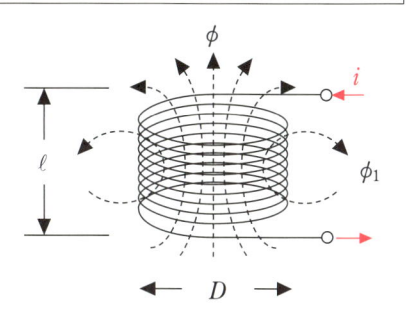

図2.27.1　有限長コイルの磁束

③ 一方コイルには図2.27.1の ϕ_1 のように，一部鎖交しない磁束があるからその分 L が減少する．このため有限長コイルの自己インダクタンスは，

$$L = K\frac{(\pi ND)^2}{\ell} \times 10^{-7} = K(\pi nD)^2 \ell \times 10^{-7} \text{ [H]} \quad (2.27.2)$$

④ 定数 $K(0 \leq K \leq 1)$ は (D/ℓ) の関数で，長岡半太郎博士（1865～1950）によって理論的に計算されたので長岡係数という（表2.27.1 参照）．

表2.27.1　長岡係数

D/ℓ	K	D/ℓ	K
0	1.000	1.0	0.688
0.1	0.959	2.0	0.526
0.2	0.920	3.0	0.429
0.3	0.884	4.0	0.365
0.4	0.850	5.0	0.320
0.5	0.818	6.0	0.285
0.6	0.789	7.0	0.258
0.7	0.761	8.0	0.237
0.8	0.735	9.0	0.219
0.9	0.711	10.0	0.203

演習問題27

[1] 直径を5 [cm]，長さを15 [cm]，巻数150ターンの有限長ソレノイドがある．
　① 長岡係数はいくらか．表2.27.1 より求めよ．
　② 自己インダクタンスはいくらか．
　③ このコイルを2つ突き合わせて直列に接続すると，自己インダクタンスはいくらになるか．ただし電流の流れる方向は同じとする．また結合係数は1とする．

解答27

[1] ① $\frac{D}{\ell} = \frac{5}{15} = 0.33$ となり，表2.27.1 より $\frac{D}{\ell} = 0.3$ で 0.884，$\frac{D}{\ell} = 0.4$ で 0.850 であるのでこの間で比例計算を行うと $\frac{D}{\ell} = 0.33$ では 0.874 となる．

② 式(2.27.2) より $L = K\frac{(\pi ND)^2}{\ell} \times 10^{-7} = 0.874 \times \frac{(\pi \times 150 \times 0.05)^2}{0.15} \times 10^{-7} = 3.23 \times 10^{-4}$ [H]

③ 式(2.22.6) で $k=1$ として M を求め，これを式(2.23.5) に代入して求める．

$M = \sqrt{L_1 L_2} = 3.23 \times 10^{-4}$ [H]

$L = L_1 + L_2 + 2M = 3.23 \times 10^{-4} \times 2 + 2 \times 3.23 \times 10^{-4} = 1.29 \times 10^{-3}$ [H]

要点28　インダクタンス(9)

平行往復導線間の自己インダクタンス

① 平行往復導線の直径を $2r$，距離を $D(D \gg r)$，電流を i とする．

② 往復電流によって生ずる磁束のうち図 **2.28.1** の斜線部分の磁束が長さ 1 [m] の往復電流回路と鎖交している．

③ 導線 a から距離 x における磁界の大きさは導線 a，b の電流によるものの和であるから，

$$H_x = \frac{i}{2\pi x} + \frac{i}{2\pi(D-x)} \quad (2.28.1)$$

④ 磁束密度は，

$$B_x = \mu_0 H_x = \frac{\mu_0 i}{2\pi}\left(\frac{1}{x} + \frac{1}{(D-x)}\right)$$

⑤ 斜線部分の磁束は，

$$\phi = \int_{x=r}^{D-r} B_x dx = \frac{\mu_0 i}{2\pi}\int_r^{D-r}\left(\frac{1}{x} + \frac{1}{(D-x)}\right)dx$$

$$= \frac{\mu_0 i}{2\pi}\bigl[\ln x - \ln(D-x)\bigr]_r^{D-r}$$

$$= \frac{\mu_0 i}{2\pi}\{\ln(D-r) - \ln r - \ln(D-D+r) + \ln(D-r)\}$$

$$= \frac{\mu_0 i}{\pi}\ln\frac{D-r}{r} \quad [\text{Wb}] \quad (2.28.2)$$

⑥ $\therefore\ L = \frac{\phi}{i} = \frac{\mu_0}{\pi}\ln\frac{D-r}{r} = 4\times 10^{-7}\ln\frac{D-r}{r}\ [\text{H/m}] \quad (2.28.3)$

⑦ $r \ll D$ のとき，長さ ℓ [m] の自己インダクタンスは，

$$L = 4\ell\times 10^{-7}\ln\frac{D}{r}\ [\text{H}] \quad (2.28.4)$$

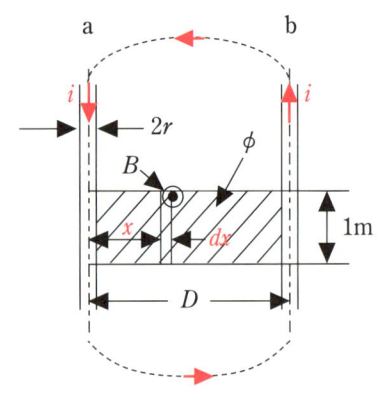

図 **2.28.1**　2本の平行往復導線

演習問題28

[1] 太さ 1 [cm]，間隔 1 [m]，長さ 3 [km] の平行往復銅線に 50 [Hz] の電流 200 [A] を流した．

① 往復銅線の自己インダクタンスはいくらか．
② 銅線の断面積はいくらか．
③ 銅の抵抗率を $\rho = 1.8 \times 10^{-8}$ [Ω·m] とするとき往復銅線の抵抗はいくらか．
④ 50 [Hz] における往復銅線のインピーダンスはいくらか．
⑤ 往復銅線の両端間の電圧降下はいくらか．

解答 28

[1] ① $r = 0.005$ [m] $\ll D = 1$ [m] と考えてよく式 (2.28.4) が使える．

$$L = 4\ell \times 10^{-7} \ln \frac{D}{r} = 4 \times 3 \times 10^3 \times 10^{-7} \times \ln \frac{1}{5 \times 10^{-3}} = 6.36 \times 10^{-3} \text{ [H]}$$

② $S = \pi \times \left(\dfrac{d}{2}\right)^2 = \pi \times \left(\dfrac{1 \times 10^{-2}}{2}\right)^2 = 7.85 \times 10^{-5}$ [m^2]

③ 往復なので2倍になる．$R = 2 \times \rho \dfrac{\ell}{S} = 2 \times 1.8 \times 10^{-8} \times \dfrac{3 \times 10^3}{7.85 \times 10^{-5}} = 1.38$ [Ω]

④ 複素インピーダンス $\dot{Z} = R + j\omega L = R + j2\pi f L$ で表される．したがって，

$\dot{Z} = 1.38 + j2\pi \times 50 \times 6.36 \times 10^{-3} = 1.38 + j2$ [Ω] となりその大きさは，

$Z = \sqrt{1.38^2 + 2^2} = 2.43$ [Ω]

⑤ 電圧降下 $V = Zi = 2.43 \times 200 = 486$ [V] となる．

覚えよう！　要点 24・25・26・27・28 における重要関係式

① $B = \dfrac{\mu_0 N i}{2\pi a}$ [T] 　　　　　(2.25.1)〔環状ソレノイド内の磁束密度〕

② $L = \dfrac{\psi}{i} = \dfrac{\mu_0 N^2}{2\pi a} S = \dfrac{2N^2 S}{a} \times 10^{-7}$ [H] 　(2.25.3)〔環状ソレノイドの自己インダクタンス〕

③ $B = \mu_0 n i$ [T] 　　　　　〔無限長ソレノイド内の磁束密度〕

④ $L = (\pi n D)^2 \ell \times 10^{-7}$ [H] 　　(2.26.2)〔無限長ソレノイドの自己インダクタンス〕

⑤ $L = K(\pi n D)^2 \ell \times 10^{-7}$ [H] 　(2.27.2)〔有限長ソレノイドの自己インダクタンス〕

⑥ $L = 4\ell \times 10^{-7} \ln \dfrac{D}{r}$ [H] 　　(2.28.4)〔平行往復導線間の自己インダクタンス〕

要点29　インダクタンス(10)

円柱形導体の内部インダクタンス

① 半径 a の円柱形導体を電流 I が一様に流れている（図 2.29.1）．

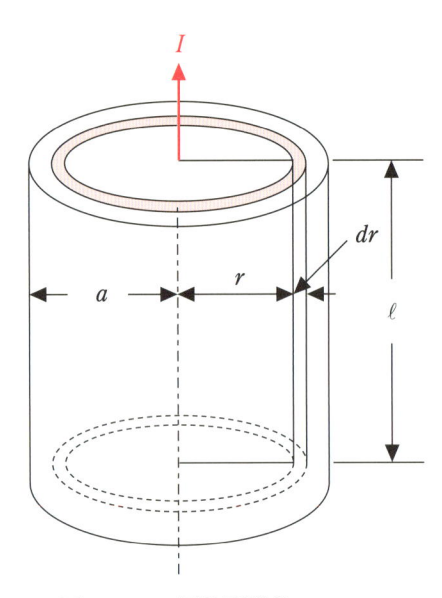

図 2.29.1　円柱型導体

② 磁力線は中心軸を中心とする同心円状にできる．中心軸より半径 r の点の磁界の強さ H_r はアンペアの法則より，

$$H_r = \frac{I_r}{2\pi r} \tag{2.29.1}$$

ここで I_r は半径 r 内を流れる電流であり，電流 I が一様に流れているので

$$I_r = I\left(\frac{\pi r^2}{\pi a^2}\right) = \left(\frac{r^2}{a^2}\right)I \tag{2.29.2}$$

③ 式(2.29.1)，(2.29.2)より，

$$H_r = \frac{I_r}{2\pi r} = \frac{1}{2\pi r}\left(\frac{r^2}{a^2}\right)I = \frac{r}{2\pi a^2}I \tag{2.29.3}$$

④ 厚さ dr，長さ ℓ の円筒環の軸方向断面積は ℓdr となり，この断面積内に含まれる磁束 $d\phi$ は導体の透磁率を μ とすると，

$$d\phi = \mu H_r \cdot \ell dr = \frac{\mu \ell I}{2\pi a^2} \cdot r dr \tag{2.29.4}$$

⑤ この磁束と鎖交する電流は I_r であり，I_r は全電流 I の $\left(\dfrac{r^2}{a^2}\right)$ 倍であるから巻数が $\left(\dfrac{r^2}{a^2}\right)$ のコイルと鎖交しているのと等価である．したがってその鎖交量 $d\psi$ は，

$$d\psi = d\phi \times \frac{r^2}{a^2} \tag{2.29.5}$$

⑥ 全電流に対する鎖交磁束は，

$$\psi = \int_{r=0}^{a} d\psi = \frac{\mu \ell I}{2\pi a^2}\int_0^a \frac{r^2}{a^2} r dr = \frac{\mu \ell I}{2\pi a^4}\int_0^a r^3 dr = \frac{\mu \ell I}{2\pi a^4}\left[\frac{r^4}{4}\right]_0^a = \frac{\mu \ell I}{8\pi} \tag{2.29.6}$$

⑦ したがって導体の内部インダクタンスは，
$$L_1 = \frac{\psi}{I} = \frac{\mu\ell}{8\pi} \text{ 〔H〕} \tag{2.29.7}$$

⑧ 導体の単位長さ当りの内部インダクタンス L_i は，
$$L_i = \frac{\mu}{8\pi} \text{ 〔H/m〕} \tag{2.29.8}$$

演習問題 29

[1] 電流 500〔A〕が流れる直径 2〔cm〕の銅丸棒がある．
① 丸棒の中心から 5〔mm〕における磁界の大きさと磁束密度はいくらか．
② 丸棒の内部で長さ 1〔m〕当りに発生する磁束はいくらか．
③ 長さ 5〔m〕の丸棒の内部インダクタンスはいくらか．

解答 29

[1] ① 式 (2.29.3) より $H_r = \dfrac{r}{2\pi a^2}I = \dfrac{0.005}{2\pi \times 0.01^2} \times 500 = 3.98 \times 10^3$ 〔A/m〕

銅の透磁率 μ は真空中の透磁率 μ_0 とほぼ等しい．したがって磁束密度 B_r は，
$$B_r = \mu_0 H_r = 4\pi \times 10^{-7} \times 3.98 \times 10^3 = 5.0 \times 10^{-3} \text{ 〔T〕}$$

② 式 (2.29.6) より，
$$\psi = \frac{\mu_0 \ell I}{8\pi} = \frac{4\pi \times 10^{-7} \times 1 \times 500}{8\pi} = 2.5 \times 10^{-5} \text{ 〔Wb〕}$$

③ 式 (2.29.7) より，
$$L_5 = \frac{\mu_0 \times 5}{8\pi} = \frac{4\pi \times 10^{-7} \times 5}{8\pi} = 2.5 \times 10^{-7} \text{ 〔H〕}$$

覚えよう！　要点 29 における重要関係式

① $L_i = \dfrac{\mu}{8\pi}$ 〔H/m〕　　　　　　　　　　　　　　　　　(2.29.8)

〔導体の単位長さ当りの内部インダクタンス〕

要点30　インダクタンス(11)

細長いソレノイドの外側に巻かれた短いコイルとの間の相互インダクタンス

① 細長いソレノイドの巻数をn〔ターン/m〕，断面積をS〔m²〕，電流をI〔A〕，外側コイルの巻数をN〔ターン〕とする（図2.30.1）．

② ソレノイド内の磁束密度Bを無限長ソレノイドの磁束密度にほぼ等しいとすると（2.6.2）式より，

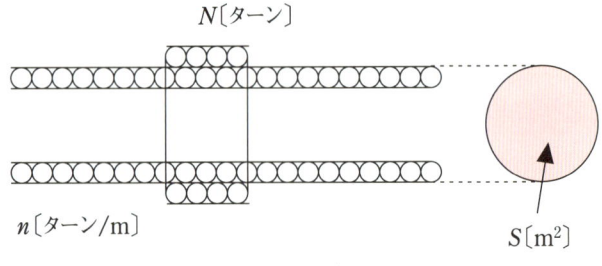

$$B = \mu_0 nI \tag{2.30.1}$$

図2.30.1　細長いソレノイドと外側に巻かれたコイル

③ ソレノイド内の磁束は $\phi = BS = \mu_0 nIS$ (2.30.2)

④ 外側コイルとの鎖交磁束は $\psi = N\phi = \mu_0 nNIS$ (2.30.3)

⑤ したがって相互インダクタンスは，$M = \dfrac{\psi}{I} = \mu_0 nNS = 4\pi nNS \times 10^{-7}$〔H〕 (2.30.4)

演習問題30

[1] 長さ1〔m〕，直径5〔cm〕，巻数1000ターンのソレノイドの外側に密接して，巻数50ターンの短いコイル1が巻いてあり，ソレノイドに電流3〔A〕が流れている．
　① ソレノイド内の磁束密度を求めよ．
　② 外側コイルとの鎖交磁束と相互インダクタンスを求めよ．
　③ ソレノイド内にこれと同軸に直径3〔cm〕，巻数100ターンの短いコイル2があるとき，相互インダクタンスを求めよ．

解答30

[1] ① 式(2.30.1)より，

$$B = \mu_0 nI = 4\pi \times 10^{-7} \times 1000 \times 3 = 3.77 \times 10^{-3} \text{〔T〕}$$

② 式(2.30.4)より，鎖交磁束ψは

$$\psi = \mu_0 nNIS = 4\pi \times 10^{-7} \times 1000 \times 50 \times 3 \times \left(\frac{5 \times 10^{-2}}{2}\right)^2 \pi = 3.70 \times 10^{-4} \text{〔Wb〕}$$

$$M = 4\pi nNS \times 10^{-7} = 4\pi \times 1000 \times 50 \times \pi \left(\frac{5 \times 10^{-2}}{2}\right)^2 \times 10^{-7} = 1.23 \times 10^{-4} \text{〔H〕}$$

③ 図2.30.2より，短いコイルへの鎖交磁束数ψ'は小コイルの断面積をS'として，

$$\psi' = BS'N' = 3.77 \times 10^{-3} \times \pi \times \left(\frac{3 \times 10^{-2}}{2}\right)^2 \times 100$$

$$= 2.66 \times 10^{-4} \text{〔Wb〕}$$

したがって相互インダクタンスは，

$$M' = \frac{\psi'}{I} = \frac{2.66 \times 10^{-4}}{3} = 8.85 \times 10^{-5} \text{〔H〕}$$

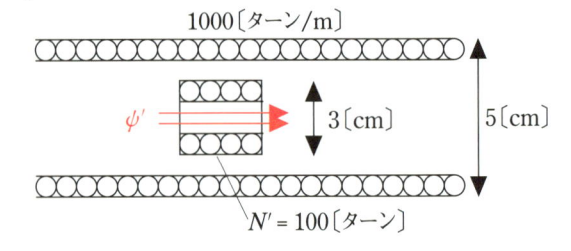

図2.30.2

要点31　インダクタンス（12）

二組の平行往復導体間の相互インダクタンス

① 直径 d の平行往復導線 a, b, c, d があり，ab 間の距離を D_1，cd 間の距離を D_2，bc 間の距離を D とし，$d \ll D_1, D_2, D$ とする（図 2.31.1）．

② 導体 a, b の往復電流を I とする．

③ cd 間において c より x における磁束密度のうち a の電流によるものは $\odot$ の向きで，式 (2.7.1) を用いて，

$$B_a = \frac{\mu_0 I}{2\pi(D_1 + D + x)} \tag{2.31.1}$$

③ また b の電流によるものは $\otimes$ の向きで，

$$B_b = \frac{\mu_0 I}{2\pi(D + x)} \tag{2.31.2}$$

⑥ a, b の往復電流による磁束密度は，

$$B = B_b - B_a = \frac{\mu_0}{2\pi}\left(\frac{1}{D+x} - \frac{1}{D_1+D+x}\right)I \tag{2.31.3}$$

⑥ x における長さ 1 [m]，微小幅 dx の面積を通る磁束は，

$$d\phi = B(1 \times dx) = \frac{\mu_0}{2\pi}\left(\frac{1}{D+x} - \frac{1}{D_1+D+x}\right)I\,dx \tag{2.31.4}$$

⑦ cd 間の長さ 1 [m] 当りの磁束は，

$$\begin{aligned}\phi &= \int_{x=0}^{D_2} d\phi = \frac{\mu_0}{2\pi}\int_0^{D_2}\left(\frac{1}{D+x} - \frac{1}{D_1+D+x}\right)I\,dx \\ &= \frac{\mu_0 I}{2\pi}\left[\ln(D+x) - \ln(D_1+D+x)\right]_0^{D_2} \\ &= \frac{\mu_0 I}{2\pi}\left[\ln\frac{D_2+D}{D} - \ln\frac{D_1+D_2+D}{D_1+D}\right] \\ &= \frac{\mu_0 I}{2\pi}\ln\frac{(D_1+D)(D_2+D)}{D(D_1+D_2+D)}\quad [\text{Wb/m}]\end{aligned} \tag{2.31.5}$$

⑧ したがって相互インダクタンスは，

$$\begin{aligned}M &= \frac{\phi}{I} = \frac{\mu_0}{2\pi}\ln\frac{(D_1+D)(D_2+D)}{D(D_1+D_2+D)} \\ &= 2\ln\frac{(D_1+D)(D_2+D)}{D(D_1+D_2+D)} \times 10^{-7}\quad [\text{H/m}]\end{aligned} \tag{2.31.6}$$

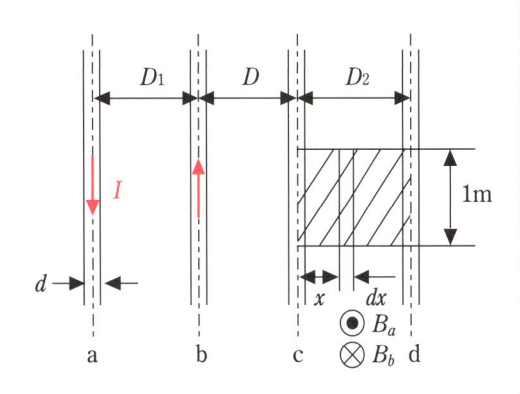

図 2.31.1　二組の平行往復導線

演習問題 31

[1] 細い平行往復導体 a, b, c, d があり，ab 間，bc 間および cd 間の距離はそれぞれ 10 [cm]，10 [cm]，15 [cm] で，導体 a, b には往復電流 200 [A] が流れている．

① 導体 c, d の位置における磁束密度を求めよ．

② 導体c，d間の長さ1〔m〕当りの磁束を求めよ．
③ 平行導体a，b及びc，d間の長さ1〔m〕当りの相互インダクタンスを求めよ．

〔2〕無限長直線電流Iと同一平面内に2辺の長さa，bの矩形状導線があり，辺bは電流Iと平行で，近いほうの辺がIより距離dだけ離れている（図2.31.2）．
① Iより距離xにおける磁束密度を求めよ．
② Iより距離xにおける矩形内のIに平行な微小幅dxを通る磁束を求めよ．
③ 矩形内を通る磁束を求めよ．
④ $a = b = 10$〔cm〕，$d = 30$〔cm〕のとき，電流Iと矩形状導体との間の相互インダクタンスを求めよ．

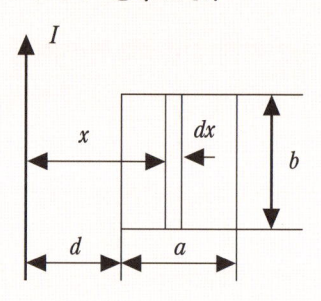

図2.31.2 無限長導線と矩形状導体

解答31

〔1〕① 式(2.31.3)においてcでの磁束密度B_cを求めるには，$D_1 = D = 10 \times 10^{-2} = 0.1$〔m〕，$x = 0$とおいて求められる．またdでの磁束密度$B_d$は$D_1 = D = 0.1$〔m〕，$D_2 = x = 0.15$〔m〕とおいて求められる．

$$B_c = \frac{\mu_0 \times 200}{2\pi}\left(\frac{1}{0.1} - \frac{1}{0.2}\right) = \frac{4\pi \times 10^{-7} \times 200}{2\pi}(10-5) = 2 \times 10^{-4} \text{〔T〕}$$

$$B_d = \frac{\mu_0 \times 200}{2\pi}\left(\frac{1}{0.25} - \frac{1}{0.35}\right) = 4.6 \times 10^{-5} \text{〔T〕}$$

② 式(2.31.5)より，

$$\phi = \frac{\mu_0 I}{2\pi}\ln\frac{(D_1+D)(D_2+D)}{D(D_1+D_2+D)} = 2 \times 10^{-7} \times 200 \ln\frac{0.2 \times 0.25}{0.1 \times 0.35} = 1.427 \times 10^{-5} \text{〔Wb/m〕}$$

③ 式(2.31.6)より，

$$M = \frac{\phi}{I} = \frac{1.427 \times 10^{-5}}{200} = 7.13 \times 10^{-8} \text{〔H/m〕}$$

〔2〕① 式(2.7.1)を用いて$B_x = \mu_0 \times \dfrac{I}{2\pi x} = \dfrac{\mu_0 I}{2\pi x}$

② $d\phi_x = B_x \cdot bdx = \dfrac{\mu_0 b I}{2\pi x}dx$

③ 全磁束は$d\phi_x$を$x = d$から$x = d+a$まで積分して求められる．

$$\phi = \int_{x=d}^{d+a} d\phi_x = \frac{\mu_0 b I}{2\pi}\int_{x=d}^{d+a}\frac{dx}{x} = \frac{\mu_0 b I}{2\pi}\ln\frac{d+a}{d}$$

④ $M = \dfrac{\phi}{I} = \dfrac{\mu_0 b}{2\pi}\ln\dfrac{d+a}{d} = \dfrac{4\pi \times 10^{-7} \times 0.1}{2\pi}\ln\dfrac{0.3+0.1}{0.3} = 5.7 \times 10^{-9}$〔H〕

覚えよう！ 要点30・31における重要関係式

① $M = \mu_0 nNS = 4\pi nNS \times 10^{-7}$〔H〕　　(2.3.1)

　〔細長いソレノイドの外側に巻かれた短コイルとの間の相互インダクタンス〕

② $M = \dfrac{\mu_0}{2\pi}\ln\dfrac{(D_1+D)(D_2+D)}{D(D_1+D_2+D)}$〔H/m〕　　(2.4.1)　〔二組の平行往復導体間の相互インダクタンス〕

要点32　磁界に蓄えられるエネルギー（電磁エネルギー）(1)

自己インダクタンス L に蓄えられるエネルギー

① L を流れる電流 i による逆起電力（電位差）は，

$$e = -L\frac{di}{dt} \text{ [V]} \tag{2.32.1}$$

② 電位差 e [V] に逆らって電荷 dq [C] を運ぶのに要する仕事は，

$$dW = -edq = L\frac{di}{dt}dq = L\frac{dq}{dt}di = Lidi \text{ [J]} \tag{2.32.2}$$

式(2.32.2)は L に流れている電流 i を di だけ増加させるに必要な仕事を示している．

③ したがって L の電流を 0 から i まで増すのに要する仕事は，

$$W = \int_{i=0}^{i} dW = \int_0^i Lidi = \frac{1}{2}Li^2 \text{ [J]} \tag{2.32.3}$$

④ W に相当するエネルギーは，インダクタンス L の磁界中に蓄えられるため電磁エネルギーという．このエネルギーは電流 i が流れている間だけ蓄えられ，i が切れるとゼロになってしまう．

⑤ i が切れたとき，電磁エネルギーは回路中の抵抗のジュール損や開閉器の火花として失われる．

演習問題 32

[1] 10 [mH] のインダクタンス L を流れる電流が，0.02 秒間で 0 から 5 [A] まで直線的に増加したとき，L の電圧はいくらか．

[2] 電子 1 個を 1 [V] のところから 0 [V] のところまで動かすのに要するエネルギーはいくらか（このエネルギーの大きさを 1 [eV]（エレクトロンボルト）という）．

[3] 0.6 [mH] のコイルに 300 [A] の電流が流れているとき，コイルに蓄えられる電磁エネルギーはいくらか．

解答 32

[1] 式(2.32.1)より $e = -L\dfrac{di}{dt} = -0.01 \times \dfrac{5-0}{0.02-0} = -2.5$ [V]

すなわち 2.5 [V] の逆起電力が生じる．

[2] 電位差 e に逆らって電荷 q [C] を運ぶのに要する仕事は式(2.32.2)より $dW = -edq$ となる．いま $e = 1$ [V]，$dq = -1.6 \times 10^{-19}$ [C] を代入すると $dW = -1 \times (-1.6 \times 10^{-19}) = 1.6 \times 10^{-19}$ [J] となる．すなわち 1 [eV] $= 1.6 \times 10^{-19}$ [J] である．

[3] 式(2.32.3)より，

$W = \dfrac{1}{2}Li^2 = \dfrac{1}{2} \times 0.6 \times 10^{-3} \times 300^2 = 27$ [J] となる．

要点33 磁界に蓄えられるエネルギー（電磁エネルギー）(2)

相互インダクタンスがある場合の電磁エネルギー

① コイルの自己インダクタンスを L_1, L_2，相互インダクタンスを M，L_1, L_2 を流れる電流を i_1, i_2 とする（図 2.33.1）．

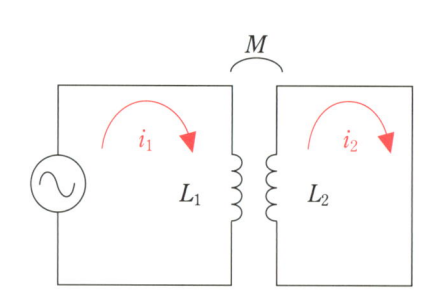

図 2.33.1　相互インダクタンスがある場合の電磁エネルギー

② 両コイルを流れる電流による磁束と鎖交磁束の方向が同じである同極性の場合

L_1 の誘起電圧： $e_1 = -L_1 \dfrac{di_1}{dt} - M \dfrac{di_2}{dt}$ (2.33.1)

L_2 の誘起電圧： $e_2 = -L_2 \dfrac{di_2}{dt} - M \dfrac{di_1}{dt}$ (2.33.2)

③ 両コイルを流れる電流による磁束と鎖交磁束の方向が反対である逆極性の場合

L_1 の誘起電圧： $e_1 = -L_1 \dfrac{di_1}{dt} + M \dfrac{di_2}{dt}$ (2.33.3)

L_2 の誘起電圧： $e_2 = -L_2 \dfrac{di_2}{dt} + M \dfrac{di_1}{dt}$ (2.33.4)

④ 誘起電圧 e_1, e_2 に抗して電荷 dq_1, dq_2 を運ぶに要する仕事は，

$$
\begin{aligned}
dW &= -e_1 dq_1 - e_2 dq_2 \\
&= -\left(-L_1 \dfrac{di_1}{dt} \mp M \dfrac{di_2}{dt}\right) dq_1 - \left(-L_2 \dfrac{di_2}{dt} \mp M \dfrac{di_1}{dt}\right) dq_2 \\
&= \left(L_1 \dfrac{di_1}{dt} \pm M \dfrac{di_2}{dt}\right) dq_1 + \left(L_2 \dfrac{di_2}{dt} \pm M \dfrac{di_1}{dt}\right) dq_2 \\
&= L_1 \dfrac{dq_1}{dt} di_1 \pm M \dfrac{dq_1}{dt} di_2 + L_2 \dfrac{dq_2}{dt} di_2 \pm M \dfrac{dq_2}{dt} di_1 \\
&= L_1 i_1 di_1 \pm M i_1 di_2 + L_2 i_2 di_2 \pm M i_2 di_1
\end{aligned}
$$ (2.33.5)

複号は上側が同極性，下側が逆極性を表す．

⑤ ここで，

$$\dfrac{d}{dt}(M i_1 i_2) = M \dfrac{d}{dt}(i_1 i_2) = M\left(\dfrac{di_1}{dt} i_2 + \dfrac{di_2}{dt} i_1\right)$$

であるので両辺に dt をかけると，

$d(M i_1 i_2) = M(i_1 di_2 + i_2 di_1)$

∴　$dW = L_1 i_1 di_1 + L_2 i_2 di_2 \pm d(M i_1 i_2)$ (2.33.6)

⑥ i_1 が 0 から i_1 になるまで，i_2 が 0 から i_2 になるまで dW を積分すると

$$W = \int_0^{i_1} L_1 i_1 di_1 + \int_0^{i_2} L_2 i_2 di_2 \pm \int_{i_1 i_2 = 0}^{i_1 i_2} d(Mi_1 i_2)$$

$$= L_1 \int_0^{i_1} i_1 di_1 + L_2 \int_0^{i_2} i_2 di_2 \pm M \int_{i_1 i_2 = 0}^{i_1 i_2} d(i_1 i_2)$$

$$= \frac{1}{2} L_1 i_1^2 + \frac{1}{2} L_2 i_2^2 \pm M i_1 i_2 \quad [\text{J}] \tag{2.33.7}$$

演習問題 33

[1] $L_1 = 20 \,[\text{mH}]$, $L_2 = 30 \,[\text{mH}]$, $M = 8 \,[\text{mH}]$ のコイルがあり，L_1 には $I_1 = 4 \,[\text{A}]$, L_2 には $I_2 = 3 \,[\text{A}]$ の電流が流れている．

　① 電流の向きが同極性のときに蓄えられる電磁エネルギーはいくらか．
　② 電流の向きが逆極性のときに蓄えられる電磁エネルギーはいくらか．

[2] 上記 [1] において I_1 が 0.5 秒で，I_2 が 1 秒で 0 になった．

　① 電流の向きが同極性のとき L_1 の誘起電圧はいくらか．
　② 電流の向きが逆極性のとき L_2 の誘起電圧はいくらか．

[3] $L_1 = L_2 = 10 \,[\text{mH}]$，$k = 0.2$ の 2 つのコイルがある．

　① 相互インダクタンスはいくらか．
　② 図 2.33.2 (a) のように接続して電流 1 [A] を流したとき，両コイルに蓄えられる電磁エネルギーはいくらか．
　③ 図 2.33.2 (b) のように接続して電流 1 [A] を流したとき，両コイルに蓄えられる電磁エネルギーはいくらか．

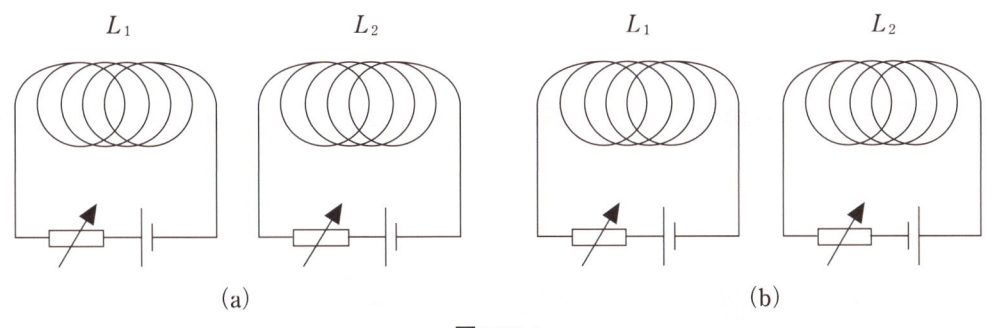

図 2.33.2

[4] $L_1 = 10 \,[\text{mH}]$, $L_2 = 20 \,[\text{mH}]$, $k = 0.3$ の 2 つのコイルがある．L_1 に 200 [A]，L_2 に 150 [A] の電流を流したときに蓄えられる電磁エネルギーを順極性と逆極性の場合について求めよ．

解答 33

[1] ① 式 (2.33.7) の ± の + 側で計算する．

$$W = \frac{1}{2} L_1 i_1^2 + \frac{1}{2} L_2 i_2^2 + M i_1 i_2 = \frac{1}{2} \times 0.02 \times 4^2 + \frac{1}{2} \times 0.03 \times 3^2 + 0.008 \times 4 \times 3 = 0.39 \,[\text{J}]$$

② 式(2.33.7)の±の−側で計算する．
$$W = \frac{1}{2}L_1 i_1^2 + \frac{1}{2}L_2 i_2^2 - M i_1 i_2 = \frac{1}{2} \times 0.02 \times 4^2 + \frac{1}{2} \times 0.03 \times 3^2 - 0.008 \times 4 \times 3 = 0.20 \ [\text{J}]$$

[2] ① 式(2.33.1) より，
$$e_1 = -L_1 \frac{di_1}{dt} - M \frac{di_2}{dt} = -0.02 \times \frac{0-4}{0.5-0} - 0.008 \times \frac{0-3}{1-0} = 0.184 \ [\text{V}]$$

② 式(2.33.4) より，
$$e_2 = -L_2 \frac{di_2}{dt} + M \frac{di_1}{dt} = -0.03 \times \frac{0-3}{1-0} + 0.008 \times \frac{0-4}{0.5-0} = 0.026 \ [\text{V}]$$

[3] ① 式(2.22.6) より，
$$M = \pm k \sqrt{L_1 L_2} = \pm 0.2 \times \sqrt{0.01 \times 0.01} = \pm 2 \times 10^{-3} \ [\text{H}]$$

② 図2.33.2 (a) の場合は同極性となり，相互インダクタンスは $M = +2 \times 10^{-3}$ [H] で計算する．
式(2.33.7) より，
$$W = \frac{1}{2}L_1 i_1^2 + \frac{1}{2}L_2 i_2^2 + M i_1 i_2 = \frac{1}{2} \times 0.01 \times 1^2 + \frac{1}{2} \times 0.01 \times 1^2 + 0.002 \times 1 \times 1 = 0.012 \ [\text{J}]$$

③ 図2.33.2 (b) の場合は逆極性となり，相互インダクタンスは $M = -2 \times 10^{-3}$ [H] で計算する．
$$W = \frac{1}{2}L_1 i_1^2 + \frac{1}{2}L_2 i_2^2 - M i_1 i_2 = \frac{1}{2} \times 0.01 \times 1^2 + \frac{1}{2} \times 0.01 \times 1^2 - 0.002 \times 1 \times 1 = 0.008 \ [\text{J}]$$

[4] 相互インダクタンス M は式(2.22.6) より，
$$M = \pm k \sqrt{L_1 L_2} = \pm 0.3 \times \sqrt{0.01 \times 0.02} = \pm 4.24 \times 10^{-3} \ [\text{H}]$$

順極性の場合は $M = +4.24 \times 10^{-3}$ [H] を用いて式(2.33.7) より，
$$W = \frac{1}{2}L_1 i_1^2 + \frac{1}{2}L_2 i_2^2 + M i_1 i_2 = \frac{1}{2} \times 0.01 \times 200^2 + \frac{1}{2} \times 0.02 \times 150^2 + 4.24 \times 10^{-3} \times 200 \times 150 = 552.2 \ [\text{J}]$$

逆極性の場合は $M = -4.24 \times 10^{-3}$ [H] を用いて，
$$W = \frac{1}{2}L_1 i_1^2 + \frac{1}{2}L_2 i_2^2 - M i_1 i_2 = \frac{1}{2} \times 0.01 \times 200^2 + \frac{1}{2} \times 0.02 \times 150^2 - 4.24 \times 10^{-3} \times 200 \times 150 = 297.8 \ [\text{J}]$$

覚えよう！　要点32・33における重要関係式

① $\quad W = \int_0^i Li \, di = \frac{1}{2} L i^2 \ [\text{J}] \qquad (2.3.1)$

　　〔インダクタンス L の磁界中に蓄えられる電磁エネルギー〕

② $\quad W = \frac{1}{2}L_1 i_1 + \frac{1}{2}L_2 i_2^2 \pm M i_1 i_2 \ [\text{J}] \qquad (2.4.1)$

　　〔相互インダクタンスがある場合の電磁エネルギー：±は＋が同極性，−が逆極性の場合〕

要点34　磁界に蓄えられるエネルギー（電磁エネルギー）(3)

磁界のエネルギー密度

① 環状ソレノイドの平均周長をℓ，断面積をS，巻数をNとすればインダクタンスは式(2.25.3)から，

$$L = \frac{\mu_0 N^2 S}{\ell} \tag{2.34.1}$$

② Lに蓄えられる電磁エネルギーは，

$$W = \frac{1}{2}Li^2 = \frac{\mu_0 N^2 S}{2\ell}i^2 \text{ [J]} \tag{2.34.2}$$

③ 環状ソレノイド内部の容積は

$$V = S \cdot \ell \text{ [m}^3\text{]} \tag{2.34.3}$$

④ 環状ソレノイド内の磁束密度は単位長当りの巻数をnとすると式(2.25.1)より，

$$B = \frac{\mu_0 N i}{\ell} = \mu_0 n i \text{ [T]} \tag{2.34.4}$$

⑤ 単位体積当りの電磁エネルギーは次式で与えられ，これを磁界のエネルギー密度という．

$$w = \frac{W}{V} = \frac{1}{S\ell}\frac{\mu_0 N^2 S}{2\ell}i^2 = \frac{1}{2\mu_0}\left(\frac{\mu_0 N i}{\ell}\right)^2$$

$$= \frac{B^2}{2\mu_0} = \frac{B}{2}\frac{B}{\mu_0} = \frac{BH}{2} = \frac{\mu_0}{2}H^2 \text{ [J/m}^3\text{]} \tag{2.34.5}$$

演習問題34

[1] 平均直径25 [cm]，太さの直径3 [cm]，巻数500ターンの環状ソレノイドに電流2 [A] が流れている．
　① ソレノイドのインダクタンスを求めよ．
　② ソレノイドに蓄えられる電磁エネルギーを求めよ．
　③ ソレノイドの容積と内部の磁束密度を計算せよ．
　④ ソレノイド内部の磁界のエネルギー密度を求めよ．

[2] 直径10 [cm]，巻数100 [ターン/m] の無限長コイルに電流100 [A] が流れているとき，コイルの長さ1 [m] 当りの電磁エネルギーとエネルギー密度はいくらか．

解答34

[1] ① 式(2.34.1)より，

$$L = \frac{\mu_0 N^2 S}{\ell} = \frac{4\pi \times 10^{-7} \times 500^2 \times \pi \times \left(\frac{3 \times 10^{-2}}{2}\right)^2}{\pi \times (25 \times 10^{-2})} = 2.83 \times 10^{-4} \text{ [H]}$$

② 式(2.34.2) より,
$$W = \frac{1}{2}Li^2 = \frac{1}{2} \times 2.83 \times 10^{-4} \times 2^2 = 5.65 \times 10^{-4} \ [\text{J}]$$

③ 容積は式(2.34.3) より,
$$V = S \cdot \ell = \pi \times \left(\frac{3 \times 10^{-2}}{2}\right)^2 \times \pi \times (25 \times 10^{-2}) = 5.55 \times 10^{-4} \ [\text{m}^3]$$

内部の磁束密度は式(2.34.4) より,
$$B = \frac{\mu_0 Ni}{\ell} = \frac{4\pi \times 10^{-7} \times 500 \times 2}{\pi \times (25 \times 10^{-2})} = 1.6 \times 10^{-3} \ [\text{T}]$$

④ 磁界のエネルギー密度は上に求めた W および V を用いて,
$$w = \frac{W}{V} = \frac{5.65 \times 10^{-4}}{5.55 \times 10^{-4}} = 1.018 \ [\text{J/m}^3]$$

となる．また式(2.34.5) を用いて,
$$w = \frac{B^2}{2\mu_0} = \frac{(1.6 \times 10^{-3})^2}{2 \times 4\pi \times 10^{-7}} = 1.018 \ [\text{J/m}^3]$$

と求めても同じ答になる．

[2] 式(2.26.1) より,
$$L = \frac{\psi}{i} = \mu_0 n^2 S = 4\pi \times 10^{-7} \times 100^2 \times \pi \times \left(\frac{10}{2} \times 10^{-2}\right)^2 = 9.86 \times 10^{-5} \ [\text{H/m}]$$

したがって，単位長さ当りの電磁エネルギーは式(2.32.3) より,
$$W = \frac{1}{2}Li^2 = \frac{1}{2} \times 9.86 \times 10^{-5} \times 100^2 = 0.493 \ [\text{J/m}]$$

一方ソレノイド内の磁束密度は式(2.6.2) より,
$$B = \mu_0 ni = 4\pi \times 10^{-7} \times 100 \times 100 = 1.256 \times 10^{-2} \ [\text{T}]$$

したがって，エネルギー密度は式(2.34.5) より,
$$w = \frac{B^2}{2\mu_0} = \frac{(1.256 \times 10^{-2})^2}{2 \times 4\pi \times 10^{-7}} = 62.8 \ [\text{J/m}^3]$$

となる．またこのエネルギー密度は上に求めた電磁エネルギーを1[m]当りの体積で割っても求められる．すなわち,
$$w = \frac{W}{\pi r^2 \times 1} = \frac{0.493}{\pi \times \left(\frac{10}{2} \times 10^{-2}\right)^2 \times 1} = 62.8 \ [\text{J/m}^3]$$

となる．

覚えよう！　要点34における重要関係式

① $$W = \frac{B^2}{2\mu_0} = \frac{BH}{2} = \frac{\mu_0}{2}H^2 \ [\text{J/m}^3] \qquad (2.34.5)$$
〔磁界のエネルギー密度〕

要点35　磁性体（1）

物質中の拘束電子による磁気モーメント

ソレノイドコイルの内部に物質を満たしてコイルに電流を流した場合，空心ソレノイドの場合に比べて磁束が変化する．その物質中の磁束密度は次式で示される．

$$\boldsymbol{B} = \mu \boldsymbol{H} = \mu_0 \mu_s \boldsymbol{H} \ \mathrm{[T]} \tag{2.35.1}$$

この式の μ を透磁率，$\mu_s = \mu/\mu_0$ を比透磁率と呼び，真空中では $\mu_s = 1$ である．

図 2.35.1　微小電流による磁気モーメント

何故このように物質中で磁束が変化するかを考える．物質は原子でできていて，原子は原子核を中心に電子が軌道上を動いている．自由電子が円運動するとループ電流が流れ，磁気モーメントが発生することは要点11で述べた（図 2.35.1）．この軌道上の電子は自由電子ではないが同じような現象が生じており，そこには磁気モーメントが発生する．

これを軌道電子による磁気モーメント（もしくは磁気双極子モーメント）と呼び，m_{orb} で表すことにする．また軌道上の電子はスピンと呼ばれる自転をしており，そこには表面電流が流れる．その自転による磁気モーメントを m_{spin} で表すと，1個の原子が有する磁気モーメント m はその2つのベクトル和で次式のように示される．これら3つの関係を図 2.35.2 に示す．

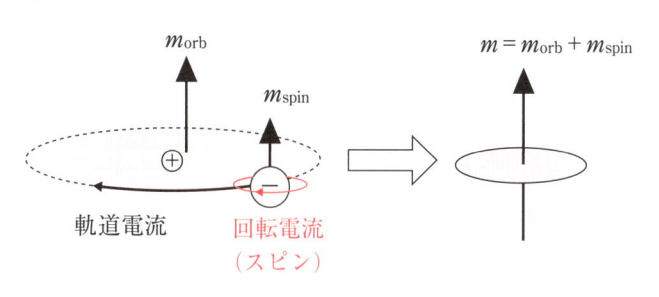

$$\boldsymbol{m} = \boldsymbol{m}_{\mathrm{orb}} + \boldsymbol{m}_{\mathrm{spin}} \ \mathrm{[A \cdot m^2]} \tag{2.35.2}$$

図 2.35.2　原子の内部の磁気モーメント

物質が磁界中にあるとき，この磁気モーメントの向きが変化し，その変化の仕方がそれぞれの材質により異なる．その変化の仕方によって，図 2.35.3 に示すように4つ（絶縁体，反磁性体，常磁性体，強磁性体）に分類される．図では常磁性体と強磁性体の違いは示されていない．その違いは単位体積中の磁気モーメントの数が異なることによるもの，と考えるとわかりやすい．これについては次節で説明する．

反磁性体として知られるものは，金・銀・銅・鉛・水銀などがあり，μ_s は1よりわずかに小さい．

常磁性体として知られるものは，クロム・マンガンなどがあり，μ_s は1よりわずかに大きい．

強磁性体として知られるものは，

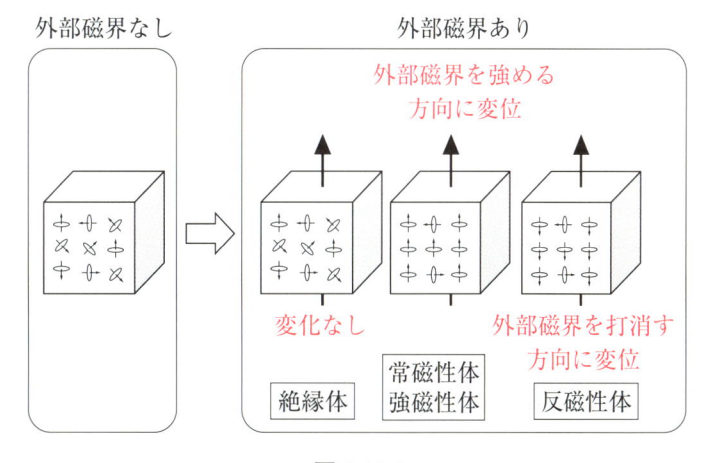

図 2.35.3

鉄・コバルト・ニッケルなどがあり，$\mu_s \gg 1$ であり，数 1000 になるものもある．

演習問題 35

[1] $H = 500$ [A/m] の磁界中にある $\mu_s = 500$ の物質中の磁束密度はいくらか．
[2] $\mu_s = 3000$ の鉄心中の磁束密度が 1.5 [T] のとき，鉄心中の磁界の大きさはいくらか．
[3] $H = 800$ [A/m] で磁化した鉄心中の磁束密度が 1.6 [T] のとき，鉄心の μ と μ_s はいくらか．

解答 35

[1] 式 (2.35.1) より $B = \mu_0 \mu_s H = 4\pi \times 10^{-7} \times 500 \times 500 = 0.314$ [T]

[2] 式 (2.35.1) より $H = \dfrac{B}{\mu_0 \mu_s} = \dfrac{1.5}{4\pi \times 10^{-7} \times 3000} = 400$ [A/m]

[3] 式 (2.35.1) より $\mu = \mu_0 \mu_s = \dfrac{B}{H} = \dfrac{1.6}{800} = 2 \times 10^{-3}$ [H/m]

$\mu_s = \dfrac{\mu}{\mu_0} = \dfrac{2 \times 10^{-3}}{4\pi \times 10^{-7}} = 1.6 \times 10^3$

要点 36　磁性体 (2)

磁化（磁化ベクトル）

理解をわかりやすくするために，強磁性体・常磁性体について考えるとする．外部磁界があるとき，前節で述べたように，磁気モーメントは外部磁界の影響で向きを変える．向きを変えて磁界と同方向に並んだ磁気モーメント m [A・m²] が物質の単位体積当たりに n 個 [1/m³] 存在しているとする．その結果，単位体積当たりには $m \times n$ 個の磁気モーメントが磁界を強める方向に存在していることになる．これを磁化ベクトル（その大きさを磁化）とよび，次式で示される．

$$M = m \times n \text{ [A/m]} \tag{2.36.1}$$

式 (2.36.1) からわかるように，これは磁界の強さ H と同じ次元を有する．つまり，外部磁界 H が物質に印加されると，その内部にその影響を受けて M という磁界が発生する，と考えることができる．H と M が比例関係にあるとすると，それらの関係は次式で示される．

$$M = \chi H \text{ [A/m]} \tag{2.36.2}$$

ここで χ（カイ）は磁化率と呼ばれている．このため外部磁界 H が存在すると，物質内部の磁束密度 B は次式のように変化する．

$$B = \mu_0 (H + M) = \mu_0 (1 + \chi) H = \mu_0 \mu_s H \text{ [T]} \tag{2.36.3}$$

$$\therefore \quad \mu_s = 1 + \chi \tag{2.36.4}$$

この μ_s が前節でも述べたように比透磁率とよばれる．

磁化率 $\chi < 0$ の時には $\mu_s < 1$ となり，その物質が反磁性体であることを示す．前節で述べた絶縁体の磁化率は $\chi = 0$ である．

演習問題 36

[1] 透磁率 $\mu = 1.8 \times 10^{-5}$ [H/m] の材料が磁界 $H = 120$ [A/m] 中におかれたとき，磁化を求めよ．

[2] 原子密度が $n = 8.3 \times 10^{28}/m^3$ であり，原子の磁気モーメントが $m = 4.5 \times 10^{-25}$ [A·m^2] であるとき，磁化を求めよ．

[3] 物質内の磁束密度 $B = 300$ [μT]，磁化率 $\chi = 15$ のとき磁化を求めよ．

解答 36

[1] $B = \mu H = \mu_0 (H + M)$, $\therefore M = (\mu/\mu_0 - 1)H = 1599$ [A/m]

[2] $M = m \times n = 3.74 \times 10^4$ [A/m]

[3] $B = \mu H = \mu_0 (1 + \chi) H$, $\therefore (1 + \chi) H = 238.8$ [A/m],

$\therefore M = \chi H = 238.8 \chi / (1 + \chi) = 238.8 \times (15/16) = 224$ [A/m]

覚えよう！ 要点 35・36 における重要関係式

① $\boldsymbol{B} = \mu \boldsymbol{H} = \mu_0 \mu_s \boldsymbol{H}$ [T]　　　(2.35.1)　　物質内部の磁界と磁束密度の関係

② $\boldsymbol{M} = \chi \boldsymbol{H}$ [A/m]　　　(2.36.2)　　物質内部の磁界と磁化の関係

③ $\boldsymbol{B} = \mu_0 (\boldsymbol{H} + \boldsymbol{M}) = \mu_0 (1 + \chi) \boldsymbol{H}$　(2.36.3)　物質内部の磁束密度と磁界と磁化の関係

④ $\mu_s = 1 + \chi$　　　(2.36.4)　　物質の比透磁率と磁化率の関係

要点37　強磁性体の磁化（1）

磁化曲線と透磁率

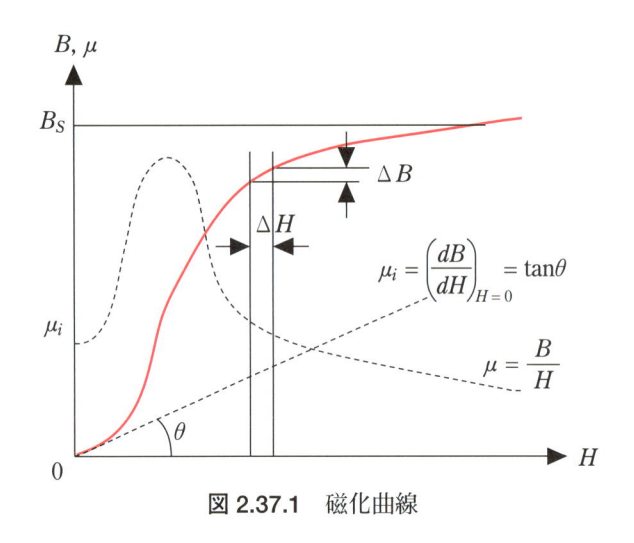

① 強磁性体中では磁束密度BはHに比例しない．これはμ_sがHにより変化するためで透磁率の非直線性（非線形性）という．

② BとHの関係を示す曲線を磁化曲線またはB-H曲線（図2.37.1の赤の曲線）という．

図2.37.1　磁化曲線

③ 透磁率μは，$\mu = B/H$で表される．

④ μ_sはHが大きいときは真空中の値1に近づくのでBの増加もわずかになる．これを磁気飽和という．

⑤ Hが大でBがほぼ飽和したときの磁束密度をB_sと書き，飽和磁束密度という．

⑥ Hのわずかな増加ΔHに対するBの増加の比$\Delta B/\Delta H$を増分透磁率という．

⑧ ΔHの極限を$\lim_{\Delta H \to 0}\dfrac{\Delta B}{\Delta H} = \dfrac{dB}{dH}$と書き，微分透磁率という．

⑨ Hがごく小さいときのμをμ_iと書き，初期透磁率という．

演習問題 37

[1] 図 2.37.2 のような磁化曲線がある.

① 点 P における透磁率と比透磁率を求めよ.

② 点 Q における透磁率と比透磁率を求めよ.

③ 点 P における増分透磁率を求めよ.

④ 初期透磁率とそのときの比透磁率を求めよ.

⑤ 点 P における磁化率と磁化の強さを求めよ.

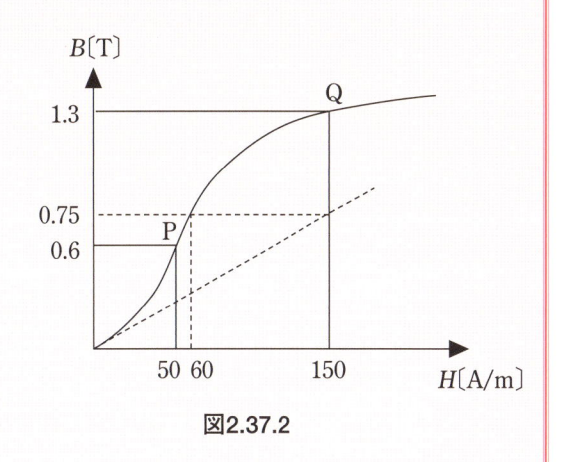

図 2.37.2

解答 37

[1] ① 透磁率 $\mu = \dfrac{B}{H} = \dfrac{0.6}{50} = 0.012$ 〔H/m〕

   比透磁率 $\mu_s = \dfrac{\mu}{\mu_0} = \dfrac{0.012}{4\pi \times 10^{-7}} = 9.55 \times 10^3$

② 透磁率 $\mu = \dfrac{B}{H} = \dfrac{1.3}{150} = 8.67 \times 10^{-3}$ 〔H/m〕

   比透磁率 $\mu_s = \dfrac{\mu}{\mu_0} = \dfrac{8.67 \times 10^{-3}}{4\pi \times 10^{-7}} = 6.90 \times 10^3$

③ 増分透磁率 $\dfrac{\Delta B}{\Delta H} = \dfrac{0.75 - 0.60}{60 - 50} = 0.015$ 〔H/m〕

④ 初期透磁率 $\mu_i = \tan\theta = \dfrac{0.75}{150} = 0.005$ 〔H/m〕

   比透磁率 $\mu_s = \dfrac{\mu_i}{\mu_0} = \dfrac{0.005}{4\pi \times 10^{-7}} = 3.98 \times 10^3$

⑤ 式 (2.36.3) より磁化率 $\chi = \mu_0(\mu_s - 1) = 4\pi \times 10^{-7}(9.55 \times 10^3 - 1) = 1.2 \times 10^{-2}$ 〔H/m〕

   式 (2.36.2) より磁化の強さ $J = \chi H = 1.2 \times 10^{-2} \times 50 = 0.6$ 〔T〕

覚えよう！ 要点 37 における重要用語

① 磁化曲線または B-H 曲線において，

透磁率： $\mu = B/H$

増分透磁率： B_s

増分透磁率： $\Delta B / \Delta H$

微分透磁率： $\displaystyle \lim_{\Delta H \to 0} \dfrac{\Delta B}{\Delta H} = \dfrac{dB}{dH}$

初期透磁率： $\mu_i = \left(\dfrac{dB}{dH}\right)_{H=0} = \tan\theta$

要点38　強磁性体の磁化（2）

ヒステリシス曲線

① 磁界 H が正弦波状に変化するとき，B-H曲線が描く図2.38.1のような閉曲線（赤線）をヒステリシス曲線（ループ）という．

② 磁性体がヒステリシス曲線を描くことをヒステリシス特性という．

③ ヒステリシス曲線は原点Oよりスタートして曲線 a→b→c→d→e→f→a と一周した閉曲線を描く．

④ 磁界 H が最大値（波高値）H_m のときの磁束密度 B_m を最大磁束密度という．

⑤ B_i は H が最初に増加するときの磁化曲線で初期磁化特性という．

⑥ B_r は $H=0$ のときの B で残留磁束密度（残留磁気）という．

⑦ H_c は $B=0$ となるときの磁界で保磁力という．

⑧ H が小さい範囲で変化するとき，B-H曲線は小さな閉曲線 M を描く．これをマイナーループという．

⑨ 変圧器の鉄心には，透磁率 μ を大きくすることにより巻線のインダクタンスを大きくするために H_c が小さくて B_r が大きな材料が選ばれ，また永久磁石には H_c，B_r ともに大きな材料が選ばれる．

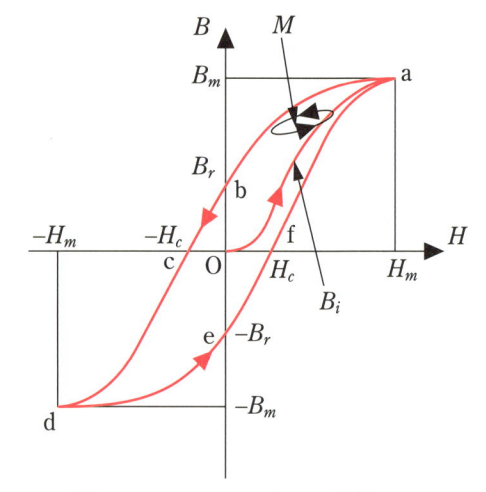

図2.38.1　ヒステリシス曲線

演習問題38

[1] 図2.38.2のヒステリシスループをもつ磁性体は次のどの応用に適しているか．
　　Ⅰ：変圧器の鉄心　　Ⅱ：永久磁石　　Ⅲ：普通の鉄

解答38

[1] 要点38の⑨より　Ⅰ…(b)　　Ⅱ…(a)　　Ⅲ…(c)

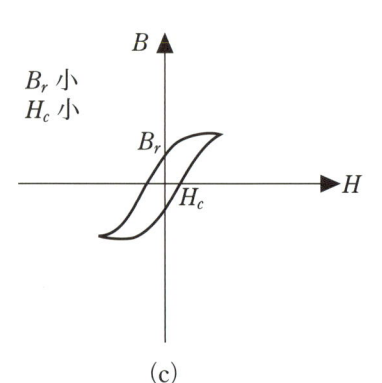

(a) B_r 大　H_c 大
(b) B_r 大　H_c 小
(c) B_r 小　H_c 小

図2.38.2

要点39　強磁性体の磁化エネルギー（1）

磁化エネルギー

① 一周の平均長さ ℓ [m]，断面積 S [m²]，透磁率 μ [H/m] の環状磁性体に巻数 N のソレノイドを巻きつける（**図 2.39.1**）．

② ソレノイドの巻線に電流 i [A] を流すとソレノイド内の磁界はアンペアの法則より，

$$H = \frac{Ni}{\ell} \text{ [A/m]} \qquad (2.39.1)$$

③ ソレノイド内の磁束密度は $B = \mu H$ [T]，磁束は $\phi = BS$ [Wb] で，μ は H によって変わるので B も ϕ も H の関数である（**図 2.39.2**）．

④ コイルとの鎖交磁束数は $\psi = N\phi = NBS$ [Wb] であるから，ソレノイドに電流 i [A] を流して磁束が $d\phi$ 増すと，**図 2.39.1** に示す方向に逆起電力

$$e = -\frac{d\psi}{dt} = -\frac{Nd\phi}{dt} = -NS\frac{dB}{dt} \text{ [V]} \qquad (2.39.2)$$

が発生する．

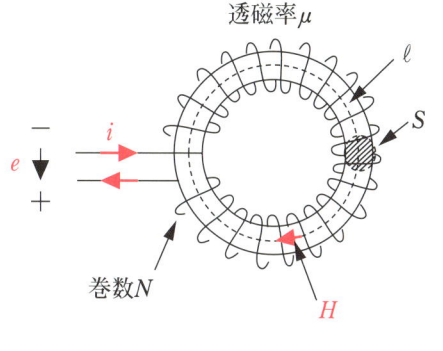

図 2.39.1 透磁率 μ の環状ソレノイド

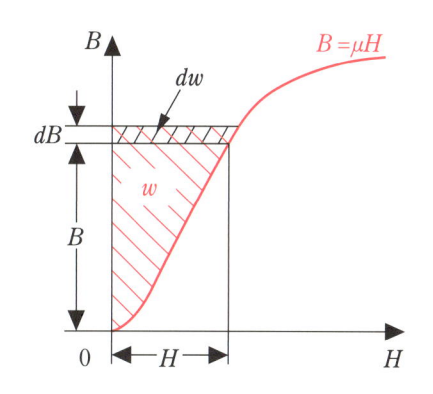

図 2.39.2 磁性体の磁束密度とエネルギー

⑤ したがって，磁束 ϕ を増加するには e に打ち勝つ起電力 $-e$ を外部から加える必要があり，そのために必要な電力は，

$$P = (-e) \cdot i = \frac{d\psi}{dt} \cdot i = NS\frac{dB}{dt}i \text{ [W]} \qquad (2.39.3)$$

⑥ 式 (2.39.1) より $i = \frac{\ell H}{N}$ であるから，

$$P = NS\frac{dB}{dt}\frac{\ell H}{N} = S\ell H\frac{dB}{dt} \text{ [W]} \qquad (2.39.4)$$

⑦ 仕事量は電力×時間であるから，磁束密度が 0 から B になるのに必要な仕事量は，

$$W = \int_0^B P dt = \int_0^B S\ell H\frac{dB}{dt} dt = S\ell \int_0^B H dB \qquad (2.39.5)$$

⑧ ソレノイドの容積は $S\ell$ であるから，単位体積当りの仕事量，すなわち単位体積当り供給すべき磁化エネルギーは，

$$w = \frac{W}{S\ell} = \int_0^B H dB \qquad (2.39.6)$$

この積分結果は**図 2.39.1** の赤色の斜線で示した面積になる．

式 (2.39.6) の仕事量は，電磁エネルギーとしてソレノイドの磁界中に蓄えられる．すなわち w は磁界のエネルギー密度となる．

⑨ μ が一定の場合は $B = \mu H$ から，

$$w = \int_0^{\mu H} H \cdot d(\mu H) = \frac{1}{\mu} \int_0^{\mu H} \mu H \cdot d(\mu H) = \frac{1}{\mu} \cdot \frac{(\mu H)^2}{2} = \frac{\mu H^2}{2} = \frac{BH}{2} = \frac{B^2}{2\mu} \quad (2.39.7)$$

演習問題39

[1] 磁性体に平均直径20〔cm〕，断面積5〔cm^2〕，巻数300ターンの環状ソレノイドが巻いてあり，コイルに電流2〔A〕が流れているとき，磁性体の磁束密度が1.2〔T〕である．
① 磁性体の μ と μ_s はいくらか．
② コイルの鎖交磁束数はいくらか．
③ μ が一定のとき，磁性体に蓄えられているエネルギーはいくらか．
④ 0.5秒間で電流を2.1〔A〕まで増加させるとき，コイルの誘起電圧はいくらか．
⑤ 電流を2.1〔A〕まで増加させたとき，磁性体に蓄えられる磁気的エネルギーはいくらか．
⑥ ④で磁性体単位体積当りのエネルギーの増加量はいくらか．

[2] 断面積20〔cm^2〕の環状鉄心にコイルを100ターン巻いて電流3〔A〕を流したら，磁束密度が1.5〔T〕になった．鉄心内に蓄えられる磁気的エネルギーはいくらか．

解答39

[1] ① 式(2.39.1)を用いて透磁率は，

$$\mu = \frac{B}{H} = \frac{B}{\frac{Ni}{\ell}} = \frac{B}{\frac{Ni}{\pi d}} = \frac{1.2}{\frac{300 \times 2}{\pi \times 0.2}} = 1.256 \times 10^{-3} \text{〔H/m〕}$$

式(2.35.1)を用いて比透磁率は，

$$\mu_s = \frac{\mu}{\mu_0} = \frac{1.256 \times 10^{-3}}{4\pi \times 10^{-7}} = 1000$$

② $\psi = NBS = 300 \times 1.2 \times (5 \times 10^{-4}) = 0.18$ 〔Wb〕

③ 式(2.39.5), (2.39.6), (2.39.7)を用いて，
$$W = S\ell w = S \times \pi d \times \frac{B^2}{2\mu} = 5 \times 10^{-4} \times \pi \times 0.2 \times \frac{1.2^2}{2 \times 1.256 \times 10^{-3}} = 0.18 \text{〔J〕}$$

④ 式(2.39.1), (2.39.2)を用いて，
$$e = -NS\frac{dB}{dt} = -NS\mu\frac{dH}{dt} = -NS\mu\frac{d}{dt}\left(\frac{Ni}{\ell}\right) = -\frac{\mu N^2 S}{\ell}\frac{di}{dt}$$

と変形できる．これに数値を代入して，

$$e = -\frac{1.256 \times 10^{-3} \times 300^2 \times 5 \times 10^{-4}}{0.2\pi} \times \frac{2.1 - 2}{0.5 - 0} = -1.8 \times 10^{-2} \text{〔V〕} = -18 \text{〔mV〕}$$

⑤ 式(2.39.5), (2.39.7)を用いて，
$$W = S\ell \times \frac{\mu H^2}{2} = \frac{\mu S\ell}{2} \times \left(\frac{Ni}{\ell}\right)^2 = \frac{\mu S N^2 i^2}{2\ell} = \frac{1.256 \times 10^{-3} \times 5 \times 10^{-4} \times 300^2 \times 2.1^2}{2 \times 0.2\pi} = 0.198 \text{〔J〕}$$

⑥ 単位体積当りの増加量 $\Delta w = \frac{0.198 - 0.18}{\pi d \times S} = \frac{0.018}{0.2\pi \times 5 \times 10^{-4}} = 57.3$ 〔J/m^3〕

[2] 式(2.39.1)より，

$B = \mu H = \mu \frac{Ni}{\ell}$ であり，これより $\frac{\ell}{\mu} = \frac{Ni}{B}$ となる．

したがって鉄心内に蓄えられる磁気的エネルギーは式(2.39.5), (2.39.7)を用いて，

$$W = S\ell \times \frac{B^2}{2\mu} = \frac{SB^2}{2} \times \frac{\ell}{\mu} = \frac{SB^2}{2} \times \frac{Ni}{B} = \frac{SBNi}{2} = \frac{20 \times 10^{-4} \times 1.5 \times 100 \times 3}{2} = 0.45 \text{〔J〕}$$

要点40　強磁性体の磁化エネルギー（2）

ヒステリシス損失

① 磁性体を交流で磁化すると，ヒステリシスループの面積に比例した電力損失が発生する．これをヒステリシス損失という．

② 磁性体単位体積当りのヒステリシス損失は次式で表される．

$$w_h = w_s - w_r \quad [\text{J/m}^3] \tag{2.40.1}$$

w_s：ヒステリシスループ一周時に電源から吸収されるエネルギー（正）．
w_r：ヒステリシスループ一周時に磁性体から電源側に放出されるエネルギー（負）．

③ 図2.40.1でa→b移動時：
$H > 0, B$の変化$dB < 0$より，
$$w_1 = \int_a^b H dB = -（面積\,\text{ahba}）$$
< 0（放出）

④ b→d移動時：
$H < 0, B$の変化$dB < 0$より，
$$w_2 = \int_b^d H dB = （面積\,\text{bdjb}）$$
> 0（吸収）

⑤ d→e移動時：
$H < 0, B$の変化$dB > 0$より，
$$w_3 = \int_d^e H dB = -（面積\,\text{djed}）$$
< 0（放出）

e→a移動時：
$H > 0, B$の変化$dB > 0$より，
$$w_4 = \int_e^a H dB = （面積\,\text{eahe}）$$
> 0（吸収）

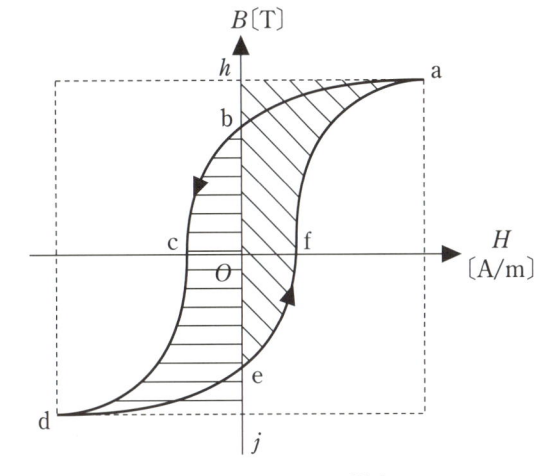

図2.40.1　ヒステリシス損失

⑥ ループ一周時の吸収エネルギーすなわち電力損失は，

$w_h = w_1 + w_2 + w_3 + w_4$

$= -（面積\,\text{ahba}）+（面積\,\text{bdjb}）-（面積\,\text{djed}）+（面積\,\text{eahe}）$

$= -（面積\,\text{ahba}）+ \{（面積\,\text{bdeb}）+（面積\,\text{djed}）\} -（面積\,\text{djed}）$
$\quad + \{（面積\,\text{eabe}）+（面積\,\text{ahba}）\}$

$=（面積\,\text{bdeb}）+（面積\,\text{eabe}）$

$=$ ヒステリシスループの囲む面積 S_h

$$\therefore \quad w_h = S_h \quad [\text{J/m}^3] \tag{2.40.2}$$

すなわち，強磁性体の単位体積当りに供給されるエネルギーは，そのヒステリシス環線に囲まれる面積に等しい．ヒステリシス環線を一周したのち，このエネルギーは磁性体中での熱として失われる．

⑦ 磁界が周波数fで正弦波状に変化するとき，B-H曲線はヒステリシスループを毎秒f周するから，ヒステリシス損失P_hは，

$$P_h = fw_h = f\cdot\eta\cdot B_m{}^n \ [\text{W/m}^3] = f\cdot\eta\cdot B_m{}^n / g_c \ [\text{W/kg}] \quad (2.40.3)$$

ここで　η：ヒステリシス定数（$f=1$ [Hz]，$B_m=1$ [T]のとき，磁性体の容積1 [m³]または重量1 [kg]当りの損失 [W/m³] または [W/kg]）

　　　　n：スタインメッツの定数（$\fallingdotseq 1.6$）

　　　　g_c：磁性体の比重 [kg/m³]（鉄：$g_c \fallingdotseq 7650$ [kg/m³]）

　　　　B_m：磁束密度の波高値（最大磁束密度）[T]

演習問題40

[1] ヒステリシスが図2.40.2(a)のループを一周するときの単位体積当りの損失を求めよ．

[2] 図2.40.2(b)のようなヒステリシスループを有する磁性体30 [kg]を50 [Hz]で磁化したときの電力損を求めよ．ただし磁性体の比重を7800とする．

[3] $f=60$ [Hz]，$B_m=1.5$ [T]のとき，変圧器鉄心200 [kg]の鉄損はいくらか．ただし$\eta=300$，$g_c=7650$ [kg/m³]，$n=1.6$とする．

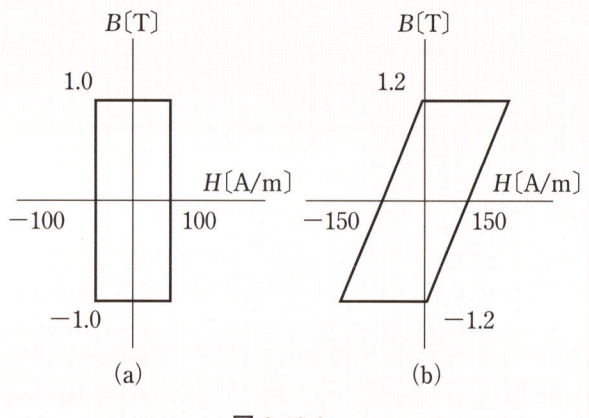

図2.40.2

解答40

[1] 式(2.40.2)より，長方形の面積を求めて$w_h = 200\times 2 = 400$ [J/m³]

[2] 式(2.40.3)より，平行四辺形の面積を求めて，

$$P_h = fw_h = 50\times(300\times 2.4) = 3.6\times 10^4 \ [\text{W/m}^3]$$

30 [kg]の体積は$V = 30/7800 = 3.85\times 10^{-3}$ [m³]

したがって，電力損失 $P_o = P_h V = 3.6\times 10^4 \times 3.85\times 10^{-3} = 138.6$ [W]

[3] 式(2.40.3)より，

$$P_h = f\cdot\eta\cdot B_m{}^n = 60\times 300\times 1.5^{1.6} = 3.44\times 10^4 \ [\text{W/m}^3]$$

200 [kg]の体積は$V = 200/7650 = 2.6\times 10^{-2}$ [m³]

したがって，鉄損 $P_o = P_h V = 3.44\times 10^4 \times 2.6\times 10^{-2} = 899$ [W]

覚えよう！　要点38・39・40における重要関係式

① $w_h = w_s - w_r$ [J/m³]　　(2.40.1)　　[磁性体のヒステリシス損失]

② $w_h = S_h$ [J/m³]　　(2.40.2)　　[ヒステリシスループの一周時の電力損失]

③ $P_h = fw_h = f\cdot\eta\cdot B_m{}^n$ [W/m³] $= f\cdot\eta\cdot B_m{}^n / g_c$ [W/kg]　　(2.40.3)

　　[正弦波状に変化する磁界によるヒステリシス損失]

要点41 磁気回路(1)

磁気回路のオームの法則

① 環状ソレノイドの磁路長を ℓ [m], 磁路の断面積を S [m²], 巻数を N, 電流を i [A] とする (図2.41.1).

② ソレノイド内の磁界の強さは,

$$H = \frac{Ni}{\ell} = \frac{F}{\ell} \text{ [A/m]} \quad (2.41.1)$$

$F = Ni$ [A] を起磁力という.

③ 磁束密度は $B = \mu H$ より,

磁束 $\phi = BS = \mu HS = \dfrac{Ni}{\ell/\mu S}$

図 2.41.1 環状磁性体ソレノイド

$$= \frac{Ni}{R_m} = P_{rm} \cdot Ni \quad (2.41.2)$$

ここで $R_m = \dfrac{\ell}{\mu S}$ [A/Wb]:磁気抵抗 (2.41.3)

$$P_{rm} = \frac{1}{R_m} = \frac{\mu S}{\ell} \text{ [Wb/A]:パーミアンス} \quad (2.41.4)$$

④ $\phi = \dfrac{Ni}{R_m} = \dfrac{F}{R_m}$ [Wb] (2.41.5)

を磁気回路におけるオームの法則といい,電気回路のオームの法則 $I = \dfrac{V}{R}$ に相当する.

⑤ 自己インダクタンスは,

$$L = \frac{\psi}{i} = \frac{N\phi}{i} = \frac{N^2}{R_m} \text{ [H]} \quad (2.41.6)$$

演習問題 41

[1] 平均周長 40 [cm], 断面積 10 [cm²], $\mu_s = 500$ の環状鉄心に 200 ターンのコイルが巻いてあり, コイルに直流電流 3 [A] が流れている.
  ① 鉄心内の磁界の強さと起磁力を求めよ.
  ② 磁束密度と磁束を求めよ.
  ③ 磁気抵抗とパーミアンスを求めよ.
  ④ コイルの鎖交磁束数と自己インダクタンスを求めよ.

解答 41

[1] ① 式 (2.41.1) より磁界の強さ $H = \dfrac{Ni}{\ell} = \dfrac{200 \times 3}{40 \times 10^{-2}} = 1.5 \times 10^3$ 〔A/m〕

　　　　　起磁力 $F = Ni = 200 \times 3 = 600$ 〔A〕

② 式 (2.35.1) より磁束密度 $B = \mu_0 \mu_s H = 4\pi \times 10^{-7} \times 500 \times 1.5 \times 10^3 = 0.942$ 〔T〕

　　　　　磁束 $\phi = BS = 0.942 \times 10 \times 10^{-4} = 9.42 \times 10^{-4}$ 〔Wb〕

③ 式 (2.41.3) より磁気抵抗

$$R_m = \dfrac{\ell}{\mu S} = \dfrac{\ell}{\mu_0 \mu_s S} = \dfrac{40 \times 10^{-2}}{4\pi \times 10^{-7} \times 500 \times 10 \times 10^{-4}} = 6.37 \times 10^5 \text{〔A/Wb〕}$$

式 (2.41.4) よりパーミアンス $P_{rm} = \dfrac{1}{R_m} = \dfrac{1}{6.37 \times 10^5} = 1.57 \times 10^{-6}$ 〔Wb/A〕

（R_m は式 (2.41.5) を用いて $R_m = \dfrac{F}{\phi} = \dfrac{600}{9.42 \times 10^{-4}}$ から求めてもよい）

④ 鎖交磁束数 $\psi = N\phi = 200 \times 9.42 \times 10^{-4} = 0.188$ 〔Wb〕

自己インダクタンス $L = \dfrac{\psi}{i} = \dfrac{0.188}{3} = 6.27 \times 10^{-2}$ 〔H〕

（L は式 (2.41.6) を用いて $L = \dfrac{N^2}{R_m} = \dfrac{200^2}{6.37 \times 10^5}$ から求めてもよい）

覚えよう！　要点 41 における重要関係式

① $F = Ni$ 　　　　　　　　　　　　　　　　　〔起磁力〕

② $R_m = \dfrac{\ell}{\mu S}$ 〔A/Wb〕　　　　(2.41.3)　　〔磁気抵抗〕

③ $P_{rm} = \dfrac{1}{R_m} = \dfrac{\mu S}{\ell}$ 〔Wb/A〕　　(2.41.4)　　〔パーミアンス〕

④ $\phi = \dfrac{Ni}{R_m} = \dfrac{F}{R_m}$ 〔Wb〕　　(2.41.5)　　〔磁気回路におけるオームの法則〕

⑤ $L = \dfrac{N\phi}{i} = \dfrac{N^2}{R_m}$ 〔H〕　　(2.41.6)　　〔自己インダクタンス〕

要点42　磁気回路（2）

電気回路と磁気回路の比較（表2.42.1および図2.42.1）

表2.42.1　電気回路と磁気回路の比較

電　気　回　路			磁　気　回　路		
起電力（電圧）	E	〔V〕	起磁力	$F=Ni$	〔A〕
電流	I	〔A〕	磁束	ϕ	〔Wb〕
導電率	σ	〔S/m〕	透磁率	μ	〔H/m〕
抵抗	R	〔Ω〕	磁気抵抗	R_m	〔A/Wb〕
コンダクタンス	G	〔S〕	パーミアンス	P_{rm}	〔Wb/A〕
電　　　流			電　　　圧		
①飽和なし（線形） 　EとIは直性関係			①飽和あり（非線型） 　Fとϕの関係は非直線的 　（オームの法則は直線関係が成り立つ場合のみ適用可能）		
②電流の漏れなし 　（導体と空気との導電率差は10^{20}倍もある）			②磁束漏れあり（空気＝常磁性体） 　（鉄心と空気の透磁率差は10^2～10^4しかない）特にエアギャップにおいて大		
③直流損（I^2R）あり			③直流損なし 　磁気抵抗R_m内での損失はない 　（ただしϕが変化するとヒステリシス損が発生する）		

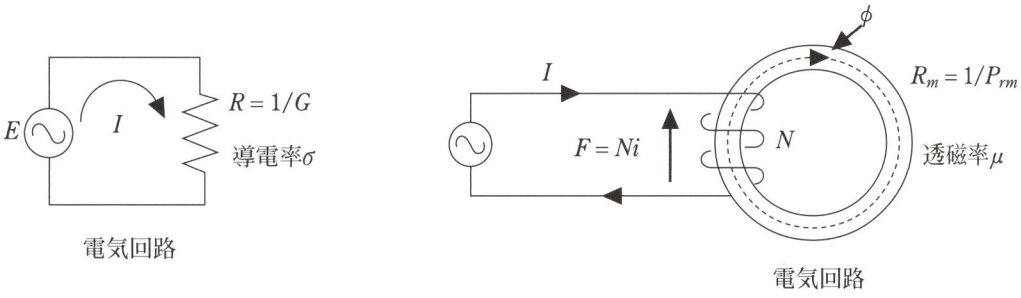

図2.42.1　電気回路と磁気回路

演習問題 42

[1] 平均周長 60〔cm〕,断面積 30〔cm²〕,比透磁率 2 000 の環状鉄心に巻数 120 ターンのコイル A と 40 ターンのコイル B を巻き,コイル A の両端間に 50〔Hz〕,実効値 90〔V〕の電圧を印加した.

① 鉄心の磁気抵抗とパーミアンスを求めよ.
② コイル A のインダクタンスを計算せよ.
③ コイル A の電流の実効値を求めよ.
④ 鉄心の磁束密度の波高値 B_m を求めよ.
⑤ コイル A,B の鎖交磁束数の波高値を求めよ.
⑥ コイル B の誘起電圧の実効値を求めよ.

解答 42

[1] ① 式 (2.41.3),(2.41.4) を用いて,

$$\text{磁気抵抗 } R_m = \frac{\ell}{\mu_0 \mu_s S} = \frac{60 \times 10^{-2}}{4\pi \times 10^{-7} \times 2000 \times 30 \times 10^{-4}} = 7.96 \times 10^4 \text{ 〔A/Wb〕}$$

$$\text{パーミアンス } P_{rm} = \frac{1}{R_m} = \frac{1}{7.96 \times 10^4} = 1.26 \times 10^{-5} \text{ 〔Wb/A〕}$$

② 式 (2.41.6) を用いて,

$$L = \frac{N^2}{R_m} = \frac{120^2}{7.96 \times 10^4} = 0.181 \text{ 〔H〕}$$

③ コイル A の電流値の複素数表示は $\dot{I} = \dfrac{V}{j\omega L}$ となる.ここで ω は角周波数である.

したがって,電流の実効値 I_{eff} は電圧の実効値を V_{eff} として $I_{eff} = \dfrac{V_{eff}}{2\pi f L}$ となる.

$$I_{eff} = \frac{V_{eff}}{2\pi f L} = \frac{90}{2\pi \times 50 \times 0.181} = 1.58 \text{ 〔A〕}$$

④ 磁束密度の実効値 B_{eff} は式 (2.39.1) を用いて $B_{eff} = \mu_0 \mu_s \dfrac{N I_{eff}}{l}$ より求められる.

$$B_{eff} = \mu_0 \mu_s \frac{N I_{eff}}{l} = 4\pi \times 10^{-7} \times 2000 \times \frac{120 \times 1.58}{60 \times 10^{-2}} = 0.794 \text{ 〔T〕}$$

したがって,波高値 $B_m = \sqrt{2} B_{eff} = \sqrt{2} \times 0.794 = 1.12$ 〔T〕

⑤ A の鎖交磁束数の波高値 ψ_{Am} は A の巻数を N_A として $\psi_{Am} = N_A B_m S$ となる.

$$\psi_{Am} = N_A B_m S = 120 \times 1.12 \times 30 \times 10^{-4} = 0.404 \text{ 〔Wb〕}$$

同様に B の波高値 $\psi_{Bm} = N_B B_m S = 40 \times 1.12 \times 30 \times 10^{-4} = 0.135$ 〔Wb〕

⑥ B の鎖交磁束数 ψ_B は⑤の結果より $\psi_B = \psi_{Bm} \sin 2\pi f t = 0.135 \sin 100\pi t$ 〔Wb〕で与えられる.したがって,B の誘起電圧 e_B は,

$$e_B = -\frac{d\psi_B}{dt} = -\frac{d(0.135 \sin 100\pi t)}{dt} = -0.135 \times 100\pi \cos 100\pi t = -42.4 \cos 100\pi t \text{ 〔V〕}$$

となり実効値は,

$$E_{Beff} = \frac{42.4}{\sqrt{2}} = 30 \text{ 〔V〕 となる.}$$

要点43　磁気回路（3）

エアギャップのある磁気回路

① 環状鉄心の全磁路長を ℓ [m]，鉄心部分の長さを ℓ_1 [m]，エアギャップの長さを ℓ_2 [m]，断面積を S [m²]，比透磁率を μ_s，コイルの巻数を N，電流を i [A] とする（図2.43.1）．

② 磁気抵抗は，

鉄心部分： $R_{m1} = \dfrac{\ell_1}{\mu_0 \mu_s S} = \dfrac{\ell - \ell_2}{\mu_0 \mu_s S}$ 〔A/Wb〕 (2.43.1)

ギャップ部分： $R_{m2} = \dfrac{\ell_2}{\mu_0 S}$ 〔A/Wb〕 (2.43.2)

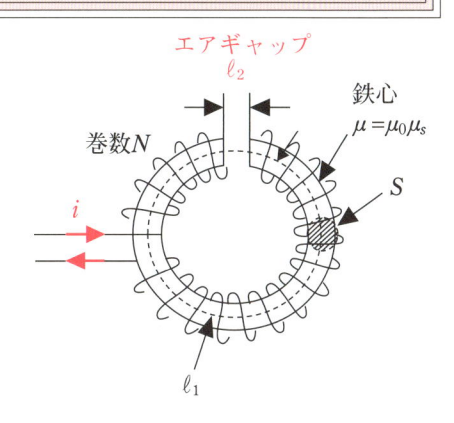

図2.43.1 エアギャップのある磁気回路

全体：

$$R_m = R_{m1} + R_{m2} = \dfrac{1}{\mu_0 S}\left(\dfrac{\ell_1}{\mu_s} + \ell_2\right) = \dfrac{\ell_1}{\mu_0 \mu_s S}\left(1 + \dfrac{\ell_2}{\ell_1}\mu_s\right) = \dfrac{\ell_1}{\mu S}\left(1 + \dfrac{\ell_2}{\ell_1}\mu_s\right) \text{〔A/Wb〕}$$ (2.43.3)

ただし $\mu = \mu_0 \mu_s$

③ 起磁力は $F = Ni$ より，

磁束　 $\phi = \dfrac{F}{R_m} = \dfrac{Ni}{\dfrac{\ell_1}{\mu S}\left(1 + \dfrac{\ell_2}{\ell_1}\mu_s\right)}$ 〔Wb〕 (2.43.4)

磁束密度　 $B = \dfrac{\phi}{S} = \dfrac{Ni}{\dfrac{\ell_1}{\mu}\left(1 + \dfrac{\ell_2}{\ell_1}\mu_s\right)} = \dfrac{Ni}{\dfrac{\ell_1}{\mu_0 \mu_s}\left(1 + \dfrac{\ell_2}{\ell_1}\mu_s\right)}$ 〔T〕 (2.43.5)

インダクタンス　 $L = \dfrac{\psi}{i} = \dfrac{N\phi}{i} = \dfrac{N^2}{\dfrac{\ell_1}{\mu S}\left(1 + \dfrac{\ell_2}{\ell_1}\mu_s\right)} = \dfrac{\mu_0 \mu_s N^2 S}{\ell_1 + \ell_2 \mu_s}$ 〔H〕 (2.43.6)

④ 磁界の大きさ

鉄心部分　 $H_1 = \dfrac{B}{\mu} = \dfrac{Ni}{\ell_1\left(1 + \dfrac{\ell_2}{\ell_1}\mu_s\right)}$ 〔A/m〕 (2.43.7)

ギャップ部分　 $H_2 = \dfrac{B}{\mu_0} = \dfrac{Ni}{\dfrac{\ell_1}{\mu_s}\left(1 + \dfrac{\ell_2}{\ell_1}\mu_s\right)}$ 〔A/m〕 (2.43.8)

$\therefore \dfrac{H_2}{H_1} = \dfrac{\mu}{\mu_0} = \mu_s$ 　または　 $H_2 = \mu_s H_1$ (2.43.9)

⑤ 鉄心部分の起磁力　 $F_1 = R_{m1}\phi = \dfrac{\ell_1}{\mu_0 \mu_s S}\phi = \ell_1 H_1$ 〔A〕 (2.43.10)

磁束　 $\phi = BS = \mu_0 \mu_s H_1 S$ 〔Wb〕 (2.43.11)

ギャップ部分の起磁力　 $F_2 = R_{m2}\phi = \dfrac{\ell_2}{\mu_0 S}\phi = \ell_2 H_2$ 〔A〕 (2.43.12)

磁束　 $\phi = \mu_0 H_2 S$ 〔Wb〕 (2.43.13)

全体の起磁力　 $F = F_1 + F_2 = \ell_1 H_1 + \ell_2 H_2 = Ni$ 〔A〕 (2.43.14)

起磁力の比　 $\dfrac{F_2}{F_1} = \dfrac{\mu_0 \mu_s S}{\ell_1 \phi} \cdot \dfrac{\ell_2 \phi}{\mu_0 S} = \dfrac{\ell_2}{\ell_1}\mu_s$ (2.43.15)

演習問題 43

[1] 平均周長 60〔cm〕，断面積 30〔cm^2〕，比透磁率 2 000 で長さ 1〔cm〕のエアギャップのある鉄心に 120 ターンのコイルを巻き，コイルの両端間に 50〔Hz〕，90〔V〕の電圧を印加した．

① 鉄心部分の磁気抵抗を求めよ．
② ギャップ部分の磁気抵抗を求めよ．
③ 全体の磁気抵抗とパーミアンスを求めよ．
④ コイルのインダクタンスを求めよ．
⑤ コイルの電流（実効値）を求めよ．
⑥ 磁気回路の磁束と磁束密度（実効値）を求めよ．
⑦ 鉄心部分の起磁力（最大値）を求めよ．
⑧ ギャップ部分および全体の起磁力（最大値）を求めよ．
⑨ 鉄心部分とギャップ部分の磁界の大きさ（最大値）を求めよ．

[2] 磁路長 100〔cm〕，断面積 50〔cm^2〕，比透磁率 1 000 で長さ 6〔mm〕のエアギャップのある環状鉄心に 200 ターンのコイルを巻き，60〔Hz〕，20〔A〕の電流を流した．

① 全体の磁気抵抗とパーミアンスを求めよ．
② 磁気回路の磁束と磁束密度を求めよ．
③ コイルのインダクタンスを求めよ．
④ コイルの誘起電圧（実効値）を求めよ．

解答 43

[1] ① 式 (2.43.1) より，
$$R_{m1} = \frac{\ell - \ell_2}{\mu_0 \mu_s S} = \frac{(60-1) \times 10^{-2}}{4\pi \times 10^{-7} \times 2000 \times 30 \times 10^{-4}} = 7.83 \times 10^4 \text{〔A/Wb〕}$$

② 式 (2.43.2) より
$$R_{m2} = \frac{\ell_2}{\mu_0 S} = \frac{1 \times 10^{-2}}{4\pi \times 10^{-7} \times 30 \times 10^{-4}} = 2.65 \times 10^6 \text{〔A/Wb〕}$$

③ 式 (2.43.3) より磁気抵抗は，
$$R_m = R_{m1} + R_{m2} = 7.83 \times 10^4 + 2.65 \times 10^6 = 2.73 \times 10^6 \text{〔A/Wb〕}$$

パーミアンス $P_{rm} = \dfrac{1}{R_m} = \dfrac{1}{2.73 \times 10^6} = 3.66 \times 10^{-7}$ 〔Wb/A〕

④ 式 (2.43.4), (2.43.6) より，
$$L = \frac{N^2}{R_m} = \frac{120^2}{2.73 \times 10^6} = 5.27 \times 10^{-3} \text{〔H〕}$$

⑤ 解答 42 ③と同様に，
$$I_{eff} = \frac{V_{eff}}{2\pi f L} = \frac{90}{2\pi \times 50 \times 5.27 \times 10^{-3}} = 54.4 \text{〔A〕}$$

⑥ 式 (2.43.4) より磁束の実効値および磁束密度の実効値は，
$$\phi_{eff} = \frac{N I_{eff}}{R_m} = \frac{120 \times 54.4}{2.73 \times 10^6} = 2.39 \times 10^{-3} \text{〔Wb〕}$$

$$B_{eff} = \frac{\phi_{eff}}{S} = \frac{2.39 \times 10^{-3}}{30 \times 10^{-4}} = 0.797 \text{〔T〕}$$

⑦ 式 (2.43.10) より鉄心部分の起磁力の実効値は,
$$F_{1eff} = R_{m1}\phi_{eff} = 7.83 \times 10^4 \times 2.39 \times 10^{-3} = 187 \text{ [A]}$$
したがって鉄心部分の起磁力の最大値は,
$$F_{1max} = \sqrt{2} F_{1eff} = \sqrt{2} \times 187 = 264 \text{ [A]}$$

⑧ 式 (2.43.12) よりギャップ部分の起磁力の実効値は,
$$F_{2eff} = R_{m2}\phi_{eff} = 2.65 \times 10^6 \times 2.39 \times 10^{-3} = 6.33 \times 10^3 \text{ [A]}$$
したがってギャップ部分の起磁力の最大値は,
$$F_{2max} = \sqrt{2} F_{2eff} = \sqrt{2} \times 6.33 \times 10^3 = 8.95 \times 10^3 \text{ [A]}$$
全体の起磁力の最大値は,
$$F_{max} = F_{1max} + F_{2max} = 264 + 8.95 \times 10^3 = 9.21 \times 10^3 \text{ [A]}$$

⑨ 式 (2.43.7) より鉄心部分の磁界の大きさの実効値は,
$$H_{1eff} = \frac{B_{eff}}{\mu} = \frac{B_{eff}}{\mu_0 \mu_s} = \frac{0.797}{4\pi \times 10^{-7} \times 2000} = 317 \text{ [A/m]}$$
したがって鉄心部分の磁界の大きさの最大値は,
$$H_{1max} = \sqrt{2} H_{1eff} = \sqrt{2} \times 317 = 448 \text{ [A/m]}$$
式 (2.43.8) よりギャップ部分の磁界の大きさの実効値は,
$$H_{2eff} = \frac{B_{eff}}{\mu_0} = \frac{0.797}{4\pi \times 10^{-7}} = 6.35 \times 10^5 \text{ [A/m]}$$
したがってギャップ部分の磁界の大きさの最大値は,
$$H_{2max} = \sqrt{2} H_{2eff} = \sqrt{2} \times 6.34 \times 10^5 = 8.96 \times 10^5 \text{ [A/m]}$$

[2] ① 式 (2.43.3) より全体の磁気抵抗は,
$$R_m = \frac{\ell_1}{\mu_0 \mu_s S}\left(1 + \frac{\ell_2}{\ell_1}\mu_s\right) = \frac{(100-0.6)\times 10^{-2}}{4\pi \times 10^{-7} \times 1000 \times 50 \times 10^{-4}} \times \left(1 + \frac{0.6 \times 10^{-2}}{99.4 \times 10^{-2}} \times 1000\right) = 1.11 \times 10^6 \text{ [A/Wb]}$$
パーミアンスは式 (2.41.4) より $P_{rm} = \dfrac{1}{R_m} = \dfrac{1}{1.11 \times 10^6} = 9 \times 10^{-7}$ [Wb/A]

② 磁束および磁束密度は式 (2.43.4), (2.43.5) より,
$$\phi = \frac{Ni}{R_m} = \frac{200 \times 20}{1.11 \times 10^6} = 3.6 \times 10^{-3} \text{ [Wb]}$$
$$B = \frac{\phi}{S} = \frac{3.6 \times 10^{-3}}{50 \times 10^{-4}} = 0.72 \text{ [T]}$$

③ (2.43.4), (2.43.6) よりインダクタンスは,
$$L = \frac{N^2}{R_m} = \frac{200^2}{1.11 \times 10^6} = 3.6 \times 10^{-2} \text{ [H]}$$

④ 電流の瞬時値は $i = \sqrt{2} I_{eff} \sin 2\pi f t = 20\sqrt{2} \sin 120\pi t$ [A] で与えられる.
したがって誘起電圧の瞬時値は式 (2.20.3) より,
$$e = -L\frac{di}{dt} = -L\frac{d(20\sqrt{2} \sin 120\pi t)}{dt} = -20\sqrt{2} L \times 120\pi \cos 120\pi t \text{ [V]}$$
となり, $L = 3.6 \times 10^{-2}$ [H] を代入すると $e = -271\sqrt{2} \cos 120\pi t$ [V]
となる. したがって誘起電圧の実効値は,
$$E_{eff} = \frac{271\sqrt{2}}{\sqrt{2}} = 271 \text{ [V]}$$

要点44 磁気回路（4）

飽和特性のある鉄心とエアギャップのある磁気回路

要点43では透磁率μが磁界Hによらず，一定として計算した．

ここでは透磁率μが磁束ϕの関数となる場合を考える．

(1) 考え方（図2.44.1）

① 鉄心部分：起磁力 F_1
磁気抵抗 R_{m1}
磁束 $\phi_1 = \dfrac{F_1}{R_{m1}}$ (2.44.1)

② ギャップ部分：起磁力 F_2
磁気抵抗 R_{m2}
磁束 $\phi_2 = \dfrac{F_2}{R_{m2}}$ (2.44.2)

③ 全体：起磁力 $F = F_1 + F_2 = Ni$ (2.44.3)
磁気抵抗 $R_m = R_{m1} + R_{m2}$ (2.44.4)
磁束 $\phi = \phi_1 = \phi_2$（磁束の漏れがないのでどこでも同じ） (2.44.5)

図2.44.1 エアギャップのある磁気回路

④ 式(2.44.1), (2.44.2), (2.44.5)から

$\phi = \dfrac{F_1}{R_{m1}} = \dfrac{F_2}{R_{m2}}$ （鉄心部分とギャップ部分の起磁力による磁束は等しい） (2.44.6)

$R_{m1} = \dfrac{F_1}{\phi} = \dfrac{\ell_1}{\mu_0 \mu_s S}$ （鉄心の飽和によりμ_sが変わるので求められない） (2.44.7)

$R_{m2} = \dfrac{F_2}{\phi} = \dfrac{\ell_2}{\mu_0 S}$ （μ_0, S, ℓともに既知なので寸法から求められる） (2.44.8)

(2) 計算方法（図2.44.2）

① 図2.44.1の磁気回路で鉄心が図2.44.2に示す飽和特性をもっているとする．

② 起磁力$F = F_1 + F_2 = Ni$に等しく$\overline{\mathrm{OP}}$をとる．

③ 式(2.44.8)を用い点Pから次式で求められる角θ_2で直線を引く．

$\tan\theta_2 = \dfrac{1}{R_{m2}} = \dfrac{\phi}{F_2}$ (2.44.9)

$\therefore \theta_2 = \tan^{-1}\dfrac{1}{R_{m2}} = \tan^{-1}\dfrac{\mu_0 S}{\ell_2}$ (2.44.10)

④ この直線とϕ曲線との交点をRとする．
⑤ RよりF軸に下した垂線の足をQとする．
⑥ 式(2.44.9)より磁束 $\phi = F_2 \tan\theta_2 = \overline{\mathrm{RQ}}$ (2.44.11)
⑦ ギャップ部の起磁力 $F_2 = \overline{\mathrm{QP}}$ (2.44.12)

ギャップ部の磁気抵抗 $R_{m2} = \dfrac{F_2}{\phi}$ (2.44.13)

鉄心部分の起磁力 $F_1 = F - F_2 = Ni - F_2 = \overline{\mathrm{OQ}}$ (2.44.14)

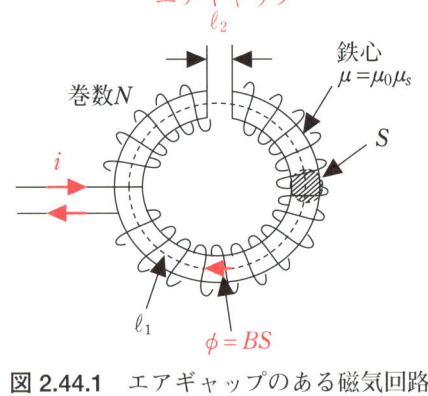

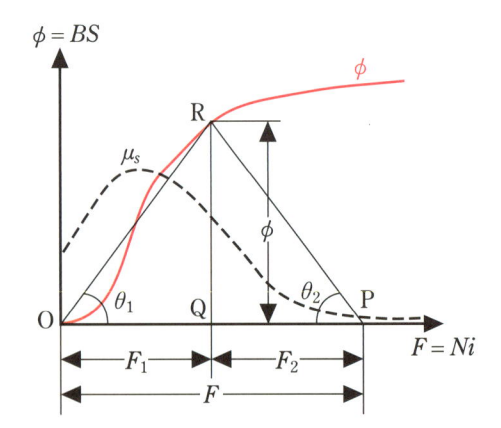

図2.44.2 飽和特性とエアギャップのある磁気回路の計算

鉄心部分の磁気抵抗　$R_{m1} = \dfrac{F_1}{\phi}$ (2.44.15)

と求めることができる．

演習問題44

[1] 磁化特性が図 2.44.3 で与えられている平均磁路長 50〔cm〕，ギャップ長 1〔mm〕，断面積 20〔cm²〕の環状鉄心に 200 ターンのコイルが巻いてある．このコイルに直流 8〔A〕を流したとき，

① 鉄心の磁束密度と磁束を求めよ．
② ギャップ部分の起磁力と磁気抵抗を求めよ．
③ 鉄心部分の起磁力と磁気抵抗を求めよ．
④ 鉄心部分の磁界の大きさを求めよ．
⑤ ギャップ部分の磁界の大きさを求めよ．
⑥ 鉄心部分の比透磁率を求めよ．
⑦ コイルのインダクタンスを求めよ．

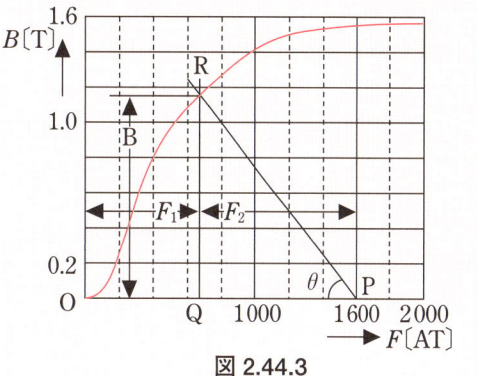

図 2.44.3

解答44

[1] ① 式 (2.44.11) より $\overline{RQ}$ の長さが磁束（図 2.44.3 では磁束密度）を与える．

したがって磁束密度 $B = \overline{RQ} = 1.16$〔T〕

磁束 $\phi = BS = 1.16 \times 20 \times 10^{-4} = 2.32 \times 10^{-3}$〔Wb〕

② 式 (2.44.12) よりギャップ部の起磁力は $F_2 = \overline{QP} = 950$〔A〕となる．

式 (2.44.13) より磁気抵抗 $R_{m2} = \dfrac{F_2}{\phi} = \dfrac{950}{2.32 \times 10^{-3}} = 4.1 \times 10^5$〔A/Wb〕

③ 式 (2.44.14) より鉄心部の起磁力は $F_1 = F - F_2 = 1600 - 950 = 650$〔A〕

式 (2.44.15) より磁気抵抗 $R_{m1} = \dfrac{F_1}{\phi} = \dfrac{650}{2.32 \times 10^{-3}} = 2.8 \times 10^5$〔A/Wb〕

④ 式 (2.43.10) より鉄心部分の磁界は $H_1 = \dfrac{F_1}{\ell_1} = \dfrac{650}{(50 - 0.1) \times 10^{-2}} = 1.3 \times 10^3$〔A/m〕

⑤ 式 (2.43.12) よりギャップ部の磁界は $H_2 = \dfrac{F_2}{\ell_2} = \dfrac{950}{1 \times 10^{-3}} = 9.5 \times 10^5$〔A/m〕

⑥ 式 (2.44.7) より $\mu_s = \dfrac{\ell_1}{\mu_0 S R_{m1}} = \dfrac{49.9 \times 10^{-2}}{4\pi \times 10^{-7} \times 20 \times 10^{-4} \times 2.8 \times 10^5} = 710$

または $B = \mu_0 \mu_s H_1$ からでも求められる．

⑦ 式 (2.24.1) より $L = \dfrac{N\phi}{i} = \dfrac{200 \times 2.32 \times 10^{-3}}{8} = 5.8 \times 10^{-2}$〔H〕

または式 (2.41.6) の $L = \dfrac{N^2}{R_m} = \dfrac{N^2}{R_{m1} + R_{m2}}$ からでも求められる．

要点45　磁束についてのガウスの定理と応用

(1) 磁束についてのガウスの定理

① 磁束は連続で途中で消滅も発生もしない．したがって，ある閉曲面に入る磁束 ϕ_1 はそこから出ていく磁束 ϕ_2 に等しい（図 2.45.1）．

$$\therefore \quad \phi_1 - \phi_2 = 0$$

② 閉曲面の微少面積を dS，dS に垂直な磁束密度を B_n とすると

$\phi_1 = \int_{S_1} B_n dS$ 　　S_1 は磁束が入る表面積

$\phi_2 = \int_{S_2} (-B_n) dS$ 　　S_2 は磁束が出ていく表面積

③ $S_1 + S_2 = S$ であるから

$$\phi_1 - \phi_2 = \int_{S_1} B_n dS - \int_{S_2} (-B_n dS) = \int_{S_1} B_n dS + \int_{S_2} B_n dS$$

$$= \int_{S_1+S_2} B_n dS = \int_S B_n dS = 0 \quad (2.45.1)$$

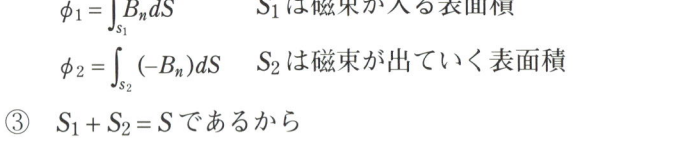

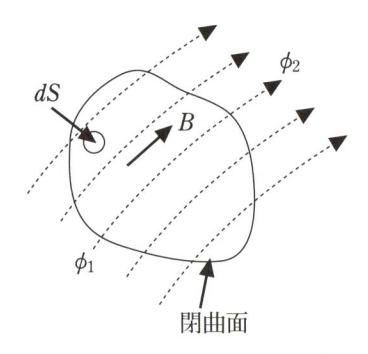

図 2.45.1　閉曲面を通る磁束

④ 式 (2.45.1) は電荷 $Q = 0$ のときの電界についてのガウスの定理

$$\int_S E_n dS = \frac{Q}{\varepsilon} = 0$$

に対応し，磁束（磁束密度）についてのガウスの定理という．

⑤ 例として図 2.45.2 に示すように環状ソレノイドが閉曲面 S と交わっている場合，ソレノイドの断面積を S_0 とすると左側の断面 S_1 から入る磁束 $\phi_1 = \int_{S_1} B_n dS = B S_0$ となり，右側の断面 S_2 から出ていく磁束 $\phi_2 = \int_{S_2} B_n dS = B S_0$ となって式 (2.45.1) が成立するのがわかる．

(2) 境界面における B と H

(2-1) 磁束密度

① 磁束が図 2.45.3 のように透磁率 μ_1 の物質1から透磁率 μ_2 の物質2に通り抜けている．

② 物質1中の磁束密度を B_1，B_1 が境界面の法線となす角を θ_1，物質2中の磁束密度を B_2，B_2 が境界面の法線となす角を θ_2 とする．

③ 境界面を含む薄い円筒面Aの底面積を ΔS とすると

Aに入る磁束：$\phi_1 = B_1 \Delta S \cos\theta_1$

Aから出る磁束：$\phi_2 = B_2 \Delta S \cos\theta_2$

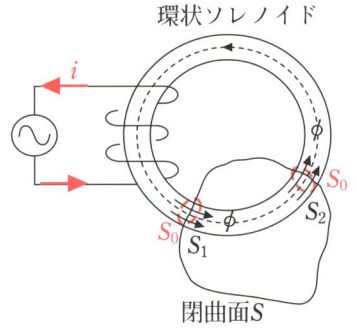

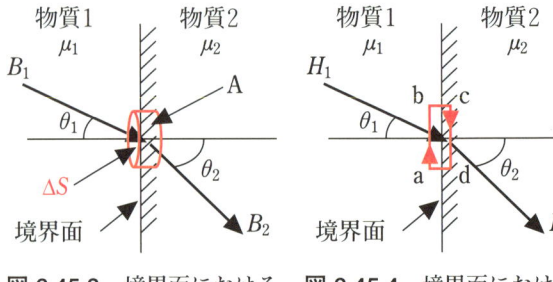

図 2.45.2　環状ソレノイドでのガウスの定理の説明図

図 2.45.3　境界面における磁束密度

図 2.45.4　境界面における磁界

④ 円筒面Aにガウスの定理を適用すると，
$$\int_A B_n dS = \phi_1 - \phi_2 = B_1 \Delta S \cos\theta_1 - B_2 \Delta S \cos\theta_2 = 0$$
∴ $B_1 \cos\theta_1 = B_2 \cos\theta_2$ (2.45.2)

⑤ すなわち磁束密度の境界面に対する法線成分は，相等しく連続である．

(2-2) 境界面における磁界

① 図2.45.4のように磁束密度B_1を生じさせる磁界をH_1，B_2を生じさせる磁界をH_2とすると，
$B_1 = \mu_1 H_1$
$B_2 = \mu_2 H_2$

② 境界面を含む細長い矩形径路（a→b→c→d）に，アンペアの周回積分の法則を適用すると，矩形内には電流は流れていないから，
$$\int H \cdot d\ell = \int_a^b (-H_1 \sin\theta_1) \cdot d\ell + \int_c^d H_2 \sin\theta_2 \cdot d\ell = 0$$
ここでbcおよびda間の積分は距離が極めて短いとして省略している．

∴ $H_1 \sin\theta_1 = H_2 \sin\theta_2 \qquad H_2 = H_1 \dfrac{\sin\theta_1}{\sin\theta_2}$ (2.45.4)

③ すなわち磁界の境界面に対する接線成分は相等しく連続である．
$B_1 = \mu_1 H_1, B_2 = \mu_2 H_2$ が成り立つときは式(2.45.2)，(2.45.4)を用いて，

$\mu_1 H_1 \cos\theta_1 = \mu_2 H_2 \cos\theta_2 = \mu_2 H_1 \dfrac{\sin\theta_1}{\sin\theta_2}\cos\theta_2$

∴ $\mu_1 \dfrac{\cos\theta_1}{\sin\theta_1} = \mu_2 \dfrac{\cos\theta_2}{\sin\theta_2}$

$\dfrac{\mu_1}{\mu_2} = \dfrac{\sin\theta_1}{\cos\theta_1}\dfrac{\cos\theta_2}{\sin\theta_2} = \dfrac{\tan\theta_1}{\tan\theta_2}$ (2.45.5)

演習問題45

[1] 磁性体Aから磁性体Bに磁束が通り抜けており，A内の磁束密度は0.3〔T〕，磁束が両磁性体の境界面となす角はA内では30°，B内では45°である．
　① 磁性体B内の磁束密度はいくらか．
　② 磁性体Aの比透磁率が1 000のとき，A，B内の磁界の大きさはそれぞれいくらか．
　③ 磁性体Bの透磁率と比透磁率を求めよ．
　④ 磁性体Aの磁化の強さはいくらか．
　⑤ 磁性体Bの磁化率と比磁化率を求めよ．

[2] 比透磁率200の鉄板が空気中にあり，300〔A/m〕の磁界が鉄板表面と2°の角度をなしている．
　① 鉄板中の磁束が鉄板表面となす角度を求めよ．
　② 空気中と鉄板内の磁束密度を求めよ．

解答45

[1] ① 磁束密度の境界面に対する法線成分は相等しく連続である．したがって式(2.45.2)より，
$B_1 \cos 60° = B_2 \cos 45°$ より，

磁性体B内の磁束密度 $B_2 = B_1 \dfrac{\cos 60°}{\cos 45°} = 0.3 \times \dfrac{\frac{1}{2}}{\frac{1}{\sqrt{2}}} = 0.212$ 〔T〕

② 磁性体A内の磁界の強さ $H_1 = \dfrac{B_1}{\mu_0 \mu_{s1}} = \dfrac{0.3}{4\pi \times 10^{-7} \times 1000} = 2.39 \times 10^2$ 〔A/m〕

磁界の境界面に対する接線成分は相等しく連続である．したがって式(2.45.4)より，

$H_2 = H_1 \dfrac{\sin \theta_1}{\sin \theta_2} = H_1 \dfrac{\sin 60°}{\sin 45°} = 2.39 \times 10^2 \times \dfrac{\frac{\sqrt{3}}{2}}{\frac{\sqrt{2}}{2}} = 2.93 \times 10^2$ 〔A/m〕

③ 磁性体Bの透磁率を μ_2，比透磁率を μ_{s2} とすると，

$\mu_2 = \dfrac{B_2}{H_2} = \dfrac{0.21}{2.93 \times 10^2} = 7.2 \times 10^{-4}$ 〔H/m〕

$\mu_{s2} = \dfrac{\mu_2}{\mu_0} = \dfrac{7.2 \times 10^{-4}}{4\pi \times 10^{-7}} = 571$

④ 磁性体Aの磁化の強さ J_1 は式(2.36.2)より，

$J_1 = B_1 - \mu_0 H_1 = 0.3 - 4\pi \times 10^{-7} \times 2.39 \times 10^2 = 0.300$ 〔T〕

⑤ 磁性体Bの磁化の強さは式(2.36.2)より，

$J_2 = B_2 - \mu_0 H_2 = 0.21 - 4\pi \times 10^{-7} \times 2.39 \times 10^2 = 0.210$ 〔T〕

したがって磁化率 χ_2 と比磁化率 χ_2/μ_0 は式(2.36.2), (2.36.3)よりそれぞれ，

$\chi_2 = \dfrac{J_2}{H_2} = \dfrac{0.210}{2.93 \times 10^2} = 7.17 \times 10^{-4}$ 〔H/m〕

$\dfrac{\chi_2}{\mu_0} = \dfrac{7.17 \times 10^{-4}}{4\pi \times 10^{-7}} = 571$

[2] ① 式(2.45.5)より鉄板中の磁束が鉄板への法線となす角度を θ_2 とすると，

$\dfrac{\mu_1}{\mu_2} = \dfrac{\mu_{s1}}{\mu_{s2}} = \dfrac{\tan \theta_1}{\tan \theta_2} = \dfrac{\tan(90-2)°}{\tan \theta_2} = \dfrac{\tan 88°}{\tan \theta_2}$

$\therefore \tan \theta_2 = \dfrac{\mu_{s2}}{\mu_{s1}} \times \tan 88° = \dfrac{200}{1} \times 28.636 = 5727$

$\therefore \theta_2 = \tan^{-1} 5727 = 89.99°$

したがって鉄板表面となす角度 $\theta_2' = 90 - 89.99 - 0.01° = 0.6'$ となる．

② 空気中の磁束密度 $B_1 = \mu_0 H_1 = 4\pi \times 10^{-7} \times 300 = 3.77 \times 10^{-4}$ 〔T〕

式(2.45.2)より鉄板内の磁束密度 B_2 は，

$B_2 = B_1 \dfrac{\cos \theta_1}{\cos \theta_2} = 3.77 \times 10^{-4} \times \dfrac{\cos 88°}{\cos 89.99°} = 3.77 \times 10^{-4} \times \dfrac{3.49 \times 10^{-2}}{1.745 \times 10^{-4}} = 0.075$ 〔T〕

要点46 棒状磁性体(1)

棒状磁性体中の磁束密度とガウスの定理

磁束に関してのガウスの定理を説明するうえで，静電場で学んだ内容に沿って説明するために磁気分極 P_m という概念を用いて説明する．これは静電場の分極 P に相当するものであり，要点36で述べた磁化 M との関係は以下のとおりである．

$$P_m = \mu_0 M = \mu_0 \chi H \quad (2.46.1)$$

① 断面積 S の棒状磁性体に巻いたコイルに電流 i を流したとき，磁性体内に発生する磁界を H とする（図2.46.1）．

② 磁性体中の磁束密度は式(3.36.3)，式(2.46.1)より，

$$B = \mu_0 H + P_m \quad [\mathrm{T}] \quad (2.46.2)$$

となる．ここで P_m, H, B は同方向である．

③ 磁性体中の任意の閉曲面 S' に対して磁束密度 B に対するガウスの定理を適用すると式(2.46.2)から，

$$\int_{S'} B_n dS' = \mu_0 \int_{S'} H_n dS' + \int_{S'} P_{mn} dS' = 0 \quad (2.46.3)$$

$$\therefore \int_{S'} H_n dS' = -\frac{1}{\mu_0} \int_{S'} P_{mn} dS' \quad (2.46.4)$$

∴ $\int_{S'} H_n dS'$ は磁力線の本数を表す．

④ 磁性体の右端を包む薄い円筒閉曲面 S_1 に対する積分 $P_{mn} dS'$ を考えると，

磁性体部分：P_m は底面 S に垂直に流入するから，$P_{mn} = -P_m$

磁性体外の空間部分：磁化はないから，$P_m = P_m = 0$

$$\therefore \int_{S_1} P_{mn} dS' = -P_m \cdot S \quad（流入なので負符号） \quad (2.46.5)$$

⑤ 磁性体の左端を包む薄い円筒閉曲面 S_2 に対する積分 $P_{mn} dS'$ を考えると，

磁性体部分：P_m は底面 S から垂直に流出するから，$P_{mn} = P_m$

磁性体外の空間部分：磁化はないから，$P_m = P_m = 0$

$$\therefore \int_{S_2} P_{mn} dS' = P_m \cdot S \quad（流出なので正符号） \quad (2.46.6)$$

⑥ 磁性体の中間部分にある薄い円筒面 S_3 に対する積分 $P_{mn} dS'$ を考えると，P_m は両端の円筒面から出入りするから，

$$\therefore \int_{S_3} P_{mn} dS' = -P_m \cdot S_3 + P_m \cdot S_3 = -P_m \cdot S + P_m \cdot S = 0$$

⑦ 式(2.46.4)に式(2.46.5)，(2.46.6)の関係を用いると，

磁性体の右端：$\int_{S'} H_n dS' = \dfrac{P_m S}{\mu_0}$ \quad (2.46.7)

= 閉曲面から外へ出て行く磁力線の本数

磁性体の左端：$\int_{S'} H_n dS' = -\dfrac{P_m S}{\mu_0}$ \quad (2.46.8)

= 閉曲面に入り込む磁力線の本数

磁性体の両端以外：$\int_{S'} H_n dS' = 0$ \quad (2.46.9)

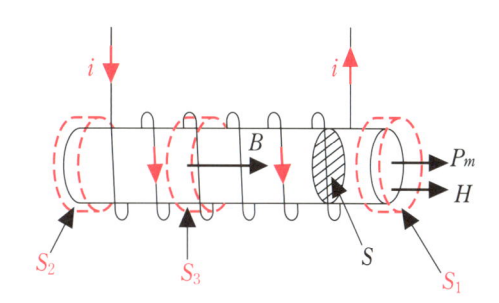

図2.46.1 棒状磁性体

⑧ 式(2.46.7),(2.46.8)から図2.46.2に示すように,

> 磁力線は磁性体の左端から$\dfrac{P_m S}{\mu_0}$本入り右端から$\dfrac{P_m S}{\mu_0}$本出る
> (磁性体の磁界Hに関するガウスの定理という)

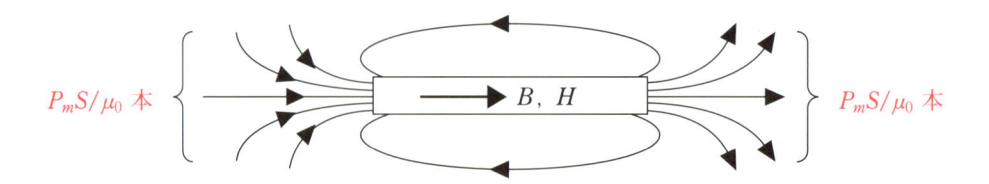

図 2.46.2 棒状磁性体からの磁力線の出入り

演習問題 46

[1] 比透磁率2 000,断面積1 [cm^2] の棒状磁性体が100 [AT/m] の磁界中にある.
 ① 磁性体中の磁束密度と磁気分極の大きさを求めよ.
 ② 磁性体の右端または左端から出入りする磁力線は何本か.

解答 46

[1] ① 磁束密度は式(2.35.1)より $B = \mu_0 \mu_s H = 4\pi \times 10^{-7} \times 2000 \times 100 = 0.2512$ [T]
 磁気分極の大きさは式(2.46.2)より $P_m = B - \mu_0 H = 0.2512 - 4\pi \times 10^{-7} \times 100 = 0.2511$ [T]

 ② 式(2.46.7),(2.46.8)より磁力線の数は $\dfrac{P_m S}{\mu_0} = \dfrac{0.2511 \times 10^{-4}}{4\pi \times 10^{-7}} = 20$ [本]

要点47　棒状磁性体（2）

磁極の強さと磁性体内の磁界

① 面積 S，長さ ℓ の棒状磁性体（棒磁石）の磁極の強さ（磁荷）Q_m は次式で定義される（図 2.47.1）．

$$Q_m = P_m S = \mu_0 MS = \mu_0(MS\ell)/\ell = \mu_0 M_m/\ell \;\,[\text{Wb}] \tag{2.47.1}$$

P_m は要点46で示した磁気分極，M は要点36で示した磁化（単位体積当りの磁気モーメント）である．M_m は磁性体の全磁気モーメントを示す．

② 磁性体の存在する場において，要点12で学んだ電気双極子モーメントに対応する概念を磁気分極モーメント M_p といい，次式で定義される（図 2.47.1）．

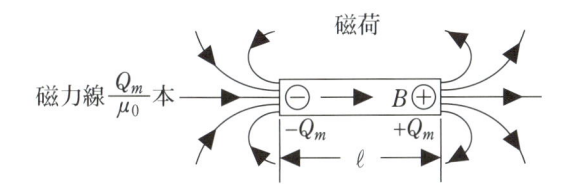

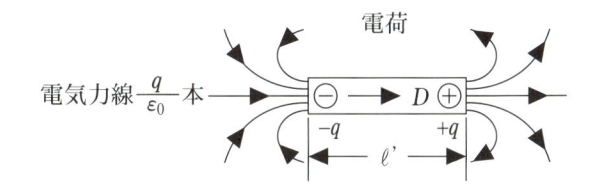

$$M_p = Q_m \ell = \mu_0 M_m \;\,[\text{Wb}\cdot\text{m}] \tag{2.47.2}$$

ℓ：磁性体の長さ

図 2.47.1　磁気分極と電気双極子

③ 磁極の強さ Q_m による磁界は磁性体の中の磁界を弱める減磁力として働く．

∴ 磁性体内の真の磁界：$H_m = H - H_d \;\,[\text{A/m}]$ (2.47.3)

この H_d は自己減磁力とよばれ磁気で示される．

$$H_d = \kappa M$$

ここで M は要点36で述べた磁化の強さであり，κ（カッパと読む）は減磁率である．

減磁率の性質

$$0 \leq \kappa \leq 1 \tag{2.47.4}$$

空間，環状磁性体：$\kappa = 0$
細長い磁性体　　：$\kappa \cong 0$
太く短い磁性体　：$\kappa \to 1$ に近づく

演習問題 47

[1] 比透磁率 1000，断面積 $0.5\,[\text{cm}^2]$，長さ $10\,[\text{cm}]$ の棒状磁性体が $200\,[\text{A/m}]$ の磁界中にある．

① 磁性体中の磁束密度と磁気分極，および磁化の強さの大きさを求めよ．
② 磁性体の磁荷と磁気分極モーメントを求めよ．
③ 磁性体内の磁界の強さを求めよ．

解答 47

[1] ① 磁束密度は式(2.35.1)より $B = \mu_0\mu_s H = 4\pi \times 10^{-7} \times 1\,000 \times 200 = 0.2512$ 〔T〕

磁気分極の大きさは式(2.46.2)より $P_m = B - \mu_0 H = 0.2512 - 4\pi \times 10^{-7} \times 200 = 0.2509$

磁化の強さは式(2.46.1)より $M = P_m/\mu_0 = 0.2511/(4\pi \times 10^{-7}) = 2.00 \times 10^5$ 〔A/m〕

② 式(2.47.1)より磁荷 $Q_m = P_m S = 0.2509 \times 0.5 \times 10^{-4} = 1.25 \times 10^{-5}$ 〔Wb〕

式(2.47.2)より磁気分極モーメントは

$M_p = Q_m \ell = 1.25 \times 10^{-5} \times 10^{-1} = 1.25 \times 10^{-6}$ 〔Wb·m〕

③ この棒状磁性体は長さと断面積の比が，

長さ/断面積 $= 10 \times 10^{-2}/0.5 \times 10^{-4} = 2\,000$

となり，非常に細長い磁性体と考えられる．したがって式(2.47.4)より減磁率 $\kappa \cong 0$ と考えてよい．

よって磁性体内の磁界の強さ H_m は式(2.47.3)より

$H_m = H - \kappa M \cong H = 200$ 〔A/m〕

覚えよう！　要点 42・43・44・45・46・47 における重要関係式

① $R_{m1} = \dfrac{\ell_1}{\mu_0\mu_s S} = \dfrac{\ell - \ell_2}{\mu_0\mu_s S}$ 〔A/Wb〕　　(2.43.1)　〔鉄心部分の磁気抵抗〕

② $R_{m2} = \dfrac{\ell_2}{\mu_0 S}$ 〔A/Wb〕　　(2.43.2)　〔ギャップ部分の磁気抵抗〕

③ $R_m = R_{m1} + R_{m2} = \dfrac{\ell_1}{\mu S}\left(1 + \dfrac{\ell_2}{\ell_1}\mu_s\right)$ 〔A/Wb〕　(2.43.3)　〔全体の磁気抵抗〕

④ $\phi = \dfrac{F}{R_m} = \dfrac{Ni}{\dfrac{\ell_1}{\mu_s}\left(1 + \dfrac{\ell_2}{\ell_1}\mu_s\right)}$ 〔Wb〕　(2.43.4)　〔エアギャップあり磁気回路のオームの法則〕

⑤ $F_1 = \ell_1 H_1, F_2 = \ell_2 H_2$ 〔A〕　　(2.43.10) (2.43.12)

$F = F_1 + F_2 = \ell_1 H_1 + \ell_2 H_2 = Ni$ 〔A〕　(2.43.14)　〔各起磁力および全起磁力〕

⑥ $\int_s B_n dS = 0$　　(2.45.1)　〔磁束についてのガウスの定理〕

⑦ $B_1 \cos\theta_1 = B_2 \cos\theta_2$　　(2.45.2)　〔境界面における磁束密度〕

⑧ $H_1 \sin\theta_1 = H_2 \sin\theta_2$　　(2.45.4)　〔境界面における磁界〕

⑨ $\int_s H_n dS' = -\dfrac{1}{\mu_0}\int_s P_{mn} dS'$　　(2.46.4)　〔磁力線の本数〕

⑩ $Q_m = P_m S$ 〔Wb〕　　(2.47.1)　〔棒状磁性体の磁極の強さ〕

⑪ $M_p = Q_m \ell$ 〔Wb·m〕　　(2.47.2)　〔磁気分極モーメント〕

⑫ $\boldsymbol{H_m = H - H_d = H - \kappa M}$ 〔A/m〕　(2.47.3)　〔磁性体内の真の磁界の強さ〕

要点48　永久磁石（1）

永久磁石による磁界

① 永久磁石では外部磁界 $H = 0$ でも磁石内に磁界 H_m が存在する．ゆえに磁石内の磁界は式 (2.47.3), 式 (2.47.4) より

$$H_m = -H_d = -\kappa_m M \quad [\text{A/m}] \quad (2.48.1)$$

κ_m を**自己減磁率**という．

② すなわち図 2.48.1 に示すように H_m は，外部にできる磁力線と同様，磁性体の右端から出て左端で終わる．磁力線 H_m の出る端面を正磁極，磁力線の終わる端面を負磁極という．

③ 長さ ℓ の永久磁石の $+Q_m$ 極から半径 r の球面 S' 上の磁界 H は，球面に垂直かつ外向きで大きさが等しいためこれを磁界 H_r で表す（図 2.48.2）．

④ 球面 S' に関し磁界にガウスの定理を適用すると式 (2.46.7), (2.47.1) から，

$$\int_{S'} H_n dS' = 4\pi r^2 H_r = \frac{P_m S}{\mu_0} = \frac{Q_m}{\mu_0} [\text{A} \cdot \text{m}] = \frac{Q_m}{\mu_0} \quad [\text{本}] \quad (2.48.2)$$

球面上の磁束密度　$B = \mu_0 H_r = \dfrac{Q_m}{4\pi r^2} \quad [\text{T}] \quad (2.48.3)$

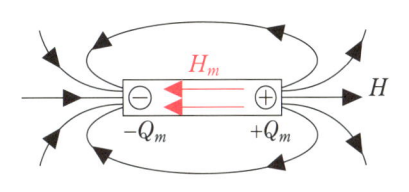

図 2.48.1　永久磁石のつくる磁力線

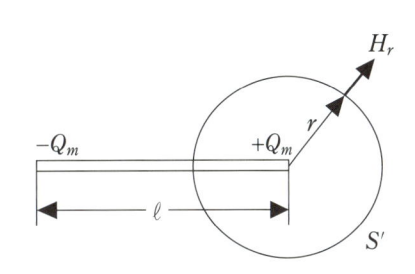

図 2.48.2　永久磁石による磁界

演習問題 48

[1] 磁気分極 P_m の大きさが 3 [T]，断面積 2 [cm²]，長さ 20 [cm] の永久磁石がある．磁極から 10 [cm] の位置の正磁極による磁界と磁束密度はいくらか．

解答 48

[1] 式 (2.48.2) より磁界 $H_r = \dfrac{P_m S}{4\pi r^2 \mu_0} = \dfrac{3 \times 2 \times 10^{-4}}{4\pi \times (10 \times 10^{-2})^2 \times 4\pi \times 10^{-7}} = 3.8 \times 10^3$ [A/m]

式 (2.48.3) より磁束密度 $B = \mu_0 H_r = 4\pi \times 10^{-7} \times 3.8 \times 10^3 = 4.77 \times 10^{-3}$ [T]

> **覚えよう！　要点48における重要関係式**
>
> ① $H_m = -H_d = -\kappa_m M$ [A/m] 　(2.48.1)　〔永久磁石内の磁界〕
>
> ② $\int_{S'} H_n dS' = \dfrac{P_m S}{\mu_0} = \dfrac{Q_m}{\mu_0}$ [本]　(2.48.2)　〔永久磁石の端面での磁力線の本数〕
>
> ③ $B = \mu_0 H_r = \dfrac{Q_m}{4\pi r^2}$ [T]　(2.48.3)　〔永久磁石の端面から r の位置の磁束密度〕

要点49 永久磁石(2)

磁気分極モーメント

① 電気編の要点12であったように，電荷 Q から距離 r における点Pの電界 E は次式で表される．

$$E = \frac{Q}{4\pi\varepsilon_0 r^2} \;\text{[V/m]} \tag{2.49.1}$$

② 一方電荷 $-Q, Q$ が距離 ℓ 離れてあるとき，ℓ の中点から距離 $r(r \gg \ell)$ における点Pの電位は次式で表される（**図2.49.1**）．

$$V = \frac{Q}{4\pi\varepsilon_0 \overline{AP}} - \frac{Q}{4\pi\varepsilon_0 \overline{BP}} \cong \frac{Q\ell}{4\pi\varepsilon_0 r^2}\cos\theta = \frac{P_q}{4\pi\varepsilon_0 r^2}\cos\theta \;\text{[V]} \tag{2.49.2}$$

$P_q = q\ell$：電荷 $\pm Q$ の双極子モーメント

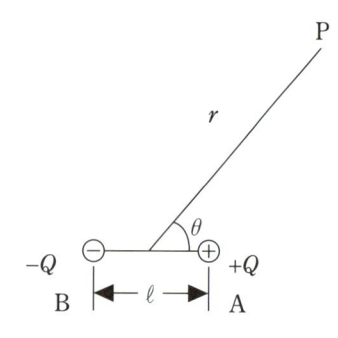

図 2.49.1　電気双極子による電位

③ 磁荷 Q_m から r 離れた点Pの磁界の強さは式(2.48.2)で表され，これは式(2.49.1)と同様の形をしているから，Q_m に対しても式(2.49.2)と同様な関係が成り立つ．

$$U = \frac{Q_m \ell}{4\pi\mu_0 r^2}\cos\theta = \frac{M_p}{4\pi\mu_0 r^2}\cos\theta \;\text{[A]} \tag{2.49.3}$$

U を磁位，$M_p = Q_m \ell$ を磁極 $\pm Q_m$ の磁気分極モーメントという．

点Pの磁位とは ∞ 点から磁界内の任意の点Pまで単位正磁荷を運ぶに要する仕事のことである．

④ 一様な磁界 H 中にある磁気分極に働くトルクは次式で表される（**図2.49.2**）．

$$T = M_p H \sin\theta = M_p \frac{B}{\mu_0}\sin\theta \;\text{[N·m]} \tag{2.49.4}$$

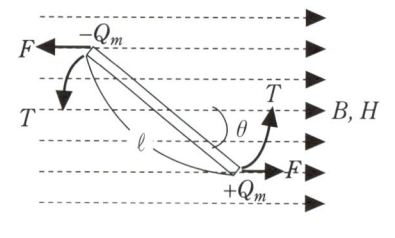

図 2.49.2　平等磁界中の磁気分極

演習問題49

[1] 長さ $5\,\text{[cm]}$，磁極の強さ $\pm 0.1\,\text{[Wb]}$ の永久磁石がある．
① この磁石を底辺とする正三角形の頂点における磁位はいくらか．
② この磁石の正磁極から外への延長上 $20\,\text{[cm]}$ における磁位はいくらか．
③ 上記①の点における磁束密度はいくらか．
④ この磁石が $0.5\,\text{[T]}$ の平等磁界中にあるとき，働くトルクの最大値はいくらか．

解答 49

[1] ① 図 2.49.3 で点 P における磁位は式 (2.49.2), (2.49.3) より,

$$U = \frac{+Q_m}{4\pi\mu_0 \overline{AP}} + \frac{-Q_m}{4\pi\mu_0 \overline{BP}} = 0 \quad (\overline{AP} = \overline{BP} = 5\,\mathrm{cm})$$

図 2.49.3

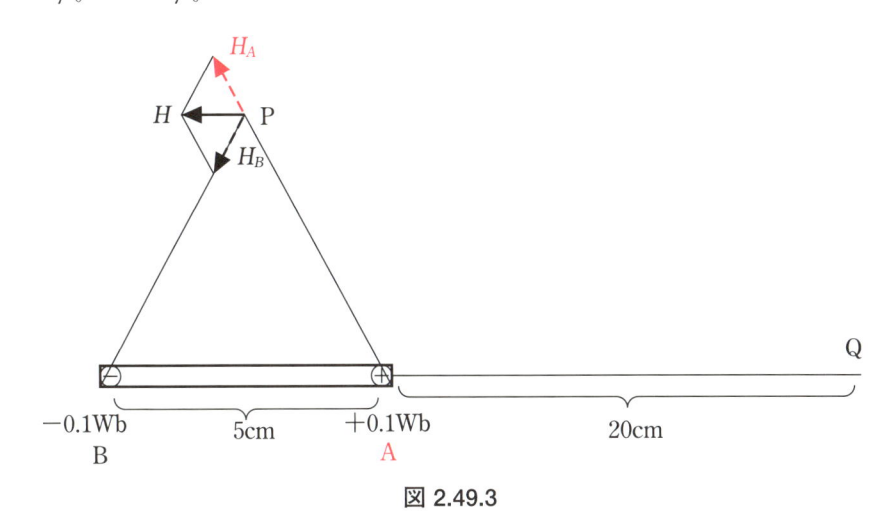

② 図 2.49.3 で点 Q における磁位は式 (2.49.2), (2.49.3) より,

$$U = \frac{+Q_m}{4\pi\mu_0 \overline{AP}} + \frac{-Q_m}{4\pi\mu_0 \overline{BP}} = \frac{Q_m}{4\pi\mu_0}\left(\frac{1}{\overline{AQ}} - \frac{1}{\overline{BQ}}\right) = \frac{0.1}{4\pi \times 4\pi \times 10^{-7}}\left(\frac{1}{0.2} - \frac{1}{0.25}\right) = 6.3 \times 10^3 \ [\mathrm{A}]$$

③ 図 2.49.3 に示すように磁極 A による P 点の磁界 H_A, および磁極 B による P 点に磁界 H_B はそれぞれ図の方向に向き, その大きさは式 (2.48.2) より,

$$H_A = |H_B| = \frac{Q_m}{4\pi\mu_0 r^2} = \frac{0.1}{4\pi \times 4\pi \times 10^{-7} \times (5 \times 10^{-2})^2} = 2.54 \times 10^6 \ [\mathrm{A/m}]$$

したがってその合成磁界は,

$$H = H_A \cos 60° + H_B \cos 60° = \frac{1}{2}(2.54 \times 10^6 \times 2) = 2.54 \times 10^6 \ [\mathrm{A/m}]$$

磁束密度は $B = \mu_0 H = 4\pi \times 10^{-7} \times 2.54 \times 10^6 = 3.19 \ [\mathrm{T}]$

④ 式 (2.49.3), (2.49.4) より $T = M_p H \sin\theta = Q_m \ell H \sin\theta$ であり, その最大値は $\sin\theta = 1$ のときに得られる. したがってトルクの最大値 $T_{\max}$ は,

$$T_{\max} = M_p H = Q_m \ell \frac{B}{\mu_0} = 0.1 \times 0.05 \times \frac{0.5}{4\pi \times 10^{-7}} = 2 \times 10^3 \ [\mathrm{N \cdot m}]$$

覚えよう！ 要点 49 における重要関係式

① $U = \dfrac{Q_m \ell}{4\pi\mu_0 r^2}\cos\theta = \dfrac{M_p}{4\pi\mu_0 r^2}\cos\theta \ [\mathrm{A}]$ (2.49.3)

〔磁気分極モーメントと磁位の関係〕

② $T = M_p H \sin\theta = M_p \dfrac{B}{\mu_0}\sin\theta \ [\mathrm{N \cdot m}]$ (2.49.4)

〔磁気分極に働くトルク〕

要点 49　永久磁石 (2)

要点 50　永久磁石（3）

磁界におけるクーロンの法則

磁極の強さ Q_{m1}, Q_{m2} が距離 r 離れているとき，この磁極間に働く力は次式で表され，磁界におけるクーロンの法則という．

$$F = \frac{Q_{m1} Q_{m2}}{4\pi \mu_0 r^2} \ [\text{N}] \tag{2.50.1}$$

Q_{m1}, Q_{m2} が同性の点磁極のとき F は反発力，Q_{m1}, Q_{m2} が異性の点磁極のとき F は吸引力になる．

演習問題 50

[1] 長さ $\ell = 5$ [cm] で磁極の強さ $Q_m = 10^{-5}$ [Wb] の棒磁石が 2 本，図 2.50.1 のように $d = 10$ [cm] 離して置いてあるとき，磁石に働く力を求めよ．また，それは吸引力か反発力か．

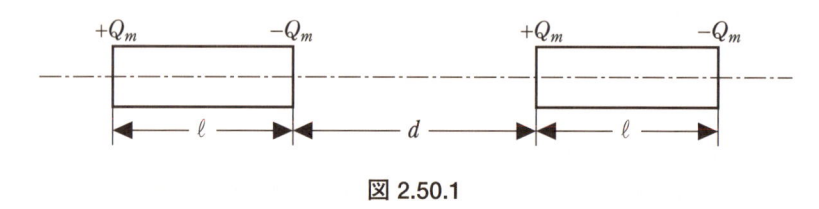

図 2.50.1

解答 50

[1] $+Q_m$ 同士には反発力が働き，その大きさは式 (2.50.1) より $F_1 = \dfrac{Q_m^2}{4\pi \mu_0 (\ell + d)^2}$

$-Q_m$ 同士には反発力が働き，その大きさは $F_2 = \dfrac{Q_m^2}{4\pi \mu_0 (\ell + d)^2}$

外側の $+Q_m, -Q_m$ 間には吸引力が働き，その大きさは $F_3 = \dfrac{-Q_m^2}{4\pi \mu_0 (2\ell + d)^2}$

内側の $-Q_m, +Q_m$ 間には吸引力が働き，その大きさは $F_4 = \dfrac{-Q_m^2}{4\pi \mu_0 d^2}$

総合力 $F = F_1 + F_2 + F_3 + F_4 = \dfrac{Q_m^2}{4\pi \mu_0} \left(\dfrac{2}{(\ell + d)^2} - \dfrac{1}{(2\ell + d)^2} - \dfrac{1}{d^2} \right)$ となり，値を代入すると，

$F = \dfrac{(10^{-5})^2}{4\pi \times 4\pi \times 10^{-7}} \times \left(\dfrac{2}{(15 \times 10^{-2})^2} - \dfrac{1}{(20 \times 10^{-2})^2} - \dfrac{1}{(10 \times 10^{-2})^2} \right) = -2.29 \times 10^{-4}$ [N]

となる．すなわち磁石に働く力は，2.29×10^{-4} [N] で，$-$ なので吸引力となる．

覚えよう！　要点 50 における重要関係式

① $F = \dfrac{Q_{m1} Q_{m2}}{4\pi \mu_0 r^2}$ [N]　　(2.50.1)　　〔磁界におけるクーロンの法則〕

第3章
発展問題

発展問題

問1 図 3.1.1 のように半径 a の円形断面をもつ無限に長い 2 本の導線（透磁率 μ）が中心間隔 d ($d \gg a$) で平行往復回路をつくるとき，次の問に答えよ．ただし，真空中の透磁率を μ_0 とする．

(1) 回路に電流 I を流すとき，図のように，両導線を結ぶ線分の中点より垂直に y の距離にある点 P における磁界を求めよ．

(2) 電流が導線内部を一様に流れるとき，単位長さ当りの自己インダクタンスを求めよ．

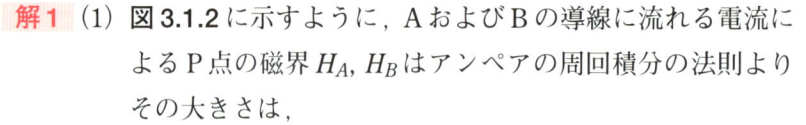

解1 (1) 図 3.1.2 に示すように，A および B の導線に流れる電流による P 点の磁界 H_A, H_B はアンペアの周回積分の法則よりその大きさは，

$$H_A = H_B = \frac{I}{2\pi\sqrt{y^2 + \left(\frac{d}{2}\right)^2}} \tag{3.1.1}$$

となり，そのベクトル和 H の大きさは，

$$H = 2H_A \cos\theta = \frac{2I}{2\pi\sqrt{y^2 + \left(\frac{d}{2}\right)^2}} \cdot \frac{\frac{d}{2}}{\sqrt{y^2 + \left(\frac{d}{2}\right)^2}} = \frac{I \cdot d}{2\pi\left(y^2 + \left(\frac{d}{2}\right)^2\right)}$$

となる．

(2) 平行往復導線間の単位長さ当りの自己インダクタンス L_e は式 (2.28.3) より

$$L_e = \frac{\mu_0}{\pi}\ln\frac{d}{a} \tag{3.1.2}$$

一方，導線 1 本の単位長さ当りの内部インダクタンス L_i は式 (2.29.8) より，

$$L_i = \frac{\mu}{8\pi} \tag{3.1.3}$$

したがって往復導線 2 本についての内部インダクタンス L_{i2} は，

$$L_{i2} = 2L_i = \frac{\mu}{4\pi} \tag{3.1.4}$$

式 (3.1.2), (3.1.4) より求める自己インダクタンス L は，

$$L = L_e + L_{i2} = \frac{1}{\pi}\left(\mu_0 \ln\frac{d}{a} + \frac{\mu}{4}\right) \text{〔H/m〕となる．}$$

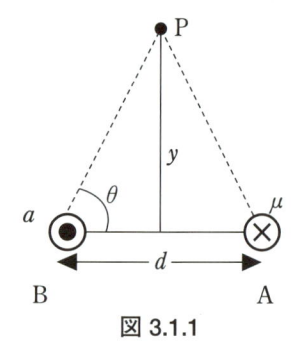

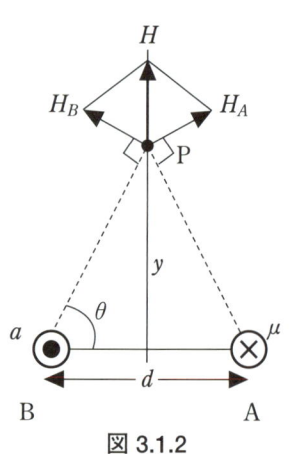

第3章 発展問題

問2 図 3.2.1 のように長さ ℓ [m]，両極 N，S の強さ $\pm m$ [Wb] の棒磁石が原点 O に置かれている．以下の設問に答えよ．

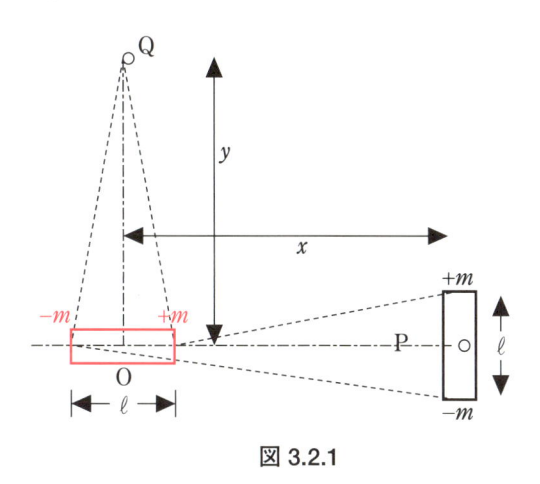

図 3.2.1

(1) 中心から棒磁石の軸方向に x [m] の距離ある点 P における磁界 H_P [A/m] の大きさと方向を求めよ．
(2) 中心から棒磁石の軸方向に直角に y [m] の距離にある点 Q における磁界 H_Q の大きさと方向を求めよ．
(3) P点，Q点までの距離が原点 O から十分遠方であれば磁気モーメントを $M = m\ell$ とおいて，H_P と H_Q はどう表わされるか．
(4) P点に原点 O にある磁石と同一の棒磁石をもう1つ 90°方向を変えて置いた．このとき棒磁石に作用する回転力（トルク）を求めよ．ただし，$x \gg \ell$ で磁気モーメントは $M = m\ell$ とする．

解2 式 (2.48.3) を用いる．

(1) 棒磁石の磁極 $+m$ による磁界

$$H_{P(+m)} = \frac{1}{4\pi\mu_0} \cdot \frac{+m}{\left(x - \frac{\ell}{2}\right)^2} \quad (3.2.1)$$

棒磁石の磁極 $-m$ による磁界

$$H_{P(-m)} = \frac{1}{4\pi\mu_0} \cdot \frac{-m}{\left(x + \frac{\ell}{2}\right)^2} \quad (3.2.2)$$

したがって点 P における磁界 H_P は，

$$H_P = \frac{m}{4\pi\mu_0}\left(\frac{1}{\left(x-\frac{\ell}{2}\right)^2} - \frac{1}{\left(x+\frac{\ell}{2}\right)^2}\right) \quad (3.2.3)$$

となり，図 3.2.2 に示す方向を向いている．

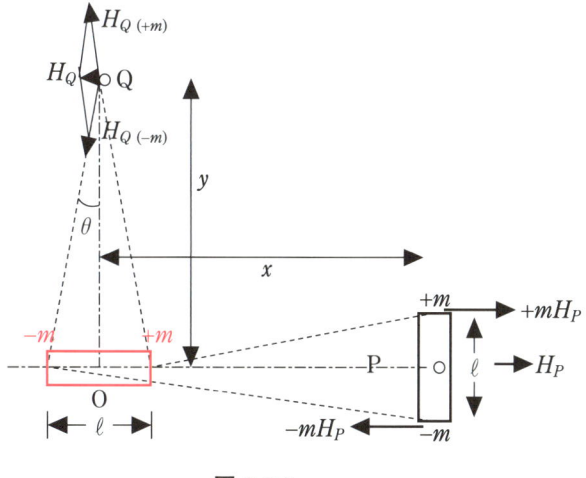

図 3.2.2

(2) 棒磁石の磁極 $+m$ による磁界 $H_{Q(+m)} = \dfrac{1}{4\pi\mu_0} \cdot \dfrac{+m}{\left(y+\dfrac{\ell}{2}\right)^2}$ (3.2.4)

棒磁石の磁極 $-m$ による磁界 $H_{Q(-m)} = \dfrac{1}{4\pi\mu_0} \cdot \dfrac{-m}{\left(y+\dfrac{\ell}{2}\right)^2}$ (3.2.5)

$H_{Q(+m)}, H_{Q(-m)}$ の方向は図 3.2.2 に示すとおりである．したがってその合成磁界 H_Q は，

$$H_Q = H_{Q(+m)}\sin\theta + H_{Q(-m)}\sin\theta = \dfrac{1}{4\pi\mu_0}\cdot\dfrac{m}{y^2+\left(\dfrac{\ell}{2}\right)^2}\cdot\dfrac{\ell}{\sqrt{y^2+\left(\dfrac{\ell}{2}\right)^2}} = \dfrac{1}{4\pi\mu_0}\cdot\dfrac{m\ell}{\left(y^2+\left(\dfrac{\ell}{2}\right)^2\right)^{\frac{3}{2}}} \quad (3.2.6)$$

となり，その方向は図 3.2.2 に示すように，棒磁石の軸に平行となる．

(3) $x \gg \ell$ とすると，式 (3.2.3) は，

$$H_P = \dfrac{m}{4\pi\mu_0}\left(\dfrac{1}{\left(x-\dfrac{\ell}{2}\right)^2} - \dfrac{1}{\left(x+\dfrac{\ell}{2}\right)^2}\right) \approx \dfrac{m}{4\pi\mu_0}\dfrac{\left(x+\dfrac{\ell}{2}\right)^2 - \left(x-\dfrac{\ell}{2}\right)^2}{x^4} = \dfrac{M}{2\pi\mu_0}\cdot\dfrac{1}{x^3} \quad (3.2.7)$$

$y \gg \ell$ とすると式 (2.55.6) は

$$H_Q = \dfrac{1}{4\pi\mu_0}\cdot\dfrac{m\ell}{\left(y^2+\left(\dfrac{\ell}{2}\right)^2\right)^{\frac{3}{2}}} \approx \dfrac{1}{4\pi\mu_0}\cdot\dfrac{m\ell}{y^3} = \dfrac{M}{4\pi\mu_0}\cdot\dfrac{1}{y^3} \quad (3.2.8)$$

(4) $x \gg \ell$ とすると，P点における $\pm m$ の磁極に働く力は $\pm mH_P$ であり，その方向は図 3.2.2 のようにそれぞれ原点 O にある棒磁石の軸方向に平行である．したがって点 P にある磁石に働くトルク T は式 (3.2.7) を用いて，

$$T = mH_P\cdot\ell = \dfrac{M}{2\pi\mu_0}\cdot\dfrac{m\ell}{x^3} = \dfrac{M^2}{2\pi\mu_0}\cdot\dfrac{1}{x^3} \quad (3.2.9)$$

となる．

問 3 図 3.3.1 に示す同軸ケーブルの中心導体の半径が a [m]，外殻導体の内半径が b [m] とし，内外導体を往復電流 I [A] が図の方向で流れているとする．

(1) 軸方向の長さ L [m] の導体間に蓄えられる磁界のエネルギーを求めよ．
(2) 軸方向の単位長さ当りの自己インダクタンスを求めよ．

解 3 (1) 図 3.3.2 に示すように導体の中心から半径 r [m] ($a < r < b$) の点の磁束密度は，

式 (2.4.2), (2.4.3) より $B = \dfrac{\mu_0 I}{2\pi r}$ [T]　　(3.3.1)

この点での磁界のエネルギー密度 w は式 (2.34.5) より，

$$w = \dfrac{B^2}{2\mu_0} = \dfrac{1}{2\mu_0}\left(\dfrac{\mu_0 I}{2\pi r}\right)^2 = \dfrac{\mu_0 I^2}{8\pi^2 r^2} \text{ [J/m}^3\text{]} \quad (3.3.2)$$

図の厚さ dr [m] で長さ L [m] の円筒部の体積 $dv = 2\pi rLdr$ [m^3] に含まれる磁界のエネルギー dW は，

$$dW = w\cdot dv = \dfrac{\mu_0 I^2}{8\pi^2 r^2}\cdot 2\pi rLdr = \dfrac{\mu_0 I^2 Ldr}{4\pi r} \text{ [J]} \quad (3.3.3)$$

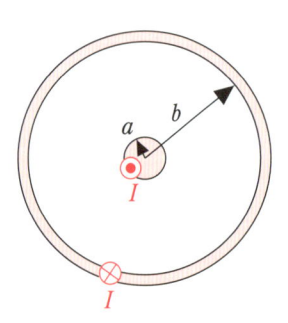

図 3.3.1

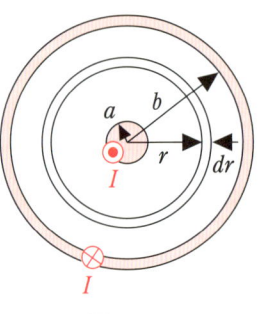

図 3.3.2

第 3 章　発展問題

したがって導体間の長さ L [m] に蓄えられる磁界のエネルギー W は，

$$W = \int_v dW = \frac{\mu_0 I^2 L}{4\pi} \int_a^b \frac{dr}{r} = \frac{\mu_0 I^2 L}{4\pi} \ln \frac{b}{a} \quad \text{[J]} \tag{3.3.4}$$

となる．

(2) 式 (3.3.1) より半径 r [m] $(a<r<b)$ で厚さ dr [m]，長さ 1 [m] の面積を通る磁束は，

$$d\phi = B \cdot dS = \frac{\mu_0 I}{2\pi r} \cdot (dr \times 1) \quad \text{[Wb]} \tag{3.3.5}$$

したがって導体間の単位長さ当りの全磁束 ϕ [Wb] は，

$$\phi = \int d\phi = \frac{\mu_0 I}{2\pi} \int_a^b \frac{dr}{r} = \frac{\mu_0 I}{2\pi} \ln \frac{b}{a} \quad \text{[Wb/m]} \tag{3.3.6}$$

式 (2.20.1) より自己インダクタンス L_{ab} は，

$$L_{ab} = \frac{\phi}{I} = \frac{\mu_0}{2\pi} \ln \frac{b}{a} \quad \text{[H/m]} \tag{3.3.7}$$

また式 (3.3.7) の L_{ab} は式 (2.32.3) および式 (3.3.4) を用いて，

$$W = \frac{1}{2} L_{ab} I^2 \cdot L \tag{3.3.8}$$

からも求めることができる．

問 4　図 3.4.1 のように半径 a [m] の 1 回巻の円形コイル A があり，I [A] の電流が流れている．この円形コイルの中心軸上で中心点 O から x [m] の点 Q に，その中心が一致するように，半径 b [m] の 1 回巻の円形コイル B を置いた．このとき，両コイルの相互インダクタンス M を求めよ．ただし両コイルはコイル面が平行となるように置かれているものとし，また $b \ll a, x$ であり，半径 b のコイル面内で磁界 H_x は変化しないものとする．

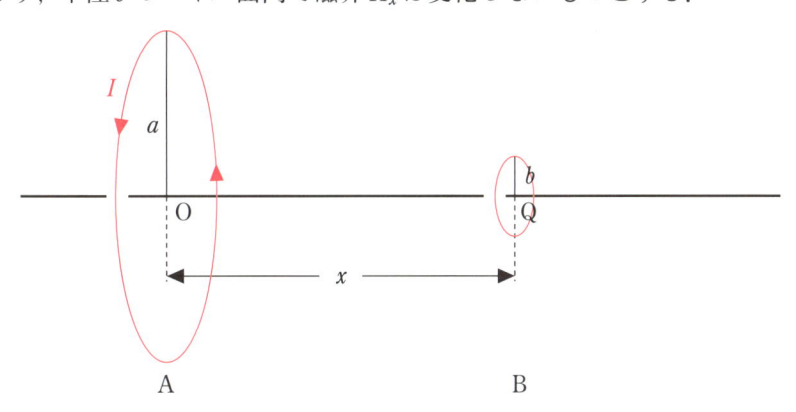

図 3.4.1

解 4　式 (2.5.1) より図 3.4.2 の Q 点における磁界 H_x は，

$$H_x = \frac{a^2 I}{2(a^2 + x^2)^{\frac{3}{2}}} \quad \text{[A/m]} \tag{3.4.1}$$

Q 点における磁束密度は，

$$B_x = \frac{\mu_0 a^2 I}{2(a^2 + x^2)^{\frac{3}{2}}} \quad \text{[T]} \tag{3.4.2}$$

したがってコイル B との鎖交磁束数は，

$$\psi = B_x \cdot S = \frac{\mu_0 a^2 I}{2(a^2 + x^2)^{\frac{3}{2}}} \cdot \pi b^2 = \frac{\pi \mu_0 a^2 b^2 I}{2(a^2 + x^2)^{\frac{3}{2}}} \quad \text{[Wb]} \tag{3.4.3}$$

したがって相互インダクタンス M は式(2.21.2)より，

$$M = \frac{\psi}{I} = \frac{\pi\mu_0 a^2 b^2}{2(a^2+x^2)^{\frac{3}{2}}} \quad [\text{H}] \tag{3.4.4}$$

となる．

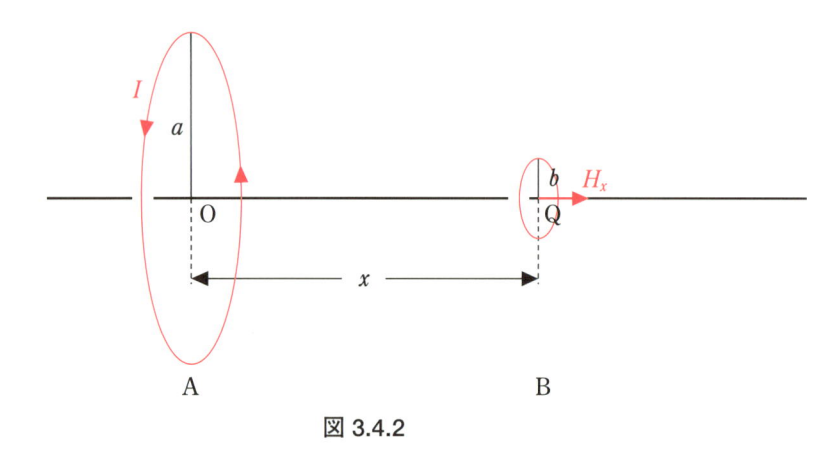

図 3.4.2

問5 半径 a の円形コイルが図 3.5.1(a) のように x 軸と θ の角度をもって，空間的に一様で時間的に $dH/dt = b\,(b>0)$ で変化する x 方向の磁界 H の中に置かれている．次の問に答えよ．

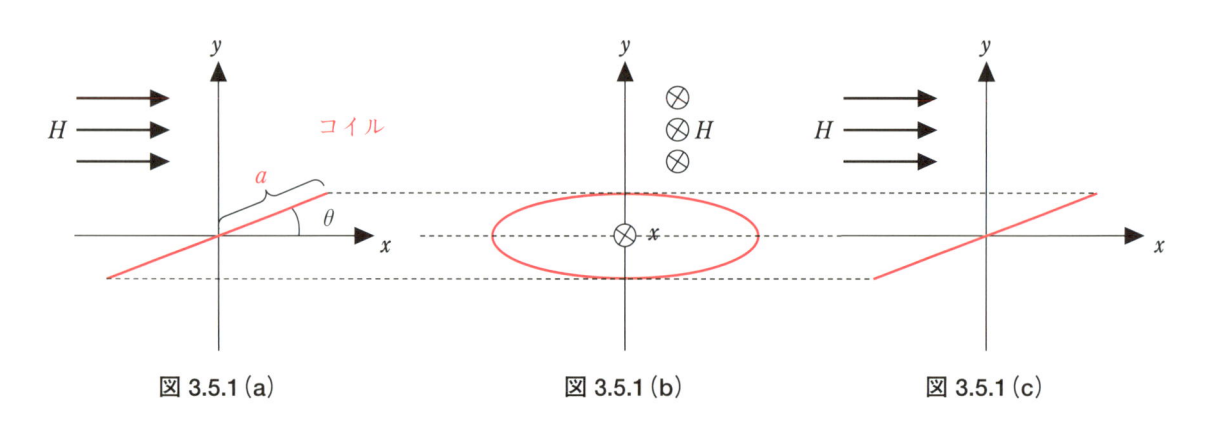

図 3.5.1(a)　　図 3.5.1(b)　　図 3.5.1(c)

(1) コイルの鎖交磁束 ϕ はいくらか．ただし $t=0$ で $H=0$ とする．
(2) 誘導起電力 E はいくらか．
(3) コイルの抵抗を R とすると，流れる電流 I はいくらか．
(4) コイルに流れる電流の向きを図 3.5.1(b) に，またコイルに働く力を図 3.5.1(c) に矢印で図示せよ．ただし図 3.5.1(b) は，磁界 H の方向からコイルを見た図である．
(5) 円形コイルに流れる電流の磁気モーメントは $M = \mu_0 I\,(\pi a^2)$ で与えられる．コイルに働くトルク T を求めよ．

解5 (1) 磁界 H は時間 t とともに $H = bt$ の式にしたがって直線的に増加していく．したがってコイルの鎖交磁束 ϕ は，

$$\phi = B \cdot S = \mu_0 H \cdot \pi a^2 \sin\theta = \pi\mu_0 a^2 bt \sin\theta \tag{3.5.1}$$

(2) 誘導起電力は式 (2.20.3) より，
$$E = -\frac{d\phi}{dt} = -\pi\mu_0 a^2 b \sin\theta$$
その大きさは $|E| = \pi\mu_0 a^2 b \sin\theta$ (3.5.2)

(3) 流れる電流 I は，
$$I = \frac{|E|}{R} = \frac{\pi\mu_0 a^2 b \sin\theta}{R}$$ (3.5.3)

(4) 流れる電流の向きは磁束の増加を妨げる方向なので**図 3.5.2 (b)** の方向に流れる．コイルに働く力はフレミングの左手の法則を用いると，**図 3.5.2 (c)** の方向となる．

(5) コイルに働くトルクは式 (2.11.4) より，
$$T = ISB\cos\theta = I(\pi a^2)(\mu_0 bt)\cos\theta = Mbt\cos\theta$$ (3.5.4)

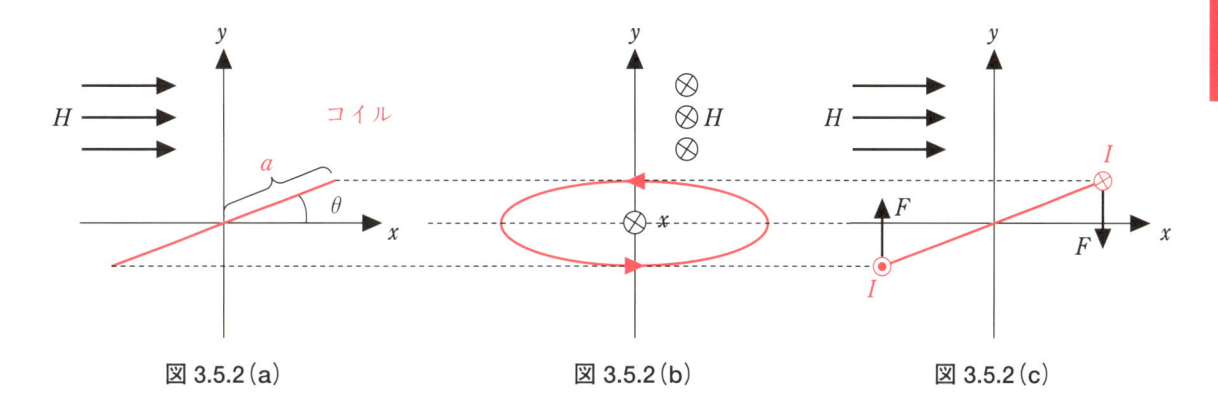

図 3.5.2 (a)　　　　図 3.5.2 (b)　　　　図 3.5.2 (c)

問6　図 3.6.1 (a) に示すように，無限長単層円筒型ソレノイド（半径 D，単位長当りの巻数 N）の中に，半径 $d(<D)$ で巻数 n の円形サーチコイルを置いた．ただし，ソレノイドおよびサーチコイルの巻線の太さは無視できるとする．またサーチコイルの中心はソレノイドの軸と一致するようにした．サーチコイルを含む面は，ソレノイドの軸と直交している．ソレノイドに交流電流を流し，時間が十分に経過した時点で観察したところ，サーチコイルの誘導起電力波形は図 3.6.1 (b) に示すような周期 T，振幅 V_m の三角波であった．ソレノイドに流した交流電流について，その振幅を求めるとともに，$0 \leq t \leq T$ の範囲における電流波形の概形を描け．なお真空の透磁率は μ_0 とする．

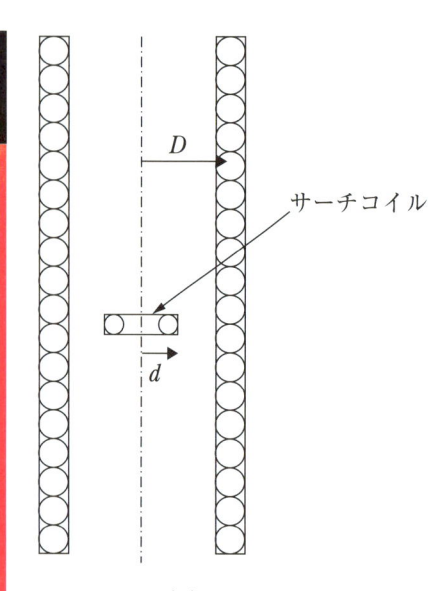

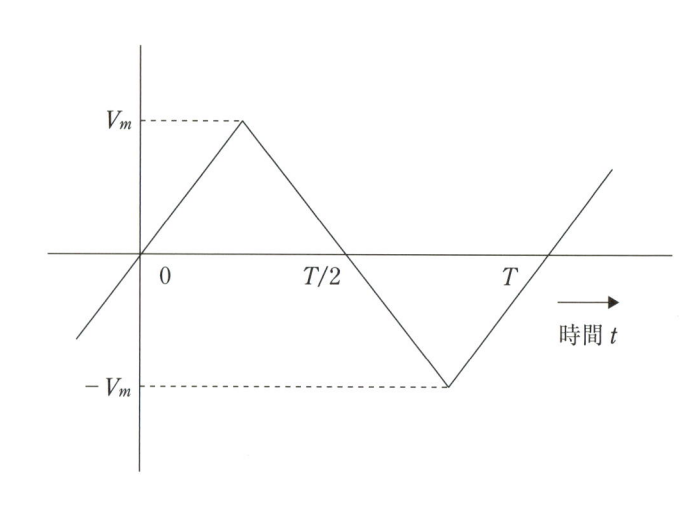

図 3.6.1(a)

図 3.6.1(b)

解 6 ソレノイド内の磁束密度はソレノイドに流す電流を i とすると (2.6.2) 式より $B = \mu_0 N i$ となる．したがってサーチコイルと鎖交する磁束数 ψ は，その面積を S' とすると

$$\psi = BS'n = \mu_0 Ni \cdot \pi d^2 \cdot n = \mu_0 n N \pi d^2 i \tag{3.6.1}$$

となる．ゆえにサーチコイルの誘起電圧 e は (2.15.2) 式より

$$e = -\frac{d\psi}{dt} = -\mu_0 n N \pi d^2 \frac{di}{dt} \tag{3.6.2}$$

で求められる．

ソレノイドに流れている交流電流は図 3.6.1(b) と同様な三角波であるが，いま計算を簡単にするために $i = I_m \cos \omega t$ という正弦波が流れていると仮定する．
(3.6.2) 式を用いて

$$e = -\mu_0 n N \pi d^2 \frac{d}{dt}(I_m \cos \omega t) = \mu_0 n N \pi d^2 I_m \omega \sin \omega t \tag{3.6.3}$$

したがってピーク値 $V_m = \mu_0 n N \pi d^2 I_m \omega t \tag{3.6.4}$

となる．$\omega = 2\pi f = \dfrac{2\pi}{T}$ を (3.6.4) 式に代入して I_m を求めると $I_m = \dfrac{T}{2\pi^2 \mu_0 n N d^2} V_m$ となり，これが求める振幅となる．

i と e の位相関係を見ると $i \propto \cos \omega t$，$e \propto \sin \omega t$ であり，i に e 対して $T/4$ だけ位相が進んでいる．これは三角波の場合でも同じである．したがって電流波形は図 3.6.2 のようになる．

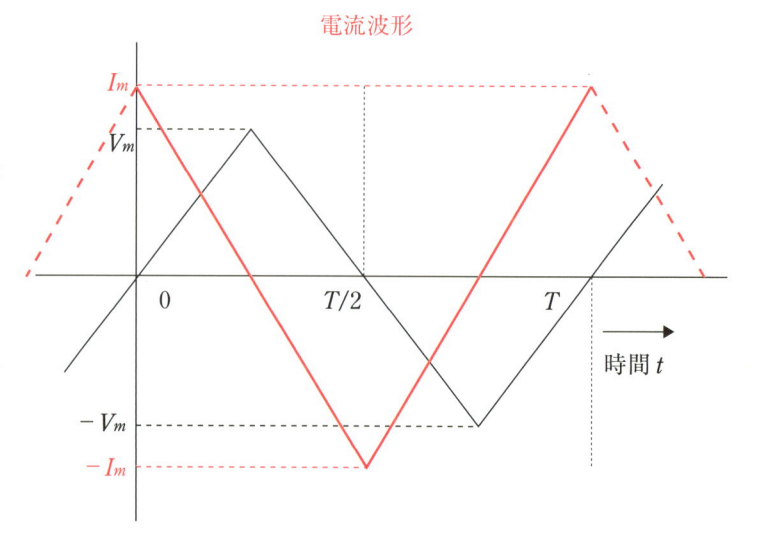

図 3.6.2

―― 著 者 略 歴 ――

伊藤　國雄（いとう　くにお）

1969年	京都大学工学部電気工学科卒業
1971年	京都大学大学院工学研究科（電気工学科）修了
1971年	松下電器産業（株）入社，半導体レーザの研究開発に従事
1979年	工学博士（京都大学）
1997年	大河内記念技術賞受賞（半導体レーザユニットの事業化に対し）
2002年	津山工業高等専門学校教授
2010年	津山工業高等専門学校名誉教授，現在に至る

植月　唯夫（うえつき　ただお）

1982年	静岡大学大学院工学研究科（電気工学専攻）修了
1982年	松下電工（株）入社
2001年	博士（工学）九州大学
2002年	津山工業高等専門学校教授
2011年	照明学会論文賞受賞
2016年	照明学会功労賞受賞
2019年	津山工業高等専門学校名誉教授，現在に至る

© Kunio Itoh, Tadao Uetsuki 2006

これからスタート！ 電気磁気学 －要点と演習－

2006年　4月12日　第1版第1刷発行
2021年　7月15日　第1版第4刷発行

著　者　伊　藤　國　雄
　　　　植　月　唯　夫
発行者　田　中　聡

発　行　所
株式会社　電　気　書　院
ホームページ　www.denkishoin.co.jp
（振替口座　00190-5-18837）
〒101-0051　東京都千代田区神田神保町1-3 ミヤタビル2F
電話(03)5259-9160／FAX(03)5259-9162

印刷　創栄図書印刷株式会社
Printed in Japan／ISBN978-4-485-30012-1

・落丁・乱丁の際は，送料弊社負担にてお取り替えいたします．
・正誤のお問合せにつきましては，書名・版刷を明記の上，編集部宛に郵送・FAX（03-5259-9162）いただくか，当社ホームページの「お問い合わせ」をご利用ください．電話での質問はお受けできません．

JCOPY 〈出版者著作権管理機構 委託出版物〉

本書の無断複写（電子化含む）は著作権法上での例外を除き禁じられています．複写される場合は，そのつど事前に，出版者著作権管理機構（電話: 03-5244-5088，FAX: 03-5244-5089，e-mail: info@jcopy.or.jp）の許諾を得てください．また本書を代行業者等の第三者に依頼してスキャンやデジタル化することは，たとえ個人や家庭内での利用であっても一切認められません．